**Experimente
aus der Chemie**

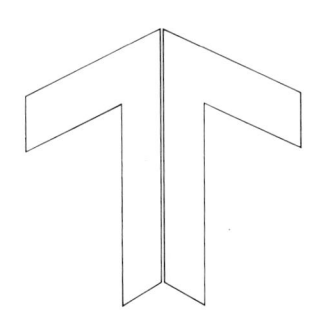

taschentext 74

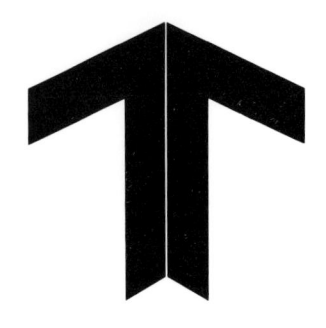

In gleicher Ausstattung erscheint:

㍅ 76 **Experimente aus der Biologie**

Experimente aus der Chemie

herausgegeben von
Barbara Schröder und
Joachim Rudolph

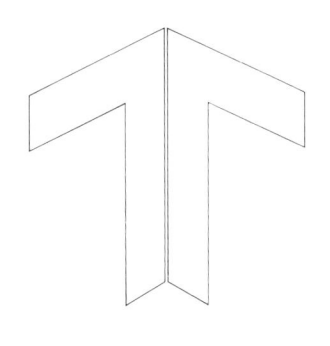

Verlag Chemie · Physik Verlag

Dieses Buch enthält 93 Abbildungen und 5 Tabellen

CIP-Kurztitelaufnahme der Deutschen Bibliothek

Experimente aus der Chemie/hrsg. von Barbara Schröder u.
Joachim Rudolph. – Weinheim, New York: Verlag Chemie;
Weinheim: Physik-Verlag, 1978. –
(Taschentext; 74)
Einheitssacht.: Chemie in unserer Zeit
ISBN 3-527-21068-7 (Verl. Chemie)
ISBN 3-87664-568-9 (Physik-Verl.)
NE: Schröder, Barbara [Hrsg.]; EST

© Verlag Chemie, GmbH, D-6940 Weinheim, 1978
Alle Rechte, insbesondere die der Übersetzung in fremde Sprachen, vorbehalten. Kein Teil dieses Buches darf ohne schriftliche Genehmigung des Verlages in irgendeiner Form – durch Photokopie, Mikrofilm oder irgendein anderes Verfahren – reproduziert oder in eine von Maschinen, insbesondere von Datenverarbeitungsmaschinen, verwendbare Sprache übertragen oder übersetzt werden.
All rights reserved (including those of translation into foreign languages). No part of this book may be reproduced in any form – by photoprint, microfilm, or any other means – nor transmitted or translated into a machine language without written permission from the publishers.
Die Wiedergabe von Warenbezeichnungen, Handelsnamen oder sonstigen Kennzeichen in diesem Buch berechtigt nicht zu der Annahme, daß diese von jedermann frei benutzt werden dürfen. Vielmehr kann es sich auch dann um eingetragene Warenzeichen oder sonstige gesetzlich geschützte Kennzeichen handeln, wenn sie als solche nicht eigens gekennzeichnet sind.
Satz und Druck: Colordruck, D-6906 Leimen
Buchbinder: Aloys Gräf, D-6900 Heidelberg
Umschlaggestaltung: Weisbrod-Werbung, D-6943 Birkenau
Printed in West Germany

Vorwort

Chemie zu treiben oder zu lernen, ohne zu experimentieren, ist fast unmöglich. Chemie ist die am ausgeprägtesten experimentelle Wissenschaft, und selbst der theoretisch arbeitende Chemiker, dessen manuelle Fertigkeiten durch Bleistiftspitzen und Drücken der Computer-Tastatur nur wenig gefordert sind, bedarf des Experiments nicht nur zur Kontrolle seiner Überlegungen, sondern auch zum Erkennen stets neuer Probleme, auf die er Theorie anwenden kann. Probleme der chemischen Theorie ergeben sich nämlich selten aus Lösungen vorher bearbeiteter theoretischer Probleme, sondern fast immer aus der Notwendigkeit, neue experimentelle Beobachtungen mit vorhandenen theoretischen Vorstellungen in Einklang zu bringen — ein Prozeß, aus dem diese Vorstellungen häufig nicht ungerupft hervorgehen.

Das vorliegende Buch versucht, einige Aspekte und Konzepte der Chemie unserer Zeit durch das Experiment zugänglich zu machen. Die Sammlung von Versuchen ist in sich nicht konsistent und vollständig im Sinne eines konkreten didaktischen Programms. Dies wollte und konnte nicht erreicht werden, denn die Sammlung besteht durchweg aus Beiträgen, die in den ersten zehn — weitgehend vergriffenen — Jahrgängen der Zeitschrift ,,Chemie in unserer Zeit" naturgemäß ohne weiträumige Planung erschienen sind.

Trotzdem enthält der Band eine Reihe von Experimenten, die in erster Linie für den Unterricht — auf verschiedenen Stufen — geeignet sind: Sie betreffen Gegenstände gängiger Lehrpläne und sind mit einfachen Mitteln ausführbar. Diese zweite Bedingung sollte auch für eine andere Gruppe von Experimenten zutreffen (z.B. S. 81, S.129, S. 139), die sich mit hochaktuellen Problemen der modernen Chemie befassen und möglicherweise etwas mehr Engagement verlangen, als für eine Schul- oder Vorlesungsstunde normalerweise aufgebracht wird.

Weinheim, August 1978

Barbara Schröder
Joachim Rudolph

Inhalt

Jürgen Sauer, Keto-Enol-Tautomerie . 1
Hans Rudolf Christen, Thermodynamisch und kinetisch gesteuerte Reaktionen . 5
Jörg Butenuth und Gerhard Scharf, Kinetik der Mutarotation: Demonstration des Massenwirkungsgesetzes 9
J.H. Cooley, J.D. McCown und R.M. Shill, Kinetik der Reaktionen von Alkoholen zu Alkylhalogeniden 15
Jean-Claude Heilig und Paul Wittmer, Kinetische Messungen bei der radikalischen Styrolpolymerisation 21
Fritz Merten, Polystyrol durch Polymerisation 29
Otto Bayer, Wasserstoffbrückenbindungen im Polyvinylalkohol 35
Joachim Sasse, Gelchromatographie von Polystyrol 39
Fritz Merten, Ionenaustausch 45
Günter Wulff, Dünnschichtchromatographie von Tintenfarbstoffen 51
Emanuel Pfeil, Papierchromatographie von Tintenfarbstoffen 61
Hugo Wyler, Papierelektrophorese . 67
Kurt Schlösser, Kurzzeit-Elektrophorese 77
Carl H. Hamann, Wolf Vielstich und Ulrich Vogel, Direkterzeugung elektrischer aus chemischer Energie 81
Carl H. Hamann, Eberhard Schwarzer und Ulrich Vogel, Die Zink-Luft-Batterie 89
Eberhard Schwarzer, Ulrich Vogel und Carl H. Hamann, Elektromechanische Direkterzeugung pulsierender Spannungen 95
Claus Brendel und Harald Schäfer, Elektrochemische Demonstrationsversuche in Projektion 103
Siegfried Hünig und Gerhard Witt, Projizierte Experimente 109
O. Schmitz-DuMont, Einfache Versuche in flüssigem Ammoniak als Reaktionsmedium 117
Nachweis von Blei in keramischen Gefäßen 121
Addison Ault und Rachel Kopet, Die Synthese von Adamantan 123
Jürgen Reiß, Versuche mit Glucoseoxidase 125
Richard J. Field, Eine oszillierende Reaktion 129
Avraham Oplatka, Mechanochemische Modellsysteme 139
Peter Tillmann, Bestimmung der Avogadroschen Zahl mit Oberflächenfilmen 147
Günter Mennig, Zum Fließverhalten nicht-Newtonscher Stoffe 155
Philip S. Bailey, Christina A. Bailey, John Andersen, Paul G. Koski und Carl Rechsteiner, Chemische Zaubertricks . . 163

Register 169

Keto-Enol-Tautomerie

Jürgen Sauer

Unter der Einwirkung von metallischem Natrium unterliegt Essigsäureäthylester der Esterkondensation. Zwei Moleküle des Esters vereinigen sich zu einer flüssigen Verbindung, $C_6H_{10}O_3$, die bei der „Säure-

$$2\ CH_3-C\underset{OC_2H_5}{\overset{O}{\diagdown}} \xrightleftharpoons[NaOC_2H_5/HOC_2H_5]{Na(-HOC_2H_5)} \quad (1)$$

$$\underset{1}{CH_3-\overset{O}{\overset{\|}{C}}-CH_2-C\underset{OC_2H_5}{\overset{O}{\diagdown}}}$$

spaltung" (Einwirkung von $NaOC_2H_5$ in abs. C_2H_5OH) wieder in die Ausgangsverbindung zerlegt wird (Gleichung 1). In Analogie zu vielen bekannten Esterkondensationen scheint der Konstitutionsvorschlag 1 für das Reaktionsprodukt plausibel; eine Vielzahl von Ketonreagentien (Hydroxylamin → Oxim, HCN → Cyanhydrin, Phenylhydrazin → Phenylhydrazon) setzen sich mit 1 normal um, beweisen somit das Vorliegen der Ketonfunktion. Die Anwesenheit der Estergruppierung wird durch Verseifung nachgewiesen. Das IR-Spektrum zeigt für 1 die für Ketone und Ester typischen Signale der CO-Streckfrequenz.

Schon Ende des 19. Jahrhunderts aber waren auch Reaktionen von 1, dem Acetessigsäureäthylester, bekannt, die gegen die Konstitution eines β-Ketocarbonsäureesters zu sprechen schienen. Bereits in wäßriger Lösung reagiert 1 praktisch momentan mit elementarem Brom (Versuch 1); die Produktanalyse zeigt, daß dabei in einer CH-Bindung „zwischen" den beiden Carbonylfunktionen ein Wasserstoffatom durch Brom ersetzt wird (Gleichung 2). Diese glatt verlaufende Substitutionsreaktion an einem sp^3-hybridisierten Kohlenstoff steht im Gegensatz zu der Bromierung einfacher Alkane, einer radikalischen Reaktion, die erst durch „Starter"

$$\underset{1}{CH_3-\underset{O}{\overset{\|}{C}}-CH_2-\underset{O}{\overset{\|}{C}}-OC_2H_5} \xrightarrow[-HBr]{Br_2/H_2O} \quad (2)$$

$$CH_3-\underset{O}{\overset{\|}{C}}-\overset{H}{\underset{Br}{\overset{|}{C}}}-\underset{O}{\overset{\|}{C}}-OC_2H_5$$

Bromacetessigsäureäthylester

— meist Peroxide — ausgelöst wird. Dagegen reagieren Olefine meist spontan mit elementarem Brom.

Ein Charakteristikum des Acetessigesters ist auch die spezifische Farbreaktion mit $FeCl_3$-Lösungen (Versuch 2). Dieser Farbtest erinnert sofort an die bei den Phenolen bekannten $FeCl_3$-Farbreaktionen. So reagiert Phenol selbst mit $FeCl_3$ zu einem blauvioletten, wäßrige Brenzkatechin-, Resorcin- bzw. Hydrochinon-Lösungen zu einem grünen, blauvioletten bzw. tiefblauen Komplex (Versuch 3). Diese Be-

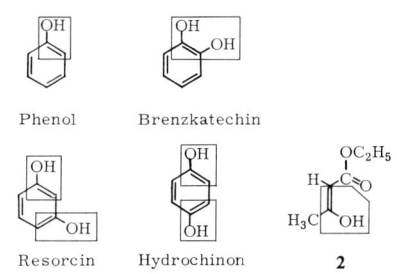

Phenol

Brenzkatechin

Resorcin

Hydrochinon

2

funde legten schon frühzeitig den Schluß nahe, dem Acetessigester die Enol-Struktur 2 zuzuweisen, da hier das gleiche Enol-Strukturelement auftritt wie in den Phenolen. Da Acetessigester sowohl die für die Keto-Form 1 als auch für die Enol-Form 2 charakteristischen Reaktionen zeigt, liegt es nahe, im reinen Acetessigester ein Gemisch der beiden Isomeren anzunehmen; 1 und 2 wären somit zwei tautomere Formen* des Acetessigesters.

Gibt es eine Möglichkeit, die postulierten Tautomeren zu fassen und in Substanz zu isolieren? Bereits 1911 lösten L. Knorr und K. H. Meyer unabhängig voneinander in brillanten Arbeiten dieses Problem. Knorr fand, daß beim Abkühlen von Lö-

$$Na^{\oplus} \left\{ \begin{array}{c} CH_3-C=CH-C-OC_2H_5 \\ \underset{|\underline{O}|\ominus}{|} \quad \overset{\|}{O} \\ \updownarrow \\ CH_3-\underset{\underset{O}{\|}}{C}-\overset{\ominus}{\overline{C}}H-\underset{\underset{O}{\|}}{C}-OC_2H_5 \end{array} \right\} 3$$

$$\downarrow {}_{-78°C}^{H^{\oplus}}$$

$$\underset{\underset{2}{}}{CH_3-\underset{\underset{OH}{|}}{C}=CH-\underset{\underset{O}{\|}}{C}-OC_2H_5}$$

sungen des Acetessigesters in organischen Lösungsmitteln auf -78°C die schwerer lösliche Ketoform 1 rein auskristalliziert; sie reagiert nicht mit Brom und gibt keine FeCl$_3$-Farbreaktion. Setzte er das Natriumsalz 3 mit einem Unterschuß an HCl-Gas um, so ließ sich die Enol-Form 2 rein isolieren, die Protonierung erfolgt also im mesomeren Anion 3 bevorzugt am Sauerstoff. So bereitetes 2 reagierte spon-

---

*Isomere, die sich nur durch die Stellung eines Wasserstoffs unterscheiden, bezeichnet man als Tautomere, das Isomeriephänomen als Tautomerie.

tan und stöchiometrisch mit Brom, der FeCl$_3$-Test fiel besonders stark aus. Meyer fand, daß bei der langsamen Destillation des normalen Acetessigesters in Quarzgefäßen reine Enolform 2 überdestillierte.

Nur bei tiefen Temperaturen waren 1 und 2 stabil; bei Raumtemperatur besonders in Gegenwart von Säure- und Basenspuren fand extrem rasche Umwandlung zum „normalen" Acetessigester statt.

Es stellt sich somit die Frage: Enthält der bei der Esterkondensation (Gleichung 1) isolierte Acetessigester Keto- und Enol-Form (1 bzw.2) nebeneinander, eventuell in einem durch Säuren oder Basen katalysierten mobilen Gleichgewicht? Die Versuche 4 und 5 geben eine eindeutig positive Antwort:

Versetzt man eine wäßrige Lösung des Acetessigesters, die als Indikator für die Enolform FeCl$_3$ enthält, mit einem (auf Acetessigester bezogenen) Unterschuß an Brom, so erfolgt spontane Entfärbung: Die Enolform 2 hat mit elementarem Brom reagiert. In einer Zeitreaktion bildet sich aus der Ketoform 1 die Enolform 2 nach; ist das gesamte Brom verbraucht, so tritt langsam wieder die Farbe des Enol-Fe(III)-Komplexes in der anfänglichen Farbintensität auf. Bei raschem Arbeiten gelingt es so, den Gehalt an Enolform mit eingestellter Bromlösung und FeCl$_3$ als Indikator zu titrieren (Bromtitrationsmethode nach K. H. Meyer).

Wir haben den Beweis erbracht, daß die Ketoform 1 in das Enol-Tautomere 2 umgewandelt wird. Versuch 5 zeigt, daß auch die Überführung 2 → 1 möglich ist. Beim Ansäuern des in wäßriger Lösung vorliegenden Natriumsalzes 3 erfolgt wie schon oben erwähnt die Protonierung am Sauerstoff, die in Wasser schwerlösliche Enolform 2 fällt aus, der FeCl$_3$-Farbtest ist wesentlich stärker als bei der Vergleichslösung des „normalen" Acetessigesters. In dem Maße, wie 2 wieder in 1 übergeht, gleicht sich die Farbintensität unserer Lösung der obigen Vergleichslösung an.

Kein Experiment hat bislang gezeigt, in welchem Verhältnis Keto- und Enol-Form am Gleichgewichtsgemisch des flüssigen Acetessigesters beteiligt sind. In etwas modifizierter Weise bietet die schon früher erwähnte Bromtitrationsmethode nach K. H. Meyer die Möglichkeit, dieses Problem zu lösen. Neben den Titrationsmethoden hat sich in jüngster Zeit die Kernmagnetische Resonanzmethode, die Protonen in verschiedener Bindungsart „sichtbar" macht, bei der Bestimmung des Enolgehalts bewährt. Tabelle 1 zeigt, daß im reinen Acetessigester nur 7,7% Enolform enthalten sind.

Tab. 1. Enolgehalt des Acetessigsäureäthylesters in verschiedenen Lösungsmitteln.

Lösungsmittel	% Enol
H_2O	0,4
ohne (flüssig)	7,7
C_2H_5OH	12,0
C_6H_6	16,2
CS_2	32
Hexan	46
ohne (gasförmig)	50

Wie läßt sich die starke Solvensabhängigkeit des Enolgehalts interpretieren? Die Formeln 1 und 2 lassen für das Enol 2 mit der hydrophilen OH-Funktion eine Bevorzugung in den polaren Lösungsmitteln Wasser oder Äthanol erwarten. Genau das Gegenteil finden wir in Tabelle 1: Die Ketoform 1 ist im polaren, die Enolform 2 im unpolaren Lösungsmittel begünstigt.

Alle Befunde — der niedrigere Siedepunkt der Enolform deutet in die gleiche Richtung — zeigen, daß 1 polarer als 2 ist. Eine Erklärung für diese scheinbare Diskrepanz bietet die Annahme, daß die OH-Gruppe in 2 eine innermolekulare Wasserstoffbrücke zur Estercarbonylgruppe ausbildet. Die im Sechsring günstige H-Brücke senkt die Polarität von 2 erheblich.

Ausführung der Versuche

Bei allen Versuchen muß destilliertes Wasser verwendet werden!

Chemikalien

1. 10 Liter destilliertes Wasser
2. $FeCl_3$-Lösung (2,0 g $FeCl_3 \cdot 6\ H_2O$ in 300 ml dest. H_2O = Lösung A)
3. Gesättigtes Bromwasser (etwa 6 g Brom in 300 ml dest. H_2O = Lösung B)
4. 12 ml Acetessigsäureäthylester
5. 5,0 g reines Phenol
6. Je 2,5 g reines Brenzkatechin, Resorcin und Hydrochinon
7. Eiskalte 0,5 molare Lösung von Acetessigester in dest. Wasser (z. B. 13 g in 200 ml = Lösung C)
8. Je 50 ml genau eingestellte 1n HCl und NaOH

Versuch 1: Entfärbung von Bromwasser durch Acetessigester

Zu 1,5 l dest. Wasser gibt man in einem 2-Liter-Erlenmeyerkolben 50 ml Lösung B. Bei Zusatz von 3,5 ml Acetessigester verschwindet innerhalb von etwa 20 bis 25 Sekunden die Bromfarbe, die Lösung wird farblos.

Versuch 2: Farbreaktionen des Acetessigesters und Phenols mit Fe(III)-Ionen

In zwei 2-Liter-Erlenmeyerkolben löst man in je 1,5 l dest. Wasser 5,0 ml Acetessigester oder 5,0 g reines Phenol. Bei Zugabe von jeweils 10 ml der Lösung A beobachtet man eine rotviolette bzw. blauviolette Färbung.

Versuch 3: Farbreaktionen der drei isomeren Dihydroxybenzole mit Fe(III)-Ionen

Je 2,5 g reines Brenzkatechin, Resorcin oder Hydrochinon werden jeweils in 85 ml dest. Wasser gelöst. Die Lösungen der Phenole sollen farblos sein; notfalls gibt man zwei Spatelspitzen Aktivkohle zu, schüttelt um und filtriert. Die so bereiteten Lösungen gießt man in drei 2-Liter-Erlenmeyerkolben mit 1,5 l, 1,5 l bzw. 1,2 l dest. Wasser; dem dritten Kolben setzt man noch 300 g zerstoßenes Eis zu.

In den ersten Kolben (Brenzkatechin) gibt man unter Rühren 4,0 ml Lösung A: Grünfärbung.

Der zweite Kolben (Resorcin) wird mit 20 ml der Lösung A versetzt: Blauviolett-Färbung.

In die eiskalte Lösung des Hydrochinons (dritter Kolben) gibt man unter heftigem (!) Umrühren 50 ml Lösung A: Nur für wenige Sekunden ist die tiefblaue Farbe des Eisenkomplexes zu beobachten; Fe(III) oxidiert Hydrochinon sehr rasch zu p-Benzochinon, das keine Farbreaktion mit FeCl$_3$ gibt.

Versuch 4: Bromaddition der Enolform des Acetessigesters — Einstellung des Keto-Enol-Gleichgewichts

Man verwendet den die Acetessigester/ FeCl$_3$-Lösung enthaltenden Erlenmeyerkolben des Versuchs 2! Die rotviolette Lösung des Acetessigester-Fe(III)-Komplexes wird in einem Guß mit 35 ml Lösung B versetzt; die rotviolette Farbe verschwindet sofort, die Lösung erscheint durch Bromüberschuß hellgelb. Nach 20 bis 25 Sekunden (rühren!) wird die Lösung farblos, das Brom wird durch nachgebildeten Acetessigester verbraucht. Etwa 5 Sekunden nach völliger Entfärbung tritt langsam wieder die Farbe des Acetessigester-Fe(III)-Komplexes auf. Der Versuch kann zwei- bis dreimal wiederholt werden.

Versuch 5: Überführung 1 → 2 → 1

Alle Geräte müssen mit dest. Wasser gespült und säurefrei sein. Der Versuch gelingt nur bei genauer Einhaltung der Bedingungen.

Je 25 ml der eiskalten(!) Lösung C gibt man in weitlumige Reagenzgläser. Der ersten Probe setzt man einige ml 2n-HCl zu und anschließend 10 ml Lösung A: hellviolettrosa Färbung.

In das zweite Reagenzglas gibt man aus einer Vollpipette 5,00 ml kalte 1n NaOH, mischt gut durch, und anschließend unter kräftigem Schütteln 5,00 ml kalte 1n HCl (falls die Lösungen gut gekühlt waren, beobachtet man eine sich rasch auflösende milchige Trübung; in höheren Konzentrationen scheidet sich die Enolform als Öl ab). Bei Zumischung von 10 ml Lösung A entsteht eine kräftige Rotviolettfärbung, die sich nach Zusatz von wenigen ml 2n HCl rasch aufhellt: Die Farbtiefe ist nun in beiden Reagenzgläsern gleich.

Thermodynamisch und kinetisch gesteuerte Reaktionen

Hans Rudolf Christen

Zur Beurteilung einer chemischen Reaktion sind zwei Größen von ausschlaggebender Bedeutung: ihre „**Triebkraft**" (Affinität) und ihre **Geschwindigkeit**. Der gefühlsmäßige Eindruck, daß stark exotherme Reaktionen eine große Triebkraft besitzen, trügt: Auch gewisse endotherme Reaktionen verlaufen freiwillig, d. h. sie besitzen eine hohe Triebkraft. Es ist das Verdienst von Gibbs und Helmholtz, erkannt zu haben, daß nicht die Reaktionswärme, sondern die Änderung der freien Enthalpie ΔG (die „nutzbare Arbeit") ein Maß für die Triebkraft einer Reaktion darstellt: Bei freiwillig verlaufenden Vorgängen nimmt die freie Enthalpie stets ab; ΔG ist also negativ. Wenn man die freie Enthalpie selbst als Ausdruck der Stabilität eines Systems oder einer Substanz betrachtet, so läßt sich diese Tatsache auch so formulieren: Bei freiwillig verlaufenden Vorgängen stellt sich der unter den betrachteten Bedingungen stabilste Zustand ein.

Nun verlaufen chemische Reaktionen im Prinzip stets umkehrbar, führen also zu einem Gleichgewichtszustand. Die „Lage" des Gleichgewichtes (d. h. das Verhältnis der Konzentrationen der Reaktionsteilnehmer im Gleichgewicht) ist durch die Gleichgewichtskonstante gegeben. Hat diese einen sehr hohen oder einen sehr niedrigen Wert, so liegt das Gleichgewicht praktisch vollkommen auf der Seite der Produkte bzw. der Reaktanten: Die betreffende Reaktion verläuft vollständig („irreversibel") oder sie tritt überhaupt nicht ein. Die Gleichgewichtskonstante K ist durch die wichtige Beziehung

$$\Delta G^0 = - R T \ln K$$

mit der Änderung der freien Enthalpie verknüpft. Der Index ^{0} gibt dabei an, daß die betreffenden Enthalpien auf den Standardzustand (d. h. den Zustand der Substanzen bei 25 °C und 760 Torr) sowie auf einen Umsatz von so vielen Molen, wie der Reaktionsgleichung entspricht, bezogen werden.

Die Größe der Gleichgewichtskonstante sagt nun aber nichts darüber aus, wie rasch ein bestimmter Vorgang verläuft. Zahlreiche Reaktionen, wie etwa die Bildung von Wasser aus Wasserstoff und Sauerstoff, verlaufen bei Raumtemperatur extrem langsam, obschon die Gleichgewichtskonstante einen sehr hohen Wert besitzt, ihre Triebkraft also sehr groß ist. Die tatsächliche Geschwindigkeit einer Reaktion hat also mit ihrer Triebkraft nichts zu tun.

Maßgebend für die Reaktionsgeschwindigkeit ist vielmehr die Höhe der Aktivierungsenthalpie (genauer: der „freien Aktivierungsenthalpie"). Das ist die Mindestenergie, welche die reagierenden Teilchen besitzen müssen, um bei einem Zusammenstoß miteinander reagieren zu können. Da nach der Maxwell-Boltzmann-Verteilung (Abbildung 1) die Zahl der Teilchen, deren Energie einen bestimmten Energiebetrag überschreitet, mit zunehmender Temperatur stark ansteigt, nimmt die Reaktionsgeschwindigkeit — von seltenen Ausnahmen abgesehen! — mit wachsender Temperatur ebenfalls zu. Wenn wir eine Reaktion durch Erwärmen der Reaktanten beschleunigen, so bedeutet das nichts anderes, als daß die Zahl der Partikel, welche die für die Reaktion notwendige Mindestenergie besitzen, vergrößert wird.

Diese Verhältnisse lassen sich klar durch

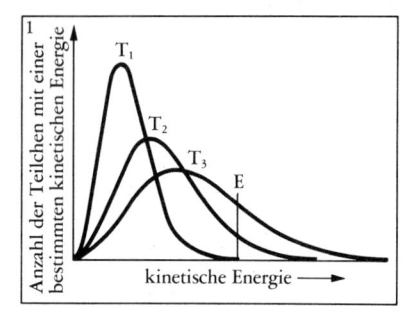

Abb. 1. Energieverteilung von Gasteilchen bei drei Temperaturen T_1, T_2 und T_3 ($T_3 > T_2 > T_1$). Die Anzahl der Teilchen, welche die Energie E besitzen, ist bei T_3 am höchsten.

digkeit. Der Gipfel des „Energieberges" entspricht dem „aktivierten Komplex", d. h. demjenigen Stadium, in dem sich die reagierenden Teilchen so weit wie möglich genähert haben und in dem sich die alten Bindungen lösen, während gleichzeitig neue Bindungen entstehen.

Interessant werden die Verhältnisse dann, wenn zwei Substanzen auf verschiedene Weise miteinander reagieren können oder wenn eine Substanz mit zwei anderen, im Reaktionsgemisch enthaltenen Substanzen gleichzeitig reagieren kann, mit anderen Worten, wenn Konkurrenzreaktionen möglich sind. In solchen Fällen wird diejenige Reaktion, deren Aktivierungsen-

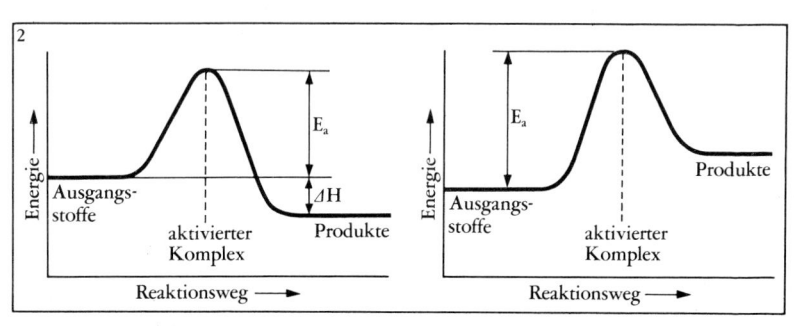

Abb. 2. Energiediagramm von exo- und endothermer Reaktion. E_a = Aktivierungsenergie. ΔH = Reaktionsenthalpie.

einfache Diagramme zum Ausdruck bringen (Abbildung 2). Auf der Abszisse („Reaktionskoordinate") wird dabei ein Parameter, der das Fortschreiten der Reaktion charakterisiert, auf der Ordinate der Energieinhalt der reagierenden Teilchen aufgetragen. Die Aktivierungsenthalpie erscheint als „Energieberg", welcher überstiegen werden muß: Je größer die Anzahl Teilchen, welche die Aktivierungsenthalpie besitzen (d. h. auf den „Berg" gelangen), um so größer wird die Reaktionsgeschwindigkeit. Der Gipfel des „Energieberges" entspricht dem „aktivierten Komplex", thalpie am niedrigsten ist, am raschesten ablaufen, auch wenn sie nicht zu den stabilsten Produkten führt. Arbeitet man ein solches Reaktionsgemisch nach verhältnismäßig kurzer Zeit auf, so kann man die Produkte der „kinetisch gesteuerten" Reaktion (d. h. der raschesten Reaktion) isolieren. Ist aber diese Reaktion reversibel und ist die Triebkraft der (langsameren) Konkurrenzreaktion beträchtlich größer, so erhält man die Produkte der „thermodynamisch gesteuerten" Reaktion (d. h. der Reaktion mit der größten Gleichgewichtskonstante), wenn man das Reaktionsgemisch erst nach längerer Zeit aufarbeitet oder vorher etwas erhitzt, damit die nötige Aktivierungsenergie vorhanden ist und

Thermodynamisch und kinetisch gesteuerte Reaktionen

[Energiediagramm: kinetisch gesteuerte Reaktion $E_a^1 < E_a^2$ | thermodynamisch gesteuerte Reaktion $\Delta G_2 > \Delta G_1$]

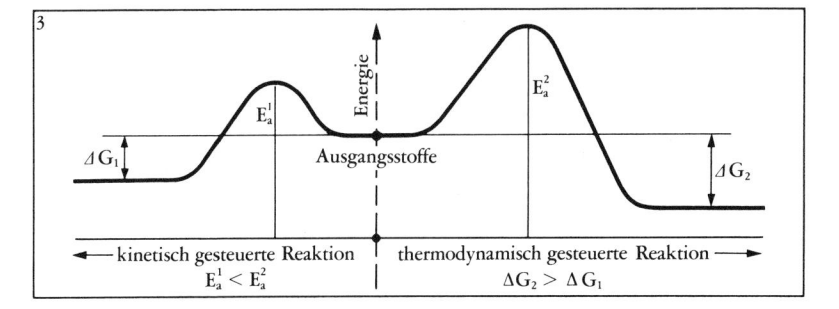

Abb. 3. Energiediagramm einer kinetisch und einer thermodynamisch gesteuerten Reaktion, die von den gleichen Ausgangsstoffen ausgehen. Bei der kinetisch gesteuerten Reaktion ist die Aktivierungsenergie E_a^1 niedrig und die freie Reaktionsenergie ΔG_1 gering. Die Reaktion ist reversibel. Bei der thermodynamisch gesteuerten Reaktion ist die Aktivierungsenergie E_a^2 hoch, und es entstehen stabile Produkte (ΔG_2 ist groß). Die Raktion ist praktisch irreversibel.

sich das Gleichgewicht einstellen kann. Diese Verhältnisse werden schematisch durch das Diagramm der Abbildung 3 veranschaulicht.

Das Experiment

In unserem Experiment untersuchen wir die Reaktion von Semicarbazid (NH_2–NH–CO–NH_2) mit Cyclohexanon und Furfural. Wie fast alle Carbonylverbindungen können auch Cyclohexanon und Furfural Hydrazin oder Hydroxylamin (oder deren Derivate) addieren, wobei oft gut kristallisierte Produkte entstehen, die durch ihren scharfen Schmelzpunkt leicht identifiziert werden können. Die Additionen werden durch Protonen katalysiert; da aber bei zu tiefen pH-Werten (zu hohen Protonenaktivitäten) auch das angreifende Reagens protoniert werden kann, verlaufen diese Reaktionen am besten innerhalb eines bestimmten pH-Bereiches.

$$\text{Cyclohexanon} + H_2N-NH-\underset{\underset{H}{|}}{C}(=O)-NH_2 \longrightarrow$$

Cyclohexanon   Semicarbazid

$$\text{C}_6\text{H}_{10}=N-NH-\underset{\underset{H}{|}}{C}(=O)-NH_2 + H_2O$$

Semicarbazon des Cyclohexanons

$$\text{Furyl}-CH=O + H_2N-NH-\underset{\underset{H}{|}}{C}(=O)-NH_2 \longrightarrow$$

Furfural   Semicarbazid

$$\text{Furyl}-CH=N-NH-\underset{\underset{H}{|}}{C}(=O)-NH_2 + H_2O$$

Semicarbazon des Furfurals

Zur Herstellung des Semicarbazons einer Ausgangssubstanz löst man 1,00 g Semicarbazidhydrochlorid zusammen mit 6,8 g krist. Natriumacetat in 50 ml Wasser. (Das Natriumacetat dient als Puffer.) Nach Zugabe von 0,01 mol der Carbonylverbindung (d. h. von 0,8 ml Furfural bzw. von 1,1 ml Cyclohexanon) wird so lange geschüttelt, bis das Semicarbazon als Niederschlag ausgefallen ist. Nach Absaugen des Produktes kristallisiert man es aus etwa 15 bis 20 ml heißem Wasser um, trocknet es möglichst gut und bestimmt den Schmelzpunkt.

Auf diese Weise werden zunächst die Semicarbazone von Furfural und Cyclohexanon einzeln hergestellt. Für den eigentlichen Versuch setzt man zwei Proben an; für beide nimmt man die oben angegebenen Mengen von Semicarbazid, Wasser und Natriumacetat, setzt aber ein Gemisch von Cyclohexanon (1,0 ml) und Furfural (0,8 ml) zu (wobei die beiden Carbonylverbindungen auch nacheinander zur Semicarbazidlösung gegeben werden können). Die eine Probe wird gut geschüttelt und sofort aufgearbeitet, während die andere einige Tage stehen bleibt und erst dann aufgearbeitet wird.

Versuchsergebnis

Die Probe, die sofort aufgearbeitet wird, liefert das Semicarbazon des Cyclohexanons, während man in der nach einigen Tagen aufgearbeiteten Probe das Semicarbazon des Furfurals findet. Die erste Reaktion ist also kinetisch, die letztere thermodynamisch gesteuert.

Daß die Addition an Cyclohexanon rascher verläuft als die an Furfural, hat sterische Gründe: Betrachtet man ein Modell des Cyclohexanons in der Sesselform, so erkennt man, daß die beiden äquatorialen α-Wasserstoffatome nahezu „ekliptisch" — also auf Deckung — zur CO-Gruppe stehen. Diese ungünstige Situation — in der sich die Wasserstoffatome und der Sauerstoff so nahe kommen, daß abstoßende Kräfte wirksam werden — wird durch die geschwindigkeitsbestimmende Addition des Semicarbazids an die Carbonylgruppe verbessert. Die Addition an Cyclohexanon ist somit aus sterischen Gründen erleichtert.

$R = -NH-NH-CO-NH_2$

hen. Diese ungünstige Situation — in der sich die Wasserstoffatome und der Sauerstoff so nahe kommen, daß abstoßende Kräfte wirksam werden — wird durch die geschwindigkeitsbestimmende Addition des Semicarbazids an die Carbonylgruppe verbessert. Die Addition an Cyclohexanon ist somit aus sterischen Gründen erleichtert.

Die relative Stabilität des Furfural-Semicarbazons dagegen hat elektronische Gründe: Bei ihm ist nämlich eine gewisse Delokalisierung der Doppelbindungs-π-Elektronen in den fünfgliedrigen aromatischen Ring möglich. Diese Ausdehnung des π-Elektronensystems führt zu einer Stabilisierung relativ zu nicht-konjugierten Semicarbazonen, wie zum Beispiel Cyclohexanon-semicarbazon.

Literatur

J. B. Conant und P. D. Bartlett, J. Amer. Chem. Soc. **54**, 2898 (1932).

Kinetik der Mutarotation: Demonstration des Massenwirkungsgesetzes

Jörg Butenuth und Gerhard Scharf

Organische Chemie wurde und wird in den Hochschulpraktika überwiegend präparativ betrieben. Wir haben versucht, diese insbesondere für Lehramtskandidaten unbefriedigende Situation durch Einführen von quantitativen Experimenten zu ändern. Dabei haben wir darauf geachtet, daß die Experimente nur einen solchen Zeitaufwand erfordern, daß sie auch im Wahlpflichtfach der Oberstufe einer höheren Schule durchgeführt werden können.

Eines der wichtigsten Gesetze der Chemie ist das Massenwirkungsgesetz. Es wird meistens theoretisch, entweder auf der Basis kinetischer oder thermodynamischer Überlegungen eingeführt. Beispiele zur quantitativen Demonstration der Gleichgewichtseinstellung gibt es kaum.

Die einfachste Form einer Gleichgewichtsreaktion ist die reversible Umwandlung zweier Stoffe ineinander. Sie wird am Beispiel der Mutarotation, der reversiblen Umwandlung von α-D-Glucose in β-D-Glucose, demonstriert. Das Experiment setzt allerdings voraus, daß ein Polarimeter (Meßgrenze 0,02°) verfügbar ist.

Die Reaktion

Mit α-D-Glucose bezeichnet man den „normalen" Traubenzucker, mit β-D-Glucose das Produkt, das man erhält, wenn man α-D-Glucose aus organischen Lösungsmitteln, z. B. Eisessig oder Pyridin, umkristallisiert. α-D-Glucose unterscheidet sich von der β-Form in verschiedenen physikalischen Daten, z. B. in der spezifischen Drehung a, die durch Gleichung (1) definiert ist. Dabei bedeutet α

$$\alpha = a \cdot c \cdot d \qquad (1)$$

den Winkel, um den die Lösung eines optisch aktiven Stoffes die Ebene des polarisierten Lichtes dreht, c die Konzentration dieses Stoffes (in $g \cdot ml^{-1}$), d den Lichtweg (Länge des Polarimeterrohrs, in dm).

Nach den heutigen Vorstellungen läuft die Mutarotation nach folgendem Mechanismus ab:

α-D-Glucose   1

2   offenkettige Form der D-Glucose

3   4

β-D-Glucose

Die Gleichgewichtsreaktion wird durch Säuren und Basen, z. B. durch Wasser als Ampholyt, katalysiert. Zuerst bildet ein Proton mit dem Halbacetal-Sauerstoff der Glucose ein Oxonium-Ion 1, das in ein Carbokation 2 übergeht, welches sich durch Abgabe des Protons an eine Base (z. B. Wasser) zur offenkettigen Form der D-Glucose stabilisiert. Deren Carbonylsauerstoff kann von zwei Seiten angegriffen werden, d. h. es entsteht entweder über das Carbokation 3 und das Oxonium-Ion 4 die β-D-Glucose oder in Rückreaktion über die Zwischenstufen 2 und 1 wieder die α-D-Glucose. Dabei ist die Reaktionsgeschwindigkeit stark vom pH-Wert und von der Ionenstärke des Puffers abhängig.

Es handelt sich also hier um eine Reaktion eines in Gleichung (2) verallgemeinerten, sehr einfachen Typs, wobei sich das Gleichgewicht

$$A \underset{k_{-1}}{\overset{k_1}{\rightleftharpoons}} B \qquad (2)$$

zwischen beiden Formen unter geeigneten Bedingungen genügend langsam und gut meßbar einstellt. Im Gleichgewicht liegt die thermodynamisch etwas stabilere Form, die β-D-Glucose, im Überschuß vor.

Im vorliegenden Experiment wird geprüft, ob die polarimetrisch gemessene Drehwinkel-Zeit-Funktion $\psi(t)$ mit einer Reaktion nach Gleichung (2) vereinbar ist. Darüber hinaus können bei bekannten Parametern der Funktion $\psi(t)$ sofort die spezifischen Drehungen der α- und der β-Form angegeben werden, ebenso der Gehalt an α- und β-D-Glucose im Gleichgewicht. Einzelheiten des Reaktionsmechanismus können mit diesem einfachen Experiment natürlich nicht bewiesen werden.

Experimenteller Teil

α-D-Glucose ist von Merck als „wasserfreie D-Glucose für biochemische Zwecke" erhältlich.

Herstellung von β-D-Glucose: 10 g wasserfreie α-D-Glucose werden in 25 ml wasserfreiem, gereinigtem Pyridin (über KOH getrocknet und mit einer guten Fraktionierkolonne destilliert, Kp = 114 bis 116 °C) unter Erhitzen gelöst. Man läßt abkühlen und im Kühlschrank auskristallisieren, was einige Tage dauern kann. Durch längeres Trocknen bei 100 °C im Vakuumtrockenschrank wird die β-D-Glucose von Pyridinresten befreit. Mit gleichem Erfolg kann Eisessig p. A., wasserfrei, als Lösungsmittel eingesetzt werden. Auch hier müssen die Lösungsmittelreste unbedingt entfernt werden.

Als Reaktionsmedium dient 0,1-molarer Phosphatpuffer (pH = 6,8). Es wird (z. B. in einem 10 ml-Meßkolben) so viel von der α-D-Glucose aufgelöst, daß eine genau 10-proz. Lösung entsteht. Erst wenn alles aufgelöst und eine homogene Lösung entstanden ist, wird die Lösung in das Polarimeterrohr gegeben. In einem 1 dm-Rohr mißt man bei einer 10-proz. Glucose-Lösung anfangs einen Winkel von ca. 10°, im Gleichgewicht von etwa 5°. Die zeitliche Änderung des Drehwinkels sollte alle 30 Sekunden registriert werden.

Steht ein empfindlicheres Polarimeter zur Verfügung, so kann das Experiment mit einer 1-proz. Lösung ausgeführt werden. Für die Genauigkeit und Reproduzierbarkeit der Messung ist entscheidend, daß der Auflösungsvorgang möglichst schnell beendet ist und daß der Zeit-Nullpunkt der Reaktion möglichst exakt bestimmt wird.

Man verfährt analog mit der β-D-Glucose. Bei Einsatz von 10-proz. β-D-Glucose-Lösung ist der anfänglich zu beobachtende Drehwinkel ca. 2°, im Gleichgewicht stellt sich ebenfalls ca. 5° ein. In Abbildung 1 sind die Meßergebnisse eines Experiments graphisch aufgetragen; die Reaktionstemperatur war 20 °C, die Wellenlänge des Meßlichtes (Natrium-D-Linie) 589 nm.

Aus Abbildung 1 geht hervor, daß, unabhängig davon, welches Anomere eingesetzt wurde, schließlich eine Lösung mit gleichem Drehwinkel entsteht. Man kann auch aufgrund der Kurvenverläufe vermuten, daß im Gleichgewicht die β-D-Glucose etwas im Überschuß vorliegt. Man kann jedoch nicht ohne weiteres die exakte Lage des Gleichgewichts angeben.

Um aus der beobachteten Enddrehung die Gleichgewichtslage zu ermitteln, müßte man die jeweiligen Anfangsdrehwinkel der reinen Anomeren kennen. Diese Kenntnis ist aber direkt in keinem Fall zu erhalten, denn das Auflösen der Zucker und das Einfüllen der Lösungen in das Polarimeterrohr dauern selbst bei raschem Arbeiten mindestens eine Minute. Da sich aber gerade am Anfang die Drehwerte stark ändern, ist eine Extrapolation auf t = 0 ohne Kenntnis der mathematischen Struktur der Drehwinkel-Zeit-Funktion ψ(t) ziemlich unsicher. Deshalb werden im folgenden diese Funktionen ψ(t) abgeleitet und die Übereinstimmung mit den Meßergebnissen geprüft.

Ableitung der Drehwinkel-Zeit-Funktionen

Es wird in Gleichung (2) A mit α-D-Glucose, B mit β-D-Glucose identifiziert. Mit $c_A(t)$ und $c_B(t)$ werden die Konzentrationen der beiden Anomeren zur Zeit t bezeichnet. Wenn man zunächst von reiner α-D-Glucose ausgeht, ist zur Zeit t=0 also $c_B(0)=0$, und $c_A(0)$ ist die eingesetzte Konzentration an α-D-Glucose. Für jeden Zeitpunkt t gilt:

$$c_A(t) = c_A(0) - c_B(t) \qquad (3)$$

Zu jedem Zeitpunkt ist die Abnahme von c_A der noch vorhandenen Konzentration von c_A proportional, während gleichzeitig die Zunahme von c_A der Konzentration der schon gebildeten β-D-Glucose, c_B, proportional ist, so daß unter Berücksichtigung der Defini-

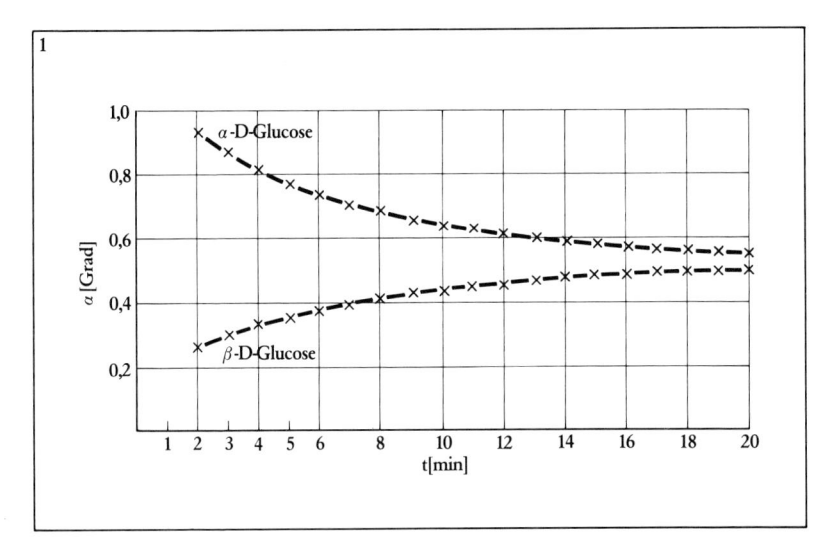

Abb. 1. Mutarotation: Zeitlicher Ablauf der Drehung von α-D-Glucose und β-D-Glucose in 0,1-molarem Phosphatpuffer (pH = 6,8), jeweils 1-proz. Lösungen.

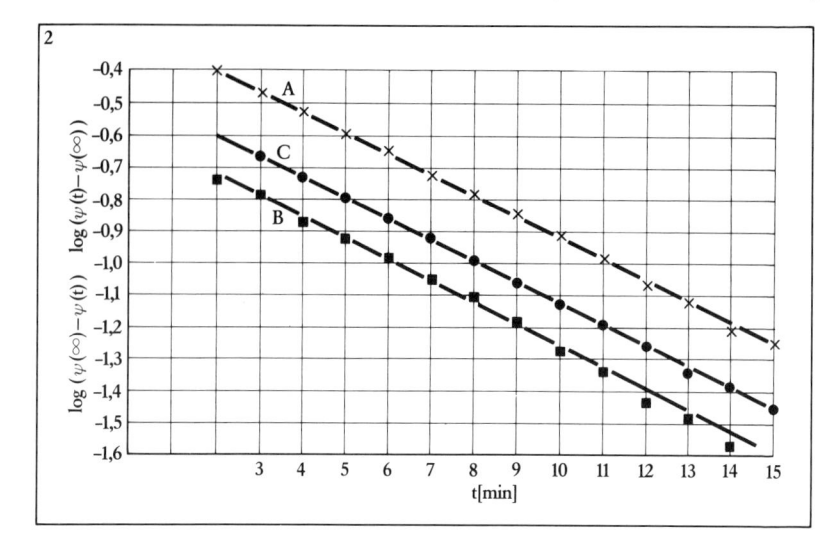

Abb. 2. Logarithmierte Drehwinkel-Zeit-Funktionen beim Einsatz von α-D-Glucose (A), β-D-Glucose aus Eisessig (B) und β-D-Glucose aus Pyridin (C).

tion der Geschwindigkeitskonstanten aus Gleichung (2) für die Konzentrationsänderung von $c_A(t)$ gilt:

$$-\frac{dc_A(t)}{dt} = k_1 \cdot c_A(t) - k_{-1} \cdot c_B(t) \quad (4)$$

Aus den Gleichungen (3) und (4) erhält man:

$$-\frac{dc_A(t)}{dt} = k_1 \cdot c_A(t) - k_{-1}[c_A(0) - c_A(t)]$$

oder

$$+\frac{dc_A(t)}{dt} = -(k_1 + k_{-1}) \cdot c_A(t) + k_{-1} \cdot c_A(0) \quad (5)$$

Gleichung (5) ist eine einfache Differentialgleichung des Typs $y' = K \cdot y + L$, mit $y = c_A(t)$, $K = -(k_1+k_{-1})$ und $L = +k_{-1}\,c_A(0)$.

Die Integration ergibt sich leicht aus der Umformung

$$\frac{y'}{y+\frac{L}{K}} = K$$

zu

$\ln(y + \frac{L}{K}) = K \cdot t + M$ und daraus folgt

$y + \frac{L}{K} = e^{K \cdot t + M}$ oder

$$y = e^{K \cdot t} \cdot e^M - \frac{L}{K}$$

M ist eine Integrationskonstante, welche durch die Randbedingungen festgelegt wird. Als Lösung der Differentialgleichung (5) ergibt sich zunächst:

$$c_A(t) = e^{-(k_1+k_{-1}) \cdot t} \cdot e^M - \frac{L}{K} \quad (6)$$

Bezeichnet man mit $c_A(\infty)$ die Konzentration an α-D-Glucose im Gleichgewicht, so ist wegen $\lim\limits_{t \to \infty} e^{-K \cdot t + M} = 0$ folglich

$$c_A(\infty) = -\frac{L}{K}$$

Die Integrationskonstante M wird bestimmt durch Festlegen der Randbedingungen für $t = 0$: $c_A(0) = e^M + c_A(\infty)$, d. h. $e^M = c_A(0) - c_A(\infty)$, so daß wir schließlich als Lösung für die Differentialgleichung (5) haben:

$$c_A(t) = [c_A(0) - c_A(\infty)] \cdot e^{-(k_1 + k_{-1})\cdot t} + c_A(\infty) \quad (7)$$

(Man benötigt zur Herleitung und Lösung der Differentialgleichung zweifellos etwas Differentialrechnung, kann sich aber sofort von der Richtigkeit durch Prüfen mit den Randbedingungen $t=0$ oder $t=\infty$ überzeugen.)

Aus den Gleichungen (3) und (7) erhält man die Konzentration an entstandener β-D-Glucose, $c_B(t)$:

$$\begin{aligned}c_B(t) &= c_A(0) - c_A(t) \\ &= -[c_A(0) - c_A(\infty)]\cdot e^{-(k_1+k_{-1})\cdot t} \\ &\quad + c_A(0) - c_A(\infty)\end{aligned} \quad (8)$$

Zur Ermittlung der Funktion $\psi(t)$, welche die beobachtete zeitliche Drehwinkeländerung beschreibt, benötigen wir noch die in Gleichung (1) wiedergegebene Beziehung zwischen Winkeln und Konzentrationen und etwas Algebra. Der zur Zeit t beobachtete Winkel $\psi(t)$ ist:

$$\psi(t) = a \cdot c_A + b \cdot c_B \quad (9)$$

Hier sind a und b die spezifischen Drehungen von α- bzw. β-D-Glucose. Setzt man die Gleichungen (7) und (8) in Gleichung (9) ein, so erhält man:

$$\begin{aligned}\psi(t) &= \{a[c_A(0) - c_A(\infty)] \\ &\quad + b[c_A(\infty) - c_A(0)]\} \cdot e^{-(k_1+k_{-1})\cdot t} \\ &\quad + [a\cdot c_A(\infty) + b\cdot c_B(\infty)]\end{aligned} \quad (10)$$

Dieser unübersichtliche Ausdruck läßt sich sehr vereinfachen, wenn man berücksichtigt, daß der Ausdruck in der letzten eckigen Klammer in Gleichung (10) nichts anderes ist als der beobachtete Winkel im Gleichgewicht, also Gleichung (9) für $t = \infty$, d. h. $\psi(\infty)$.

Der Koeffizient der Exponentialfunktion vereinfacht sich unter Berücksichtigung von $c_A(\infty) - c_A(0) = -c_B(\infty)$ zu $\psi(0) - \psi(\infty)$. Für die gesuchte Drehwinkel-Zeit-Funktion ergibt sich also die einfache Beziehung:

$$\psi(t) = [\psi(0) - \psi(\infty)]e^{-(k_1+k_{-1})\cdot t} + \psi(\infty) \quad (11)$$

Um nachzuprüfen, ob ein gegebener Funktionsverlauf der Gleichung (11) gehorcht, ist es zweckmäßig, (11) umzustellen und zu logarithmieren:

$$\begin{aligned}&\log[\psi(t) - \psi(\infty)] \\ &= \log[\psi(0) - \psi(\infty)] - (k_1 + k_{-1})\cdot \log e \cdot t\end{aligned} \quad (12)$$

Trägt man jetzt $\log[\psi(t) - \psi(\infty)]$ gegen die Zeit t auf, so erhält man eine Gerade mit der Steigung $-(k_1 + k_{-1})\cdot \log e$ und dem Ordinatenabschnitt $\log[\psi(0)-\psi(\infty)]$. Aus letzterem kann man den nicht direkt meßbaren Zahlenwert für $\psi(0)$ bestimmen.

Die Entwicklung der Gleichungen für den Fall, daß die Reaktion von β-D-Glucose ausgeht, verläuft ganz analog, da Gleichung (2) vollständig symmetrisch ist. Demnach ist $c_B(t)$ in Analogie zu Gleichung (7):

$$c_B(t) = [c_B(0) - c_B(\infty)]\cdot e^{-(k_1+k_{-1})\cdot t} + c_B(\infty) \quad (13)$$

In diesem Fall lautet die zu Gleichung (3) analoge Gleichung:

$$c_B(t) = c_B(0) - c_A(t) \quad (14)$$

Damit und mit Beziehung (9) erhält man dieselbe Gleichung (11) als Drehwinkel-Zeit-Funktion. Da der Winkel beim Einsatz von β-Glucose ständig zunimmt, muß vor der Logarithmierung umgeformt werden; es wird nach folgender Gleichung ausgewertet:

$$\log[\psi(\infty) - \psi(t)] = \log[\psi(\infty) - \psi(0)] - (k_1 + k_{-1}) \cdot \log e \cdot t \quad (15)$$

In Abbildung 2 ist die Auswertung nach dem beschriebenen Verfahren dargestellt.

Diskussion

Wie die Auswertung der Meßreihe zeigt, ist die Annahme (2) gerechtfertigt: Es handelt sich bei der Gesamtreaktion um ein binäres Gleichgewicht. Wie erwartet, stimmen die Endwinkel (nahezu) überein, ebenso, wie aus der Steigung der Geraden in Abbildung 2 zu entnehmen ist, die Summe der Geschwindigkeitskonstanten $k_1 + k_{-1}$.

Die Reaktionen wurden mehrfach durchgeführt und die Ergebnisse gemittelt. Für die α-D-Glucose ergibt sich:

Steigung der Geraden: –0,0672
Spezifische Drehung a: 110,9°

und für die β-D-Glucose:

Steigung der Geraden: –0,0668
Spezifische Drehung b: 17,0°

Diese Werte stimmen relativ gut mit den Literaturwerten überein (112° bzw. 18,7°). Legt man die gefundenen spezifischen Winkel zugrunde, so läßt sich nun nach

$$110{,}9\,x + 17{,}0\,(1-x) = 51{,}7$$

der Anteil der beiden Anomeren im Gleichgewicht ausrechnen (51,7° ist der gemittelte Gleichgewichtswinkel). Es werden also ca. 37% α-D-Glucose und 63% β-D-Glucose im Gleichgewicht gefunden.

Kinetik der Reaktionen von Alkoholen zu Alkylhalogeniden

J. H. Cooley, J. D. McCown, R. M. Shill

Grundlagen

Daß den Chemiker an einer chemischen Reaktion nur die Produkte und deren Mengen interessieren, ist eine weit verbreitete Ansicht. Sie war für die klassische Chemie, wie sie etwa noch zu Beginn dieses Jahrhunderts betrieben wurde, auch weithin zutreffend. In der Folgezeit jedoch interessierte man sich immer mehr auch dafür, auf welchem Wege die einzelnen Verbindungen entstehen: Man versuchte, den Mechanismus einer chemischen Reaktion zu erforschen.

Schon sehr früh wußte man, daß die Geschwindigkeit einer chemischen Reaktion — man versteht darunter den Umsatz pro Zeiteinheit, also z. B. die Zunahme eines Produkts gemessen in Mol pro Sekunde oder Minute — und ihre Abhängigkeit von den Konzentrationen der einzelnen Reaktionspartner wertvolle Hinweise auf den Mechanismus einer Reaktion geben können.

Wir wollen uns das anhand einer einfachen Reaktion klar machen. Behandelt man einen Alkohol in Gegenwart einer starken Säure wie Schwefelsäure mit Bromwasserstoffsäure, so erhält man ein Alkylbromid und Wasser.

$$R\text{-}OH + HBr \xrightarrow{H^{\oplus}} R\text{-}Br + H_2O$$

Die Reaktion kann auf zwei verschiedenen Wegen ablaufen:

1. Der Alkohol nimmt an einem der einsamen Elektronenpaare des Sauerstoffatoms ein Proton auf.

$$R\text{-}\bar{\underline{O}}\text{-}H + H^{\oplus} \xrightarrow{\text{schnell}} R\text{-}\overset{\oplus}{\underline{O}}\text{-}H \\ \phantom{R\text{-}\overset{\oplus}{\underline{O}}\text{-}}| \\ \phantom{R\text{-}\overset{\oplus}{\underline{O}}\text{-}}H$$

Der protonierte, jetzt positiv geladene Alkohol reagiert mit einem Bromid-Ion, das wegen der Dissoziation der Bromwasserstoffsäure im Reaktionsgemisch vorliegt.

$$|\bar{\underline{Br}}|^{\ominus} + R\text{-}\overset{\oplus}{\underline{O}}\text{-}H \xrightarrow{\text{langsam}} Br\text{-}R + H_2O \\ \phantom{|\bar{\underline{Br}}|^{\ominus} + R\text{-}\overset{\oplus}{\underline{O}}\text{-}}| \\ \phantom{|\bar{\underline{Br}}|^{\ominus} + R\text{-}\overset{\oplus}{\underline{O}}\text{-}}H$$

Nach allen Erfahrungen verlaufen Protonierungen am Sauerstoff sehr rasch, so daß man annehmen darf, daß der zweite Teilschritt der Reaktion der langsame, also für die gesamte Reaktion der geschwindigkeitsbestimmende Schritt ist.

2. Prinzipiell ist noch ein zweiter Weg vom Alkohol zum Alkylhalogenid möglich. Wie unter 1. entsteht zunächst der protonierte, positiv geladene Alkohol. Dieser dissoziiert im folgenden Schritt in Wasser und ein Carbonium-Ion, d. h. ein Bruchstück, das eine positive Ladung an einem C-Atom trägt.

$$R\text{-}\overset{\oplus}{\underline{O}}\text{-}H \xrightarrow{\text{langsam}} R^{\oplus} + H_2O \\ \phantom{R\text{-}\overset{\oplus}{\underline{O}}\text{-}}| \\ \phantom{R\text{-}\overset{\oplus}{\underline{O}}\text{-}}H$$

Das Carbonium-Ion ist sehr reaktiv und sucht sich rasch einen negativen Partner, den es im Bromid-Ion findet.

$$R^{\oplus} + |\bar{\underline{Br}}|^{\ominus} \xrightarrow{\text{schnell}} R\text{-}Br$$

Wie ist es nun möglich, zwischen diesen beiden Reaktionsmechanismen zu unterscheiden? Auf beiden Wegen entstehen die gleichen Produkte. Die Unterscheidung mit Hilfe der bei Weg 2 auftretenden Zwischenstufe, dem Carbonium-Ion, ist nicht möglich, da dieses so kurzlebig ist, daß es nicht isoliert und identifiziert werden kann.

Für die Geschwindigkeit einer Reaktion ist immer der langsamste Schritt maßgebend, er ist der „Flaschenhals", durch den die Reaktion hindurch muß. Beim 1. Mechanismus ist der langsamste Schritt die Reaktion des Bromid-Ions mit dem protonierten Alkohol. Es reagieren zwei Teilchen — in diesem Falle zwei Ionen — miteinander; man spricht deshalb von einer bimolekularen Reaktion. Die Geschwindigkeit, mit der diese Teilreaktion und damit die Gesamtreaktion abläuft, wird umso höher sein, je häufiger ein Bromid-Ion mit einem protonierten Alkoholmolekül in der Lösung zusammentrifft, je höher also die Konzentrationen der Partner sind. Die Reaktionsgeschwindigkeit ist dem Produkt der Konzentrationen beider Reaktionspartner direkt proportional.*

$$RG \sim [Br^{\ominus}] \cdot [R\text{-}\overset{\oplus}{O}H_2]$$

oder $RG = k_2 \cdot [Br^{\ominus}] \cdot [R\text{-}\overset{\oplus}{O}H_2]$

RG = Reaktionsgeschwindigkeit

Der Proportionalitätsfaktor k_2 wird als Geschwindigkeitskonstante bezeichnet. k_2 ist abhängig von der Temperatur. Der Index 2 gibt an, daß es sich um eine bimolekulare Reaktion handelt. Man spricht in diesem Fall auch von einer Reaktion 2. Ordnung, denn die Reaktionsgeschwindigkeit ist von den Konzentrationen der beiden Reaktionspartner abhängig. Das Maß für die Reaktionsgeschwindigkeit ist die Konzentrationszunahme eines bei der Reaktion entstehenden Stoffs je Zeiteinheit oder auch die Konzentrationsabnahme eines bei der Reaktion verschwindenden Stoffs je Zeiteinheit, so daß unsere Geschwindigkeitsgleichung dann lautet:

$$+\frac{d[R\text{-}Br]}{dt} = -\frac{d[Br^{\ominus}]}{dt} = k_2 \cdot [Br^{\ominus}] \cdot [R\text{-}\overset{\oplus}{O}H_2]$$

Das zeigt zugleich auch den Weg, auf dem man eine Reaktionsgeschwindigkeit mißt: Man verfolgt die Konzentrationszunahme eines entstehenden oder die Konzentrationsabnahme eines verschwindenden Stoffs während der Reaktion.

Beim zweiten Mechanismus ist der langsame Schritt — die Dissoziation des protonierten Alkohols — eine monomolekulare Reaktion, d. h. es handelt sich hier um den Zerfall eines Moleküls. Hier ist die Reaktionsgeschwindigkeit, d. h. die Konzentrationsabnahme des protonierten Alkohols in der Zeiteinheit, proportional zur Konzentration des protonierten Alkohols.

$$+\frac{d[R\text{-}Br]}{dt} = -\frac{d[R\text{-}\overset{\oplus}{O}H_2]}{dt} = k_1 \cdot [R\text{-}\overset{\oplus}{O}H_2]$$

Der Proportionalitätsfaktor k_1 ist in diesem Fall die Geschwindigkeitskonstante 1. Ordnung.

Nun wird deutlich, wieso man durch Messung der Reaktionsgeschwindigkeit zwischen Mechanismus 1 und Mechanismus 2 entscheiden kann. Im ersten Fall ist die Reaktionsgeschwindigkeit abhängig von der Bromidionen-Konzentration, während im zweiten Fall die Bromidionen-Konzentration keinen Einfluß auf die Reaktionsgeschwindigkeit hat.

Bevor wir uns dem praktischen Teil unseres Experiments zuwenden, wollen wir den beiden Mechanismen noch Na-

---

* Die in den Gleichungen auftretenden eckigen Klammern symbolisieren die Konzentrationsangabe Mol/Liter. Es bedeutet also [Br$^{\ominus}$]: Bromidionen-Konzentration in Mol pro Liter.

Kinetik der Reaktionen von Alkoholen zu Alkylhalogeniden 17

men geben. Den ersten Weg bezeichnet man als S_N2-Reaktion: „S" steht für Substitution (ein Br^-- substituiert ein OH^--Ion); „N" steht für nucleophil, d. h. das angreifende Teilchen, das Bromid-Ion, stellt die Elektronen für die neue Bindung zur Verfügung, es sucht für seine Elektronen einen Kern, ist also nucleophil; die „2" deutet an, daß der geschwindigkeitsbestimmende Schritt eine bimolekulare Reaktion ist. Den zweiten Mechanismus nennt man analog S_N1-Reaktion, wieder handelt es sich um eine nucleophile Substitution, diesmal ist der geschwindigkeitsbestimmende Schritt von 1. Ordnung. Man hat gefunden, daß primäre Alkohole im allgemeinen nach einem S_N2-Mechanismus und tertiäre Alkohole im allgemeinen nach einem S_N1-Mechanismus mit Bromwasserstoffsäure reagieren.

Das Experiment

Die folgende Beschreibung der Geschwindigkeitsmessung der oben behandelten Reaktion eines Alkohols zu einem Alkylbromid stellt wegen der Einfachheit der Geräte (Abbildung 1) und der Versuchsausführung eine geeignete Einführung in die chemische Reaktionskinetik, d. h. die Lehre von der Geschwindigkeit chemischer Reaktionen, dar.

Versuchsbeschreibung

Zu einer Mischung von 10 ml n-Butylalkohol und 20 ml 48-proz. Bromwasserstoffsäure gibt man in kleinen Portionen 10 ml konzentrierte Schwefelsäure (Schutzbrille!). Die Mischung führt man in ein weites, 20 cm hohes Reagenzglas über, das einen Schliff trägt, und verbindet es mit einem Rückflußkühler. Das Reaktionsgefäß bringt man in ein Becherglas mit gleichmäßig, schwach siedendem Wasser, das als temperaturkonstantes Wärmebad dient. (Da die Reaktionsgeschwindigkeit von der Temperatur abhängt, muß die Temperatur während der Messungen konstant gehalten werden.)

Die Geschwindigkeit wird anhand der Höhen- oder Volumenzunahme der wasserunlöslichen Schicht des entstehenden Alkylbromids verfolgt. Trägt man dann in einem Diagramm $\log(h_\infty - h_t)$ (h_t ist die zur Zeit t gemessene Höhe, h_∞ ist die nach Beendigung der Reaktion gemessene Höhe, s. unten) gegen die Zeit t

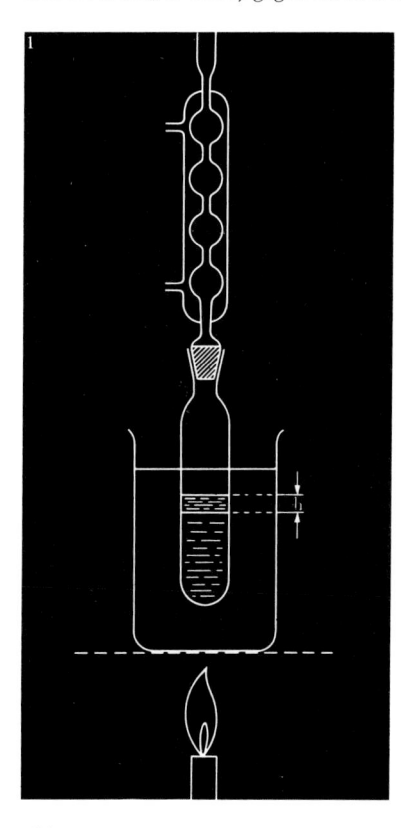

Abb. 1. Apparatur zur Umsetzung von Alkoholen mit Alkylhalogeniden.

auf, so erhält man Geraden, deren Steigungen die Geschwindigkeitskonstanten k liefern.*

Zum Messen der Alkylhalogenid-Schicht kann man einen Maßstab mit Millimetereinteilung verwenden. Beim Ablesen muß man darauf achten, daß keine Parallaxenfehler auftreten. Man mißt bis zum unteren Meniskusrand der organischen Schicht. Je nach Reaktionsgeschwindigkeit liest man alle 1, 2 oder 5 Minuten die Höhe der Flüssigkeitssäule ab. Während der ersten Minuten ist wegen des unregelmäßigen Siedens der Lösung das Ablesen nicht einfach. Auch gegen Ende der Reaktion werden die Messungen unsicher, da dann die Volumenänderungen klein sind. Die Zeit, nach der sich der Endwert h_∞ einstellt, hängt von der Struktur des eingesetzten Alkohols, der Säurekonzentration und der Temperatur ab.

Bei einem sekundären Alkohol dauert es etwa 15 Minuten und bei einem primären Alkohol 50 bis 80 Minuten. Die Abbildungen 2 bis 4 zeigen die graphischen Darstellungen der Meßwerte.

Folgende Alkohole sind für unseren Versuch geeignet: n-Butanol, n-Amyl-, iso-Amylalkohol, 2-Butanol und 2-Pentanol. Tertiäre Alkohole reagieren für unsere Meßmethode zu schnell. Das Arbeiten mit sec-Butanol ist schwierig, da das sec-Butylbromid einen niedrigeren Siedepunkt als Wasser hat. Beim n-Hexanol treten Löslichkeitsprobleme auf, aus dem gleichen Grund können die höheren Alkohole nicht eingesetzt werden: Sie sind in Wasser noch weniger löslich.

Auswertung

Die Steigungen der einzelnen Geraden liefern die Geschwindigkeitskonstanten. Die Abbildungen 2 und 3 stellen die Ergebnisse mit n-Amylalkohol dar, Abbildung 4 zeigt die Ergebnisse mit sec-Butanol. Man erkennt, daß Geraden mit geringer Neigung, d. h. kleine Geschwindigkeitskonstanten, dann auftreten, wenn man mit einem primären Alkohol, bei niedriger Temperatur und niedriger Schwefelsäurekonzentration (s. Abbildung 3) arbeitet. Beim n-Amylalkohol beobachtet man praktisch keine Änderung in der Reaktionsgeschwindigkeit, wenn man die Konzentration der Bromwasserstoffsäure variiert.

Diese Beobachtungen lassen sich mit den oben dargestellten Reaktionsmechanismen, die übrigens von dem englischen Chemiker C. K. Ingold formuliert wurden, erklären. Für beide Reaktionswege sollte man die beobachtete Erhöhung der Reaktionsgeschwindigkeit durch Zugabe von Schwefelsäure erwarten (dadurch wird die Konzentration an protoniertem Alkohol erhöht, der die Reaktionsgeschwindigkeit direkt proportional ist). Die Unabhängigkeit der Reaktionsgeschwindigkeit von der Bromwasserstoff-Konzentration beim n-Amylalkohol deutet darauf hin, daß diese Reaktion über den S_N1-Mechanismus abläuft. Eine solche Aussage über den Reaktionsmechanismus ist aber aufgrund unserer wenigen und auch ungenauen Ergebnisse sehr gewagt.

In der Literatur sind nur wenige kinetische Untersuchungen der Reaktion von Alkoholen zu Alkylbromiden beschrie-

---

* Die Geschwindigkeitsgleichung läßt sich nämlich durch Integration und Umformen in die Geradengleichung $\log (h_\infty - h_t) = -k/2{,}303\, t + \text{const.}$ überführen.

Kinetik der Reaktionen von Alkoholen zu Alkylhalogeniden

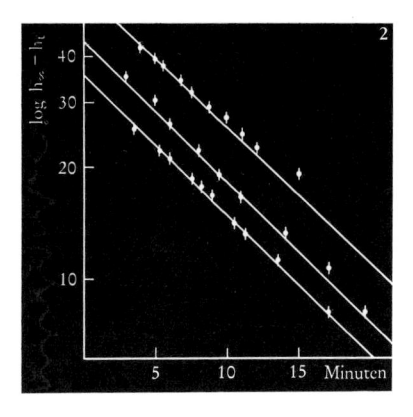

Abb. 2. Graphische Darstellung der Meßwerte von drei Parallelversuchen mit je 10 ml n-Amylalkohol, 10 ml Schwefelsäure und 20 ml Bromwasserstoffsäure.
$-1/2{,}303 \cdot k = 0{,}085,\ 0{,}089$ und $0{,}092\ \text{min}^{-1}$.

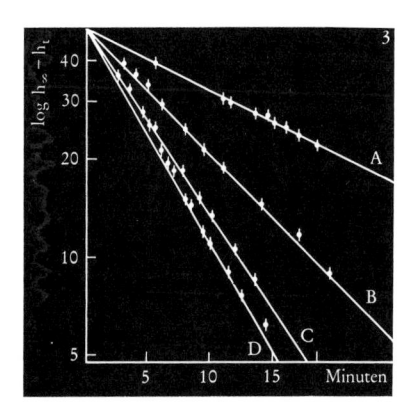

Abb. 3. Diese Meßwerte erhielt man aus Umsetzungen von je 10 ml n-Amylalkohol und 20 ml Bromwasserstoffsäure mit wechselnden Mengen Schwefelsäure. Die Steigungen der Geraden nehmen mit steigender Konzentration an Schwefelsäure zu: A 8 ml, B 10 ml, C 13 ml, D 20 ml.

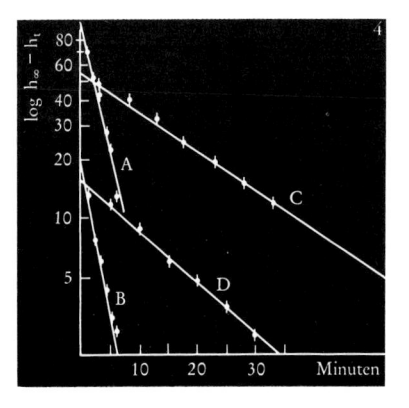

Abb. 4. Bei den Versuchen, die diese Meßwerte lieferten, setzte man 2-Butanol, Bromwasserstoffsäure und Schwefelsäure in verschiedenen Konzentrationsverhältnissen ein (siehe Tabelle 1).

Tabelle 1. Konzentrationen, Temperaturen und Geschwindigkeitskonstanten der in Abb. 4 graphisch dargestellten Reaktionen. (Der Faktor 2,303 rührt von der Umrechnung des natürlichen in den dekadischen Logarithmus her.)

	$-1/2{,}303 \cdot k$ [min^{-1}]	Temp. [°C]	2-Butanol [ml]	HBr [ml]	H_2SO_2 [ml]
A	0,36	96	10	20	10
B	0,35	96	5	10	5
C	0,045	73	5	10	—
D	0,060	85—90	5	10	—

ben. J. F. Norris führte die Reaktion in zugeschmolzenen Rohren aus und verfolgte die Reaktionsgeschwindigkeit wie wir anhand der Volumenänderung des entstehenden Alkylhalogenids. Er fand, daß die Reaktion bei einer Reihe von Alkoholen nach dem S_N2-Mechanismus abläuft. G. M. Bennett und F. M. Reynolds haben Untersuchungen an homogenen Systemen aus Alkoholen und Bromwasserstoffsäure in Phenol mitgeteilt. Die auf diesem Weg erhaltenen Versuchsdaten deutete C. K. Ingold in der Weise, daß ein Wechsel vom S_N2- zum S_N1-Mechanismus eintritt, wenn man vom Äthyl- (einem primären Alkohol) zum Isopropylalkohol (einem sekundären Alkohol) übergeht.

Mit freundlicher Genehmigung entnommen der Zeitschrift „Journal of Chemical Education". Der Beitrag wurde übersetzt und mit einer Einleitung versehen von Dr. Barbara Schröder, Weinheim.

Kinetische Messungen bei der radikalischen Styrolpolymerisation

Jean-Claude Heilig
Paul Wittmer

Im folgenden wird gezeigt, wie man bei der radikalischen Polymerisation mit einfachsten Mitteln reaktionskinetische Messungen ausführen kann.

Grundlagen

Bei der radikalischen Polymerisation sind im einfachsten Falle drei Reaktionsschritte beteiligt [1, 2, 3]. In einer **Startreaktion** werden, z. B. durch Zersetzung eines Peroxids oder einer Azoverbindung, Radikale R· gebildet. Die radikalliefernde Substanz wird als Initiator I bezeichnet.

Der Initiatorzerfall

$$I \rightarrow 2\,R\cdot \qquad (1)$$

ist eine Reaktion erster Ordnung, d. h. die Geschwindigkeit v_z des Initiatorzerfalls ist der Initiatorkonzentration proportional; der Proportionalitätsfaktor ist die Geschwindigkeitskonstante k_z:

$$v_z = k_z\,[I] \qquad (2)$$

Die Primärradikale R· reagieren mit Monomermolekülen M gemäß

$$R\cdot + M \rightarrow P\cdot_1 \qquad (3)$$

Die so gebildeten Radikale P· können in der **Wachstumsreaktion** weitere Monomermoleküle anlagern:

$$P\cdot_1 + M \rightarrow P\cdot_2$$
$$P\cdot_2 + M \rightarrow P\cdot_3$$
$$\cdot \qquad \qquad \qquad \qquad (4)$$
$$\cdot$$
$$P\cdot_n + M \rightarrow P\cdot_{n+1}$$

Mit den Indices 1, 2 ... n wird dabei die Zahl der Monomermoleküle angegeben, die in die Polymerradikale eingebaut sind. Bei der Wachstumsreaktion reagieren wachsende Radikalketten mit Monomermolekülen; die Reaktionsgeschwindigkeit ist dem Produkt der Konzentrationen beider Reaktionspartner proportional: Die Reaktion folgt der zweiten Ordnung. Für die Wachstumsgeschwindigkeit v_w mit der Geschwindigkeitskonstanten k_w gilt:

$$v_w = k_w\,[P\cdot]\,[M] \qquad (5)$$

Dabei ist [P·] die Summe über alle Polymerradikale:

$$[P\cdot] = [P\cdot_1] + [P\cdot_2] \ldots + [P\cdot_n] \qquad (6)$$

Wenn zwei wachsende Polymerradikale mit ihren radikalischen Kettenenden zusammentreffen, können sich die Radikale gegenseitig desaktivieren. Entweder wachsen bei dieser **Abbruchreaktion** die beiden Polymerradikale zusammen (Kombination),

$$P\cdot_n + P\cdot_m \rightarrow P_{n+m} \qquad (7)$$

oder es wird ein Wasserstoffatom von einer Kette auf die andere übertragen (Disproportionierung). Bei diesem zweiten Abbruch entsteht neben einem Polymermolekül mit einem gesättigten Kettenende ein zweites mit einer ungesättigten Endgruppe.

$$R-[CH_2-\underset{X}{CH}]_n-CH_2-\underset{X}{CH}\cdot + R-[CH_2-\underset{X}{CH}]_m-CH_2-\underset{X}{CH}\cdot$$

$$\rightarrow R-[CH_2-\underset{X}{CH}]_n-CH=\underset{X}{CH} + R-[CH_2-\underset{X}{CH}]_m-CH_2-\underset{X}{CH_2} \quad (8)$$

In Gleichung (8) steht X anstelle des Benzolrests des Styrols. Die Abbruchgeschwindigkeit v_{ab} folgt in beiden Fällen der zweiten Reaktionsordnung mit der Geschwindigkeitskonstanten k_{ab}. Bei der Styrolpolymerisation erfolgt der Kettenabbruch durch Kombination [2].

$$v_{ab} = k_{ab} [P\cdot]^2 \quad (9)$$

Die Radikalkonzentration im Reaktionsansatz wird durch die Reaktionen (1) und (7) — eventuell (8) — beeinflußt. Wenn noch keine Radikale vorhanden sind, nimmt durch Reaktion (1) die Radikalkonzentration zunächst zu. Gemäß Gleichung (9) nimmt aber bei wachsender Radikalkonzentration auch die Geschwindigkeit des Kettenabbruchs zu.

Nach einer — verglichen mit der gesamten Reaktionsdauer — sehr kurzen Zeit von 1 bis 10 Sekunden werden die Geschwindigkeiten der Radikalbildung v_{st} und der Radikalvernichtung v_{ab} gleich groß; die Radikalkonzentration ist dann zeitlich konstant (Bodensteinsches Stationaritätsprinzip):

$$v_{st} = v_{ab} \quad (10)$$

Nicht alle nach Gleichung (1) gebildeten Radikale starten wachsende Polymerketten, ein Teil der Radikale geht durch Nebenreaktionen verloren. Man berücksichtigt dies durch Einführung eines Radikalausbeutefaktors (efficiency) f in die reaktionskinetische Gleichung für v_{st}.

$$f = \frac{\text{Zahl der eingebauten Radikale } R\cdot}{\text{Zahl der gebildeten Radikale } R\cdot} \quad (11)$$

Bei der Styrolpolymerisation hat f bei 50° C etwa den Zahlenwert 0,5 [2]. Für v_{st} gilt

$$v_{st} = 2 \cdot k_z \cdot f \cdot [I] \quad (12)$$

Der Faktor 2 berücksichtigt, daß nach Gleichung (1) aus jedem Initiatormolekül durch die Zerfallsreaktion zwei Radikale gebildet werden. Aus den Gleichungen (9), (10) und (12) folgt (13):

$$[P\cdot] = \sqrt{2\, \frac{k_z \cdot f}{k_{ab}}[I]} \quad (13)$$

Die Bruttogeschwindigkeit v_{br}, d. h. die gemessene Abnahme der Monomerkonzentration in der Zeiteinheit, ist praktisch ausschließlich durch die Geschwindigkeit der Wachstumsreaktion v_w bestimmt; der Monomerverbrauch bei der Startreaktion (vgl. Gleichung 3) ist gegenüber dem beim Kettenwachstum vernachlässigbar [2].

$$v_{br} = v_w \quad (14)$$

Aus den Gleichungen (5) und (13) folgt somit:

$$v_{br} = k_w \sqrt{2\, \frac{k_z f}{k_{ab}} \cdot [M]} \sqrt{[I]} \quad (15)$$

Die Bruttogeschwindigkeit hängt also von der Monomerkonzentration gemäß der 1. Ordnung ab. Hinsichtlich der Initiatorkonzentration, die in der Geschwindigkeitsgleichung unter dem Wurzelzeichen, d. h. mit der Potenz 1/2 auftaucht, folgt v_{br} der Reaktionsordnung 1/2. Die Messung der Polymerisationsgeschwindigkeit gibt also die Möglichkeit, in einfacher Weise eine Reaktion mit gebrochener Ordnung zu untersuchen. Solche Reaktionsordnungen treten vor allem bei Kettenreaktionen auf. Im folgenden Versuch messen wir v_{br} bei konstanter Monomerkonzentration und variabler Initiatorkonzentration.

die Bruttogeschwindigkeit mit der Dimension mol $\cdot$ l^{-1} $\cdot$ s^{-1} angegeben wird. Die Dichte des Styrols hat bei 50° C den Wert 0,8800 g $\cdot$ ml^{-1} [4]. Aus Gleichung (16) folgt dann:

$$v_{br} = 50{,}7 \; \frac{1}{V_0} \cdot \frac{\Delta V}{\Delta t} \qquad (17)$$

Meßprinzip

Bei Polymerisationsreaktionen können Umsatz und Bruttogeschwindigkeit dilatometrisch bestimmt werden [2, 3]. Die Meßmethode beruht auf der Tatsache, daß das spezifische Volumen des Polymeren $v_{sp,P}$ [ml $\cdot$ mol^{-1}] kleiner ist als das des Monomeren $v_{sp,M}$; bei der Polymerisation tritt also eine Volumenkontraktion auf.

Für die Änderung ΔU des Umsatzes (in %) im Zeitintervall Δt gilt [2]:

$$\frac{\Delta U}{\Delta t} = 100 \cdot \frac{\Delta V}{K \cdot V_0 \cdot \Delta t} \qquad (16)$$

Dabei ist V_0 das Volumen des eingesetzten Monomeren und ΔV die Volumenänderung, die beim Polymerisieren bis zum Umsatz U aufgetreten ist. Für die Konstante K gilt

$$K = \frac{v_{sp,M} - v_{sp,P}}{v_{sp,M}}$$

(Wenn bei der Polymerisation nicht das unverdünnte Monomere, sondern ein mit einem Lösungsmittel versetzter Reaktionsansatz untersucht wird, so ist in Gleichung (16) nicht das Volumen des Reaktionsgefäßes, sondern das Volumen des Monomeren im Reaktionsgefäß einzusetzen.) Bei Styrol und 50° C Reaktionstemperatur hat K den Wert 0,167 [2]. Bei bekannter Dichte des Monomeren kann man Gleichung (16) so umrechnen, daß

Die Versuche

Wir brechen die Polymerisation immer bei niedrigen Umsätzen ($<$ 5 %) ab, der Inhalt des Reaktionsgefäßes besteht dann im wesentlichen noch aus monomerem Styrol, und man kann näherungsweise die Monomerkonzentration [M] (vgl. Gleichung 15) als konstant betrachten. Die Reaktionszeiten sind so gewählt, daß sich währenddessen auch die Initiatorkonzentration [I] nicht wesentlich ändert. Die benutzte Apparatur ist in Abbildung 1 angegeben. Sie besteht im wesentlichen aus einem Reagenzglas, auf das mit einem Gummistopfen eine Glaskapillare aufgesetzt ist. Der Innendurchmesser der Kapillare, der etwa 1 mm betragen soll, wird mit der Schublehre gemessen. An der Kapillare ist ein Millimeterpapierstreifen befestigt. Die Glaskapillare wird nicht bis zum unteren Ende des Gummistopfens durchgeführt (siehe Abbildung 2), so daß restliche Luftblasen sich besser ansammeln und entweichen können.

Man steckt zunächst den Gummistopfen samt Kapillare auf das Reagenzglas und bezeichnet mit einem Filzschreiber die Stelle, bis zu der der Stopfen in das Reagenzglas hineinragt. Nun wird das leere Reagenzglas gewogen, anschließend wird das Styrol (einschließlich der darin gelösten kleinen Initiatormenge) bis zur Markierung eingefüllt. Durch erneute Wägung ermitteln wir die Styrolmenge; mit der bekannten Dichte des Styrols (0,9063

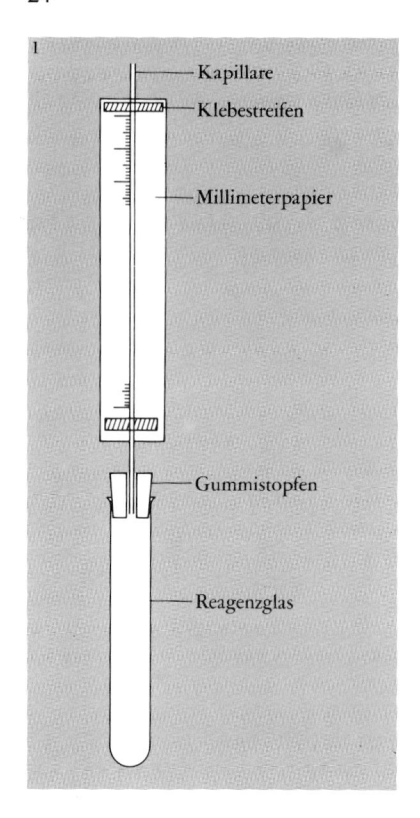

Abb. 1. Versuchsanordnung zur einfachen dilatometrischen Untersuchung der Polymerisationskinetik von Styrol.

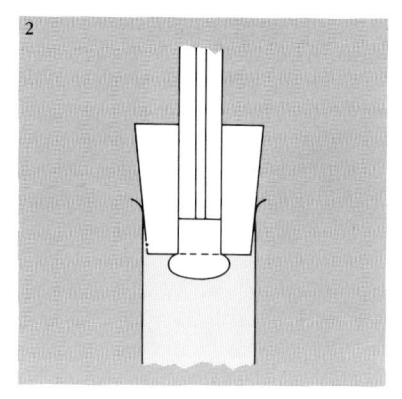

Abb. 2. Die Kapillare soll nicht ganz durch den Gummistopfen hindurchgeführt werden, damit restliche Luftblasen besser entweichen können.

$g \cdot ml^{-1}$ bei 20° C [4]) erhält man dann das Volumen des Reaktionsansatzes. Nach dieser zweiten Wägung wird der Gummistopfen vorsichtig aufgesetzt. Nun wird das Reagenzglas in einen Thermostaten (50° C) eingesetzt, dabei soll das Reagenzglas bis zum Gummistopfen in die Thermostatenflüssigkeit eintauchen.

Durch die Temperaturerhöhung steigt das Monomere in die Kapillare (dabei müssen alle Luftblasen entweichen, vgl. oben).

Im Kontakt mit dem Styrol quillt der Gummistopfen an, dadurch ist eine gute Abdichtung sichergestellt. Nach Temperaturausgleich stellt man das Flüssigkeitsniveau in der Kapillare auf etwa 30 cm ein. Dies wird durch vorsichtiges Absaugen mit einer Kanüle oder einer dünn ausgezogenen Glaskapillare erreicht. Angesaugt wird dabei mit einem Gummiball, da flüssiges und gasförmiges Styrol stark reizend auf Schleimhäute wirkt.

Die Reaktion ist zunächst durch Sauerstoff, der als Radikalfänger wirkt, gehemmt. Nach einer gewissen „Inhibitionsperiode" beginnt die Reaktion; man bemerkt dies am abfallenden Meniskus in der Kapillare. In kurzen Zeitabständen wird nun die Höhe des Meniskus am Millimeterpapier abgelesen.

Beispiele

Es wurden Reagenzgläser zwei verschiedener Größen benutzt. Die Kapillare war

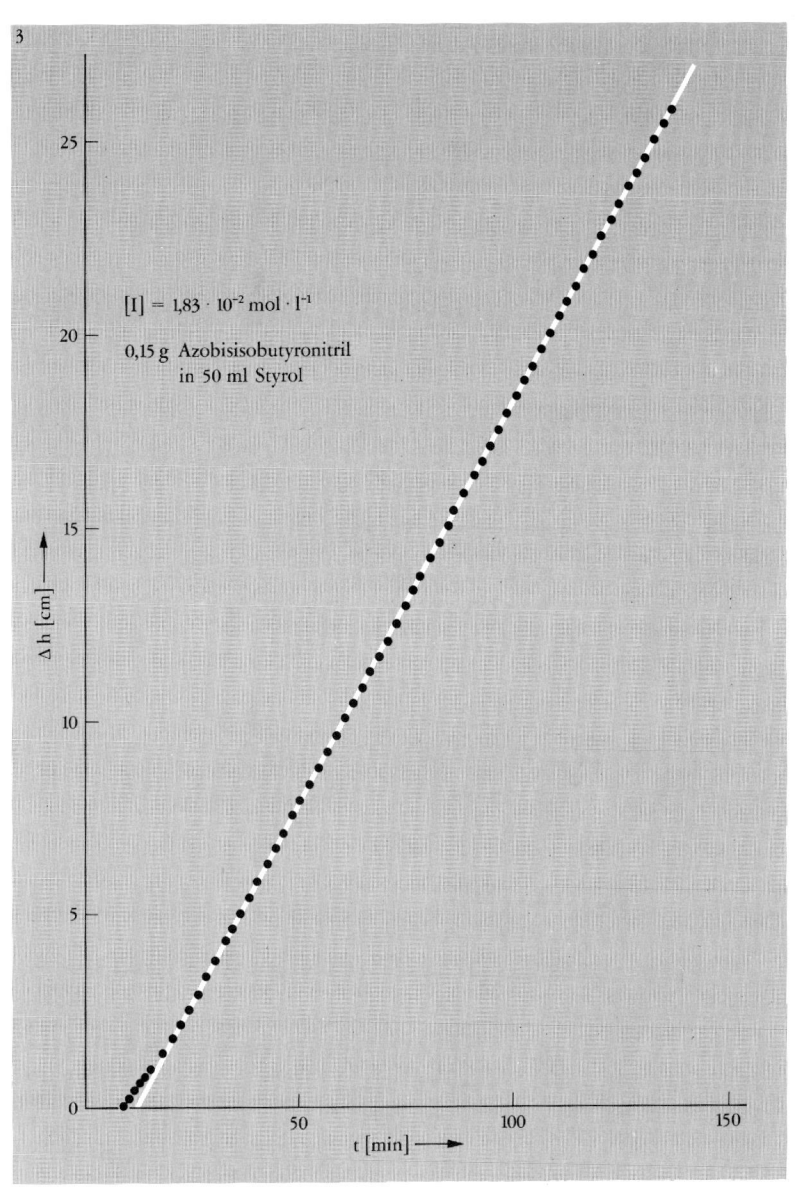

Abb. 3. Abnahme des Meniskusstands in der Kapillare mit der Zeit. In diesem Falle war mit 0,15 g Azobisisobutyronitril in 50 ml Styrol die Initiatorkonzentration $[I] = 1,83 \cdot 10^{-2}\,\text{mol} \cdot \text{l}^{-1}$.

Tabelle 1. Meßdaten der im Text beschriebenen Versuche zur Kinetik der Styrolpolymerisation. V_0 = Volumen des eingesetzten monomeren Styrols, v_{br} = Bruttogeschwindigkeit der Reaktion, [I] = Initiatorkonzentration.

V_0 [l]	$\dfrac{\Delta h}{\Delta t}\left(\dfrac{cm}{s}\right)$	$v_{br}\left(\dfrac{mol}{l \cdot s}\right)$	[I] $\left(\dfrac{mol}{l}\right)$	$\sqrt{[I]}$
$43,9 \cdot 10^{-3}$	$2,33 \cdot 10^{-5}$	$2,56 \cdot 10^{-5}$	$0,61 \cdot 10^{-2}$	0,078
44,0	3,45	3,79	1,83	0,135
23,9	2,40	4,86	2,44	0,156
41,7	3,88	4,50	3,05	0,175
45,1	5,41	5,79	4,88	0,221
23,8	4,28	8,70	9,76	0,313
43,9	9,47	10,5	18,3	0,428
23,7	5,79	11,8	24,4	0,494
44,7	11,4	12,4	30,5	0,552
23,9	7,44	15,1	36,6	0,603

immer die gleiche, der Kapillardurchmesser d betrug 1,1 mm. Für ΔV gilt:

$$\Delta V = \frac{\pi d^2}{4} \Delta h = 0{,}953 \cdot 10^{-5} \Delta h \quad (18)$$

Dabei wird die Höhendifferenz Δh [cm] von der Meniskushöhe aus gemessen, die in der Kapillare vor dem „Anspringen" der Reaktion, d. h. während der Inhibitionsperiode eingestellt war.

Für die Bruttogeschwindigkeit v_{br} folgt (Gleichungen 17 und 18)

$$v_{br} = 50{,}2 \cdot 0{,}953 \cdot 10^{-5} \frac{\Delta h}{V_0 \cdot \Delta t}$$

$$= 4{,}83 \cdot 10^{-4} \frac{\Delta h}{V_0 \cdot \Delta t} \quad (19)$$

(Bei Benutzung von Gleichung (19) muß V_0 in l und Δt in s angegeben werden, v_{br} hat dann die Dimension $mol \cdot l^{-1} s^{-1}$.)

Als Starter benutzen wir Azobisisobutyronitril (AIBN)*:

$$\begin{array}{c} H_3C \\ \diagdown \\ H_3C \end{array} \!\!\! \underset{CN}{C} \!-\! N\!=\!N \!-\! \underset{NC}{C} \!\!\! \begin{array}{c} \diagup CH_3 \\ \\ \diagdown CH_3 \end{array}$$

Azobisisobutyronitril

Der Starter zerfällt unter Abspaltung von Stickstoff gemäß Gleichung (1) in Radikale, die die Reaktion starten. In Abbildung 3 ist das Meßergebnis eines Versuchs angegeben. Zur Auswertung wird nur der geradlinige Bereich benutzt. (Kurz nach dem Anspringen der Reaktion ist noch nicht der gesamte inhibierende Sauerstoff verbraucht, die Reaktion ist dann teilweise noch gehemmt.) Aus der Nei-

---

*Zu beziehen z.B. durch die Firmen Carl Roth KG, Karlsruhe (Lager-Nr. 1–3158) und Dr. Theodor Schuchard & Co., 8011 Hohenbrunn (Art.-Nr. 801595).

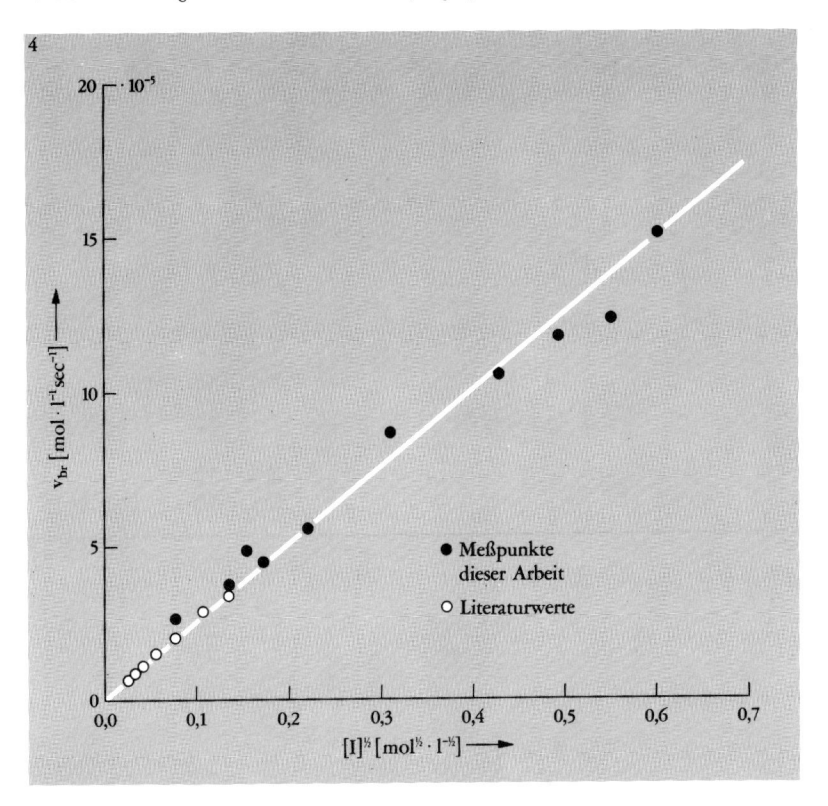

Abb. 4. Bruttogeschwindigkeit der Styrolpolymerisation aufgetragen gegen die Initiatorkonzentration. Die mit der einfachen Apparatur erhaltenen Meßpunkte ergeben eine lineare Abhängigkeit; die Übereinstimmung mit Literaturwerten [2] ist befriedigend.

gung der eingezeichneten Geraden ergibt sich der Quotient $\Delta h / \Delta t$, mit dem nach Gleichung (19) die Bruttogeschwindigkeit v_{br} berechnet werden kann. In Tabelle 1 sind einige Ergebnisse zusammengestellt.

Die Ergebnisse sind in Abbildung 4 gemäß Gleichung (15) aufgetragen. Wie man sieht, ändert sich die Bruttogeschwindigkeit linear mit der Wurzel aus der Initiatorkonzentration. Neben den Werten der Tabelle 1 sind Literaturwerte [2] angegeben. Die mit der einfachen Apparatur erhaltenen Meßwerte stimmen gut mit den unter großer Sorgfalt gemessenen Literaturwerten überein.

Literatur

[1] Fritz Merten, Chem. unserer Zeit **1**, 126 (1967).

[2] G. Henrici-Olivé und S. Olivé: „Polymerisation". Verlag Chemie GmbH, Weinheim/Bergstr. 1969. 1 f., 12 f., 20.

[3] D. Braun, H. Cherdron und W. Kern: „Praktikum der makromolekularen organischen Chemie". Dr. Alfred Hüthig Verlag, Heidelberg 1966. 92 f., 108 f.

[4] R. H. Boundy und R. F. Boyer: „Styrene". New York 1952, S. 55.

Polystyrol durch Polymerisation

Fritz Merten

Grundlagen

Unter den Verfahren zur Herstellung von makromolekularen Stoffen durch Polymerisation, Polykondensation und Polyaddition nimmt die Polymerisation den bedeutendsten Rang ein. Man versteht darunter die Verknüpfung sehr vieler gleicher (oder verschiedener) Einzelmoleküle (Monomer-Moleküle) zu einem sehr großen Ketten- oder Makromolekül (Polymer-Molekül). Polymerisationsfähig sind Verbindungen, die Mehrfachbindungen, besonders Doppelbindungen, im monomeren Molekül enthalten. Zu diesen Verbindungen gehört auch das Styrol.

Styrol (Vinylbenzol) ist ein aromatischer Kohlenwasserstoff mit einer ungesättigten Seitenkette. Die Flüssigkeit hat einen Siedepunkt von 146° C und bei 20° C die Dichte 0,9074 g/ml. Reines Styrol ist

$$\underset{\text{Styrol}}{\bigcirc\!\!-\!\text{HC=CH}_2}$$

nur in der Kälte (unter 0° C) einige Zeit haltbar; bereits bei Zimmertemperatur polymerisiert es langsam. Will man das verhindern, muß man einen Stabilisator zusetzen, was man bei handelsüblichem Styrol gewöhnlich auch tut. Um aus dem stabilisierten Styrol wieder reines Produkt zu gewinnen, setzt man Schwefelpulver zu und destilliert.

Styrol ist heute weitgehend ein Produkt der Petrochemie. Benzol, aus Erdöl oder Steinkohlenteer gewonnen, und Äthylen, überwiegend durch Spalten („Cracken") von Leichtbenzin hergestellt, sind die Ausgangsprodukte. Äthylen wird mit Aluminiumchlorid als Katalysator an Benzol angelagert, wobei Äthylbenzol entsteht, dessen Dämpfe bei 600° C zusammen mit Wasserdampf über einen oxidischen Mischkatalysator geleitet und zum Styrol dehydriert werden:

$$\underset{\text{Benzol}}{\bigcirc\!\!-\!\text{H}} + \underset{\text{Äthylen}}{\text{H}_2\text{C=CH}_2} \xrightarrow{\text{AlCl}_3} \underset{\text{Äthylbenzol}}{\bigcirc\!\!-\!\text{CH}_2\text{-CH}_3}$$

$$\xrightarrow{\text{Katalys.}} \underset{\text{Styrol}}{\bigcirc\!\!-\!\text{CH=CH}_2}$$

Die Polymerisation des monomeren Styrols zum Polystyrol läuft nach folgendem, stark vereinfachten Schema ab:

$$\underset{\text{C}_6\text{H}_5}{\text{HC=CH}_2} + \underset{\text{C}_6\text{H}_5}{\text{HC=CH}_2} + \underset{\text{C}_6\text{H}_5}{\text{HC=CH}_2} + \ldots$$

$$\longrightarrow \underset{\text{C}_6\text{H}_5}{-\text{HC}-\text{CH}_2-}\underset{\text{C}_6\text{H}_5}{\text{HC}-\text{CH}_2-}\underset{\text{C}_6\text{H}_5}{\text{HC}-}$$

$$\text{oder } n\underset{\text{C}_6\text{H}_5}{\text{HC=CH}_2} \longrightarrow \left[\underset{\text{C}_6\text{H}_5}{\text{HC}-\text{CH}_2}\right]_n$$

Um zu verstehen, daß diese „Selbstaddition" des Styrols nur mit Hilfe von Katalysatoren in Gang kommt, müssen wir den wirklichen, komplizierten Reaktionsmechanismus näher betrachten.

Eine Doppelbindung zwischen C-Atomen wird von zwei Elektronenpaaren gebildet, dem σ- und dem π-Elektronenpaar. Die σ-Elektronen knüpfen eine normale Atombindung und liegen weitgehend symmetrisch zwischen den C-Atomen fest. Die π-Elektronen sind weniger symmetrisch angeordnet; die Elektronenwolken greifen weiter in den Raum hinaus und bilden daher leicht den Angriffspunkt für Reaktionspartner. Als Reaktionspartner können wir uns beispielsweise eine Verbindung mit einem ungepaarten Elektron, ein Radikal, denken. Es ist bekannt, daß Elektronen die Tendenz haben, sich in chemischen Verbindungen zu Paaren zu vereinigen, und deshalb sind Radikale sehr reaktionsfreudige Verbindungen. Mit Doppelbindungen reagieren sie folgendermaßen (das „einsame" Elektron des Radikals ist durch einen Punkt dargestellt):

$$\begin{matrix} \\ \end{matrix}C=C\begin{matrix} \\ \end{matrix} \ + \ R\cdot \ \longrightarrow \ R-\overset{|}{\underset{|}{C}}-\overset{|}{\underset{|}{C}}\cdot$$

Bei dieser Reaktion, die der erste Schritt einer Polymerisation ist, entsteht aus der ungesättigten Verbindung ein neues Radikal, das natürlich wieder sehr reaktionsfreudig ist. Insofern haben wir es mit einer „Aktivierung" der Doppelbindung zu tun, und alle Stoffe, die geeignete Radikale liefern, nennt man demzufolge Aktivatoren oder radikalische Polymerisationskatalysatoren.

Aktivatoren für die radikalische Polymerisation sind organische und anorganische Peroxide, z. B. Dibenzoylperoxid (in Styrol löslich) oder Kaliumperoxodisulfat, $K_2S_2O_8$ (in Wasser löslich).

Die O—O Bindung ist labil. Schon beim Erwärmen der gelösten Peroxide auf 60 bis 90 °C bricht sie auf und liefert Radikale:

Dibenzoylperoxid

Kaliumperoxodisulfat

Die radikalische Polymerisation kann man in drei Schritte unterteilen:

1. Startreaktion

Durch Erwärmen der Reaktionsmischung auf die Zersetzungstemperatur des peroxidischen Aktivators (etwa 80 °C) werden aus diesem Radikale „R·" gebildet. Kommt in die Nähe eines solchen Startradikals ein ungesättigtes Monomer-Molekül, in unserem Falle ein Styrol-Molekül, so entsteht aus dem ungepaarten Elektron des Radikals und einem π-Elektron der Doppelbindung eine neue kovalente Bindung:

$$R\cdot \ + \ \begin{matrix} H & H \\ | & | \\ C=C \\ | & | \\ H & C_6H_5 \end{matrix} \ \longrightarrow \ R-\begin{matrix} H & H \\ | & | \\ C-C\cdot \\ | & | \\ H & C_6H_5 \end{matrix}$$

2. Wachstumsreaktion

Das bei der Startreaktion gebildete neue Radikal verbindet sich mit einem weiteren Monomer-Molekül und bildet mit ihm zusammen wieder ein Radikal, das nun um eine Monomereinheit länger ist. Der Prozeß geht weiter: Das radikalische Ende des sich aufbauenden Kettenmoleküls reagiert immer wieder mit Monomer-Molekülen; es entsteht allmählich eine lange, durch kovalente Bindungen zusammengehaltene Kohlenstoff-Kette.

3. Abbruchreaktion

Das Kettenwachstum endet, wenn keine reaktionsfähigen Radikalstellen mehr vorhanden sind. Das ist der Fall, wenn zwei Makromoleküle mit radikalischem Molekülende (Polymer-Radikale) zusammentreffen und sich gegenseitig durch Bildung

Polystyrol durch Polymerisation

einer C—C-Bindung absättigen. Diese Reaktion vollzieht sich vornehmlich gegen Ende einer Polymerisation, wenn die Monomer-Moleküle weitgehend verbraucht sind.

Bei der technischen Polymerisation des Styrols werden drei verschiedene Verfahren angewandt:

1. Blockpolymerisation
2. Emulsionspolymerisation
3. Suspensionspolymerisation

Das Polystyrol fällt je nach Verfahren in verschiedener äußerer Form an, als kompakter Block, als Pulver oder als Perlen. Jede Sorte hat ihre eigenen technischen Anwendungen gefunden. Auch in einfachen Versuchen läßt sich Polystyrol nach den erwähnten Verfahren darstellen, wenn auch bei kurzer Versuchsdauer (etwa 1 Stunde) die Qualität des Endproduktes technischen Ansprüchen nicht genügt.

Bei allen Polymerisationen wird Reaktionswärme frei. Die Polymerisationswärme beträgt beim Styrol 16 kcal/mol.

Daher müssen die Versuchsbedingungen so gewählt werden, daß die Reaktionstemperatur nicht unkontrollierbar ansteigt und das makromolekulare Produkt nicht durch örtliche Überhitzung geschädigt oder zersetzt wird.

Beim Arbeiten mit organischen Peroxiden müssen einige Sicherheitsmaßnahmen beachtet werden:

1. Organische Peroxide sollen nur in feuchtem Zustand benutzt werden. (Im allgemeinen werden sie mit einem Wassergehalt von 20% geliefert.)
2. Man darf sie nicht verreiben.
3. Daher sollen sie in Gefäßen ohne Schliffstopfen, also mit Kork- oder Gummistopfen aufbewahrt werden.
4. Die Stopfen müssen gut schließen, damit die Peroxide nicht austrocknen.
5. Möglichst kühl, auf keinen Fall in der Nähe von Heizkörpern usw. lagern.

Blockpolymerisation

Bei der Blockpolymerisation, auch Masse- oder Substanzpolymerisation genannt, verwendet man das reine, unverdünnte Monomere (hier flüssiges Styrol) und löst darin den Aktivator (hier Dibenzoylperoxid).

Beim Erhitzen des Reaktionsgemisches auf 80 bis 90°C zerfällt der Aktivator in Radikale und leitet die Polymerisation ein. Allmählich nimmt die Zähigkeit des Produktes zu, bis schließlich ein harter, klarer und durchsichtiger Polystyrol-Block entstanden ist. Da mit steigender Zähigkeit des Reaktionsproduktes der Wärmeausgleich innerhalb des Produktes und die Abfuhr der Reaktionswärme nach außen immer schwieriger werden, darf man bei der Substanzpolymerisation nur mit kleinen Ansätzen und bei guter Außenkühlung arbeiten.

Ausführung

In 50 ml Styrol werden 1,5 g Dibenzoylperoxid aufgelöst. Die Lösung filtriert man durch ein Faltenfilter in ein Reagenzglas, bis dieses zu etwa drei Viertel gefüllt ist. Das Reagenzglas verschließt man mit einem Korkstopfen mit eingesetztem Glasrohr und stellt es etwa eine Stunde in ein schwach siedendes Wasserbad (am besten in ein 600 ml-Becherglas, vgl. Skizze). Den Fortgang der Polymerisation kann man anhand der Zähigkeit des Reaktionsproduktes (Herausnehmen und Kippen des Reagenzglases) prüfen.

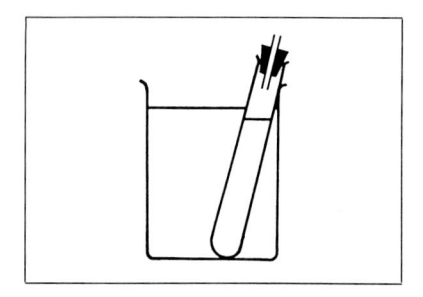

Wenn das Styrol erstarrt ist, kühlt man das Reagenzglas ab und zerschlägt es. Man erhält auf diese Weise einen klaren und durchsichtigen Polystyrolblock. Eine Variation des Versuches besteht darin, daß man in das bereits sehr zähe Reaktionsprodukt einen geeigneten Gegenstand eintaucht, der beim Erstarren des Polystyrols fest umschlossen wird. Auf diese Weise kann man z. B. einen Schraubenzieher herstellen.

Emulsionspolymerisation

Bei der Emulsionspolymerisation des Styrols arbeitet man in wäßriger Phase mit einem wasserlöslichen Aktivator. Das wasserunlösliche Styrol muß dazu im Wasser fein verteilt, d. h. emulgiert werden. Das erreicht man durch Zusatz eines Emulgators, der die Emulsion stabilisiert.

Als Emulgatoren eignen sich grenzflächenaktive Verbindungen, z. B. Seifen. Seifen sind Alkalisalze langkettiger Carbonsäuren, z. B.:

$$CH_3-(CH_2)_{16}-C\diagdown_{ONa}^{\diagup O}$$

Natrium-stearat

Der Emulgator bildet im Wasser „Micellen": geordnete Zusammenlagerungen von 50 bis 100 Emulgator-Molekülen.

Alle Seifenmoleküle wenden dabei ihre Carboxylgruppe dem Wasser zu (wasserfreundliches oder hydrophiles Molekülende), während die langen Kohlenwasserstoffketten sich nach innen gruppieren (wasserabstoßendes oder hydrophobes Molekülende).

In die Emulgator-Micellen werden bis zu 100 Monomer-Moleküle aufgenommen und eingeschlossen, so daß es darin zur Bildung sehr kleiner Monomer-Tröpfchen kommt. Die Micellen haben eine negativ geladene Grenzschicht. Nähern sich zwei solche gleich geladene Micellen einander, so stoßen sie sich ab, bevor die feinen Styrol-Tröpfchen ineinander fließen können. Damit ist der Stabilisierungseffekt des Emulgators erklärt.

Das Wasser erfüllt bei der Emulsionspolymerisation zwei Aufgaben: Es führt als Lösungsmittel die Reaktionspartner, nämlich die Micellen mit den feinen Styrol-Tröpfchen und die Aktivator-Moleküle, zusammen und nimmt außerdem die Polymerisationswärme auf, so daß man hier — im Gegensatz zur Massepolymerisation — mit größeren Ansätzen arbeiten kann.

Beim Erhitzen der Emulsion auf 80° C zerfällt der Aktivator in Radikale, die an die Micellen herandiffundieren und die Polymerisation starten. Dabei werden in den Micellen ständig Monomer-Moleküle verbraucht, aber durch Diffusion über die wäßrige Phase rücken aus größeren Monomer-Tröpfchen, die sich noch im System befinden, laufend neue nach. Die Micellen schwellen durch das gebildete Polymere an und gehen in Polymer-Teilchen (Latex-Teilchen) über, die annähernd kugelige Gestalt haben und von

Polystyrol durch Polymerisation

umgebenden Emulgator-Molekülen stabilisiert werden. Bevor sie abfiltriert werden können, müssen sie durch Zusatz der konzentrierten Lösung eines starken Elektrolyten zu größeren Aggregaten „koaguliert" werden.

Ausführung

In einer Rührapparatur (Abbildung 1) werden in 500 ml Wasser 3,9 g Kaliumoleat (als Emulgator) und 0,5 g Kaliumperoxodisulfat (als Aktivator) aufgelöst. Die Rührgeschwindigkeit wird auf etwa 180 bis 200 Umdrehungen pro Minute eingestellt. Der vorgelegten wäßrigen Lösung werden unter Rühren 100 ml Styrol zugesetzt. Man erhitzt das Reaktionsgemisch im Wasserbad schnell auf etwa 90°C und rührt 45 bis 60 Minuten bei dieser Temperatur.

Anschließend wird das fein verteilte Polystyrol durch Zugabe von etwa 150 ml gesättigter Kochsalz-Lösung ausgefällt (koaguliert). Das feine Emulsionspolymerisat wird mit einer Nutsche abfiltriert und einige Male auf dem Filter mit Wasser gewaschen. Nach dem Trocknen bei 50°C im Trockenschrank erhält man das Emulsions-Polystyrol als feines weißes Pulver.

Suspensionspolymerisation

Die Suspensionspolymerisation läuft wie die Emulsionspolymerisation in wäßriger Phase ab. Das Styrol wird durch intensives Rühren in kleine Tropfen (1 bis 2 mm Durchmesser) zerschlagen, deren Bildung dadurch begünstigt wird, daß man der wäßrigen Lösung eine geringe Menge einer oberflächenaktiven Substanz (z. B. Mersolat) zufügt und damit die Oberflächenspannung des Wassers herabsetzt.

Der Aktivator muß hier — im Gegensatz zur Emulsionspolymerisation — in der organischen Phase, d. h. in den kleinen Monomer-Tröpfchen löslich sein. Deshalb verwendet man wieder Dibenzoylperoxid. Nach der Polymerisation erhält man aus den Monomer-Tröpfchen kleine Perlen; daher spricht man auch von Perlpolymerisation — gewissermaßen eine Massepolymerisation der Monomer-Tröpfchen.

Die Polymerisation muß in einer Suspension des wasserunlöslichen Calciumphosphats, $Ca_3(PO_4)_2$, ablaufen, damit die Trop-

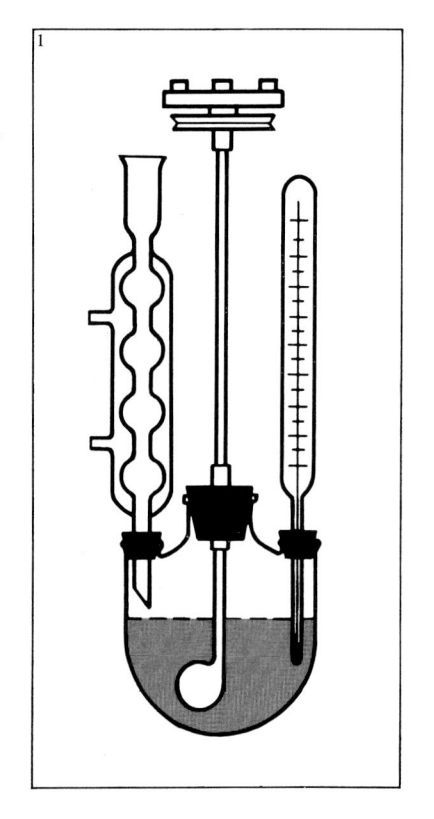

Abb. 1. Rührapparatur zur Ausführung der Emulsions- und Suspensionspolymerisation.

fen bzw. Perlen, die während der Polymerisation vorübergehend zähflüssig sind, nicht miteinander verkleben. Das mit dem Polystyrol abfiltrierte Calciumphosphat wird mit verdünnter Salzsäure aus dem Polymerisat herausgelöst.

Ausführung

In einem 250 ml-Becherglas werden in 50 g Styrol 2,5 g Dibenzoylperoxid aufgelöst. Die Rührapparatur (wie bei der Emulsionspolymerisation) wird mit 600 ml destilliertem Wasser gefüllt, darin werden unter Rühren (180 bis 200 Umdrehungen pro Minute) 0,5 g $Ca_3(PO_4)_2$ suspendiert und 0,0025 g Mersolat aufgelöst. Anschließend gießt man das Styrol mit dem gelösten Aktivator dazu. Im Laufe von 10 Minuten heizt man auf 90 bis 95 °C auf und hält das Reaktionsgemisch etwa 60 Minuten bei dieser Temperatur. Gegen Ende der Polymerisation kann man durch eine Probenahme (mit einer Pipette durch den Seitenstutzen des Rührkolbens) prüfen, ob die entstandenen Perlen des Polystyrols erhärtet sind.

Das feste Rohprodukt wird mit einer Nutsche abfiltriert. Zur Entfernung des Calciumphosphats wäscht man mit 10-proz. Salzsäure, anschließend mehrere Male mit Wasser und schließlich mit etwas Methanol. Man trocknet das Perlpolymerisat bei 50 °C im Trockenschrank.

Wasserstoffbrückenbindungen im Polyvinylalkohol

Otto Bayer

$$\underset{}{H}\underset{}{\overset{\delta-}{|}}\overset{\delta+}{}\overset{\delta-}{}$$
$$\underset{}{|O}-H\cdots|\underset{R}{N}-R$$

Das Wasserstoffatom kann zu anderen Elementen außer der ionischen und der kovalenten Bindung einen weiteren Bindungstyp ausbilden: die Wasserstoffbrückenbindung. Ein durch eine solche Bindung zusammengehaltenes System pflegt man folgendermaßen zu formulieren,

$X - H \cdots Y$

wobei die punktierte Linie eben die Wasserstoffbrückenbindung symbolisiert, während die X-H-Bindung eine normale Kovalenz ist. X und Y sind praktisch immer die stark elektronegativen Elemente Sauerstoff, Stickstoff und die Halogene. Bei Schwefel-Wasserstoff- und Kohlenstoff-Wasserstoff-Gruppierungen findet man keine oder nur sehr schwache H-Brückenbindungen.

Dies hängt mit der Natur der Bindung zusammen. Am einfachsten und in den meisten Fällen auch am besten zutreffend läßt sich die H-Brückenbindung, wie sie oft abgekürzt wird, als elektrostatische Anziehung zwischen dem Proton der X-H-Gruppe und freien Elektronenpaaren des „Acceptoratoms" Y erklären. Die kovalenten Bindungen zwischen den genannten Elementen X und Wasserstoff sind ja — eben weil es stark elektronegative Elemente sind — polar, d. h. am Proton findet sich eine positive Teilladung. Eine entsprechende negative Teilladung ist in freien Elektronenorbitalen, wie sie ebenfalls vor allem bei Stickstoff und Sauerstoff vorkommen, lokalisiert. Eine H-Brückenbindung, z. B. zwischen Wasser und einem Amin, können wir durch folgendes Bild recht gut verstehen:

Ist nun aber das Atom X sehr groß, ist es also z.B. ein Schwefelatom, so ist das Proton der X-H-Bindung praktisch vollständig in die Elektronenhülle des Atoms X eingebettet, so daß eine positive Ladung nach außen nicht wirksam wird.

Die obige Formel deutet auch an, warum Wasserstoffbrücken durchaus gerichtete Bindungen sind: Die drei geladenen Zentren sollen möglichst in einer Linie liegen, damit eine maximale Bindungsenergie erhalten wird.

Experimentell kann man Wasserstoffbrücken anhand ungewöhnlicher physikalischer Eigenschaften (z. B. unerwartet hoher Siedepunkt einer Substanz; Lichtabsorption, vor allem im Infrarot-Bereich) oder durch Messung der Atomabstände mittels Röntgenstrahlen- oder Neutronenstrahlen-Beugung nachweisen. **Liegt eine Wasserstoffbrückenbindung vor, so ist im allgemeinen der X-H-Abstand im Vergleich zur ungestörten Kovalenz etwas größer, der X-Y-Abstand dagegen merklich kleiner, als man es (durch Abschätzung der Wirkungsradien der beteiligten Atome) in einem „gewöhnlichen" System erwarten würde.**

Die Wasserstoffbrückenbindung kann sowohl intramolekular, d. h. innerhalb des gleichen Moleküls wie im Indanthron,

Indanthron

oder intermolekular, d. h. zwischen mehreren Molekülen eintreten. Besonders ausgeprägte Wasserstoffbrückenbindungen liegen im Wasser und im flüssigen Fluorwasserstoff vor.

H — F · · · H — F · · · H — F · · · H — F

Es sei erwähnt, daß beim „sauren" Kaliumsalz des Fluorwasserstoffs KHF_2 das Ion $(F \cdots H \cdots F)^-$ auftritt, das durch eine völlig symmetrische Wasserstoffbrücke ausgezeichnet ist, d. h. das Proton liegt genau in der Mitte zwischen den beiden Fluor-Atomen. Bei der theoretischen Deutung dieses Ions kommt man mit dem einfachen elektrostatischen Modell nicht mehr aus; hier hilft nur eine quantenchemische Betrachtungsweise.

Tritt das Proton vollständig zu einer Verbindung oder Gruppierung mit einem stark elektronegativen Substituenten über, wie z. B.

$NH_3 + HOH \rightarrow NH_4^+ + OH^-$,

dann ist eine Ionenbindung entstanden.

Ein gutes Beispiel für derartige Übergänge bietet der Vergleich zwischen folgenden beiden Fällen:

8-Hydroxychinolin   8-Hydroxy-N-methyltetrahydrochinolin

In dem schwach basischen 8-Hydroxychinolin liegt eine echte H-Brückenbindung vor, im stärker basischen 8-Hydroxy-N-methyl-tetrahydrochinolin hingegen eine salzartige Bindung in einer sogenannten Betainstruktur.

Die Bindungsenergien der Wasserstoffbrückenbindungen können beträchtlich sein. Sie schwanken ungefähr zwischen 1 und 10 kcal/mol. Wenn nun in einem einzelnen Molekül sehr viele Wasserstoffbrückenbindungen auftreten — etwa in einem Makromolekül wie Perlon — so kann die Summe der einzelnen Bindungsenergien so groß werden wie die Bindungsenergien mehrerer kovalenter Bindungen; d. h. der Beitrag der Wasserstoffbrückenbindungen zur gesamten Bindungsenergie wird so groß, daß die physikalischen Eigenschaften des Stoffes ganz entscheidend durch die H-Brückenbindungen geprägt werden.

Einige Beispiele mögen die überragende Bedeutung der Wasserstoffbrückenbindung illustrieren. Sie verursacht nicht nur die Siedeanomalien des Wassers, der Alkohole, Carbonsäuren, sondern sie ist auch verantwortlich für die hohe Festigkeit und völlige Wasserunlöslichkeit der Cellulose, die hohen Schmelzpunkte aller Materialien, die die Gruppe —CO—NH— enthalten, für die Haftwirkung der Klebstoffe und die Farbtiefe und hohe Lichtechtheit vieler organischer Farbstoffe, wie z. B. beim Indanthron.

Im biologischen Geschehen ist sie die ordnende Kraft bei der stetig gleichbleibenden Produktion von Polypeptiden und Nucleinsäuren an Matrizen, als „Halbleiter" zur Weiterleitung von Impulsen in Nervenbahnen und wahrscheinlich auch zur Informationsspeicherung im Gehirn.

Die Wirkung der Wasserstoffbrücken läßt sich nun am Beispiel eines Polyvinylalkohol-Fadens sinnfällig demonstrieren. Polyvinylalkohol löst sich außerordentlich leicht in beliebiger Konzentration in Wasser. Preßt man eine solche wäßrige Lösung durch eine Spinndüse und sorgt dafür, daß durch Strecken des Fadens auf ein Mehrfaches seiner ursprünglichen Länge eine Parallel-Lagerung der Molekülketten und

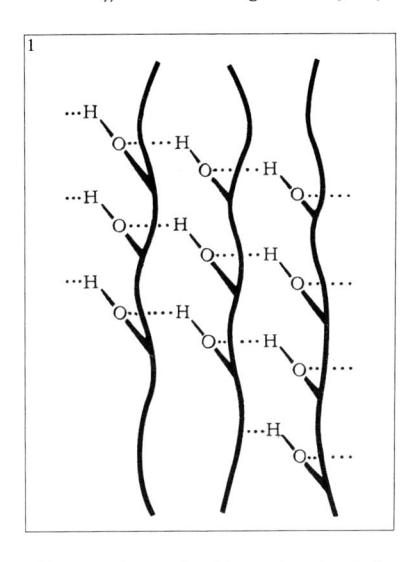

Abb. 1. Schema der H-Brücken im Polyvinylalkohol.

damit eine Orientierung eintritt, dann können sich Wasserstoffbrückenbindungen ausbilden, deren Anordnung schematisch in Abbildung 1 dargestellt ist. Man erhält eine Faser von ungewöhnlich hoher Festigkeit, die sich auch in warmem Wasser nicht mehr löst. (Daß das technisch hergestellte Garn noch über Methylengruppen schwach vernetzt ist, spielt bei dieser Betrachtung keine Rolle).

Erst wenn man einen gestreckten Polyvinylalkohol-Faden in siedendes Wasser eintaucht, wird die Wärmebewegung so stark, daß die Ordnung der Ketten zerstört wird. Wassermoleküle schieben sich dazwischen und bilden ihrerseits Wasserstoffbrückenbindungen mit den OH-Gruppen des Polyvinylalkohols, so daß die „Vernetzung" der Ketten durch H-Brückenbindungen wegfällt: **Der Faden löst sich sofort auf.**

Legt man aber an den Polyvinylalkohol-Faden eine Zugspannung an, so wirkt diese der Desorientierung durch die Wärmebewegung entgegen. Die Moleküle werden gewissermaßen zur Ordnung gezwungen, der Faden löst sich nicht mehr auf.

Man befestigt an einem Strang aus etwa 20 Polyvinylalkohol-Fäden* ein Gewicht von ca. 2 kg und senkt das am Strang hängende Gewicht langsam in einen Glasstutzen, der mit Wasser von 95 °C gefüllt ist. Solange das Gewicht frei hängt, geschieht nichts, da sich — wie oben geschildert — aufgrund der Zugspannung die Molekülketten nicht frei bewegen können und so die Wasserstoffbrückenbindungen zwischen den Ketten erhalten bleiben. Sobald aber das Gewicht auf den Boden des Stutzens aufgesetzt wird (zur Sicherheit: Gummiplatte oder dergleichen auf den Boden legen), die Zugspannung also aufhört, löst sich der Faden sofort auf.

Literatur:

H. A. Staab: „Einführung in die theoretische organische Chemie." Verlag Chemie GmbH. 3. Auflage, Weinheim 1962. Seite 666 ff.

M. Eigen, Naturwiss. Rundschau **1963**, 25.

---

*Eine gewisse Menge des Materials steht der Redaktion der Zeitschrift „Chemie in unserer Zeit", Boschstr. 12, 6940 Weinheim, zur Verfügung.

Gelchromatographie von Polystyrol

Joachim Sasse

Die Gelchromatographie, häufig auch Gelfiltration oder noch exakter Molekularsiebchromatographie genannt, ist eine im Jahre 1959 zum ersten Mal von P. Flodin und J. Porath [1] beschriebene Methode zur Trennung von Stoffgemischen aufgrund von Molekülgrößenunterschieden [2]. Gele bestehen aus einem meist makromolekularen Gelbildner, der ein Gelgerüst mit Poren unterschiedlicher Größe bildet, und einem Lösungsmittel. Beide Komponenten durchdringen einander vollkommen. Schickt man ein Substanzgemisch durch eine mit gequollenen Gelpartikeln gefüllte Säule, so kommt es beim Eindringen zu einer differenzierten Verteilung großer und kleiner Moleküle. Die kleinen Moleküle diffundieren ungehindert in die Hohlräume, während die großen zurückgehalten werden, so daß letztere sich nur im Lösungsmittel zwischen den Gelpartikeln aufhalten. Mittelgroße Moleküle können nur in bestimmte Bereiche des Gels eindringen. Beim Nachwaschen mit reinem Lösungsmittel werden daher größere Moleküle rascher transportiert als kleinere. Die Komponenten des Gemisches verlassen deshalb die Säule in der Reihenfolge abnehmender Molekülgröße.

Die bequeme und schnelle Arbeitsweise, durch die sich die Gelchromatographie auszeichnet, machte sie schon in wenigen Jahren zur bevorzugten Methode bei der Ermittlung der Molekulargewichtsverteilung von Polymeren. Polymere bestehen aus Makromolekülen, die durch Verkettung einer niedermolekularen Grundeinheit, dem Monomeren, entstanden sind. Die meisten Polymeren sind ein Gemisch von Makromolekülen der verschiedensten Kettenlängen. Jede Messung des Molekulargewichts

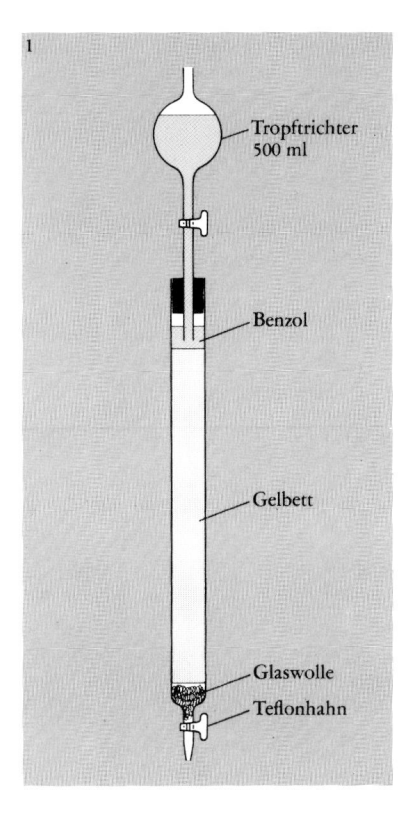

Abb. 1. Chromatographie-Säule.

eines Polymeren führt daher zu einem Mittelwert. Hierbei ist zu beachten, daß die verschiedenen Methoden der Molekulargewichtsbestimmung unterschiedlich mitteln, so daß man für dasselbe Polymere verschiedene Werte für das mittlere Molekulargewicht erhält.

Die Eigenschaften des festen oder gelösten Polymeren hängen aber nicht nur von sei-

1. Zerlegung des Polymeren in mehrere, möglichst einheitliche Fraktionen.
2. Bestimmung des Molekulargewichts jeder Fraktion.
3. Konstruktion der Verteilungskurve aus den erhaltenen Daten.

In unserem Experiment bestimmen wir die Molekulargewichtsverteilung eines Polystyrols.

Fraktionierung des Polystyrols

Als Chromatographie-Säule dient ein Glasrohr mit 2 cm innerem Durchmesser und 150 cm Länge (Abbildung 1), dessen Ende durch einen Teflonhahn verschlossen ist.*
Als Füllmaterial eignen sich stark vernetzte Polystyrol-Gele (Abbildung 2) oder hochporöse Kieselgele (Abbildung 3). Wir verwenden letzteres Gelmaterial** mit einer Ausschlußgrenze für Polystyrol von etwa 400 000, was besagt, daß Polystyrol-Moleküle mit einem Polymerisationsgrad von über 4000 größer als die größten Poren sind und deshalb das Gel ohne Trenneffekt passieren [3].

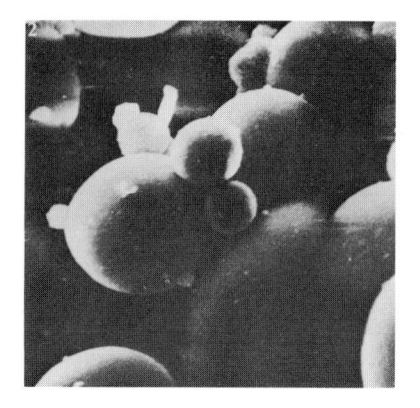

Abb. 2. Rasterelektronenmikroskopische Aufnahme eines Styrol-Divinylbenzol-Copolymerisats (etwa 600fach vergrößert).

Abb. 3. Rasterelektronenmikroskopische Aufnahme von „Kieselgel H zur Chromatographie" (etwa 600fach vergrößert).

nem mittleren Molekulargewicht ab, sondern werden auch wesentlich vom prozentualen Anteil der verschiedenen Kettenlängen im Polymeren beeinflußt. Die Kenntnis der Molekulargewichtsverteilung ist daher zur Charakterisierung eines Polymeren wichtig. Die Verteilungsfunktion kann in drei Schritten ermittelt werden:

Wir suspendieren 250 g Gel in überschüssigem Benzol. Die Säule wird zu einem Drittel mit Benzol und dann mit der Gelsuspension gefüllt. Der Sedimentation des Gels

---

*Ein mit Siliconfett geschmierter Glashahn kann das Analysenergebnis erheblich verfälschen, da sich das Fett in Benzol auflöst. Steht kein Teflonhahn zur Verfügung, kann man das Ende des Chromatographierohrs auch zu einer weiten Kapillare ausziehen und in diese Kapillare einen Teflonschlauch einführen.

**250 g Fractosil® 500, Korngröße 0,063–0,125 mm, Best.-Nr. 9382, Preis 104,50 DM, E. Merck AG, Darmstadt.

entsprechend wird überschüssiges Lösungsmittel abgelassen und wieder neue Gelsuspension zugegeben. Wir packen das Gel bis 10 cm unterhalb der Säulenoberkante. Je nach Molekulargewicht lösen wir 75 bis 125 mg Polystyrol in 5 ml Benzol auf. Das überschüssige Lösungsmittel über dem Gelbett wird abgelassen. Dabei ist darauf zu achten, daß keine Luft in das Gel eindringt. Vorsichtig geben wir die Polymer-Lösung auf das Gel auf und lassen sie einsickern. Das Benzol, das die Säule jetzt verläßt, tropft in einen 250 ml-Meßzylinder. Wir waschen dreimal mit einer geringen Menge Benzol nach, befestigen den Tropftrichter, der als Lösungsmittelreservoir dient, und stellen dann eine Durchströmgeschwindigkeit von 0,75 bis 1 ml/min ein. Nach Elution von etwa 225 ml Benzol fangen wir 9 bis 11 Fraktionen von je 25 ml in gewogenen 50 ml-Erlenmeyerkolben auf.

Zum Abdampfen des Benzols (Abzug!) werden die Erlenmeyerkolben in ein Sandbad von etwa 90°C gebracht, in dem sie 60 Minuten lang bleiben. Die Kolben mit den Polymeren trocknen wir drei Tage im Vakuumexsikkator und wiegen sie erneut.

Molekulargewichtsbestimmung

Werden Kettenmoleküle gelöst, so erhöhen sie die Viskosität des Lösungsmittels umso mehr, je höher ihr Molekulargewicht ist. Auf dieser Erscheinung beruht die Bestimmung des Molekulargewichts von Polymeren durch Viskositätsmessungen. Mißt man in Kapillarviskosimetern bei kleinen Konzentrationen, so errechnet sich die spezifische Viskosität (η_{sp}) direkt aus den Durchlaufzeiten der Lösung (t) und des reinen Lösungsmittels (t_0):

$$\eta_{sp} = \frac{t-t_0}{t_0} \qquad (1)$$

Division durch die Konzentration des Polymeren ergibt die reduzierte spezifische Viskosität η_{sp}/c. Diese Größe ist konzentrationsabhängig. Man definiert daher eine Viskositätszahl $[\eta]$ als Grenzwert der reduzierten spezifischen Viskosität bei der Konzentration Null:

$$[\eta] = \lim_{c \to 0} (\eta_{sp}/c)$$

Man mißt $[\eta]$, indem man mehrere Werte für η_{sp}/c bei kleinen Konzentrationen bestimmt und graphisch auf die Konzentration Null extrapoliert. Bequemer läßt sich $[\eta]$ anhand einer einzigen Viskositätsmessung mit der empirischen Gleichung (2) berechnen [4]:

$$[\eta] = \frac{\eta_{sp}/c}{1 + K\eta \cdot \eta_{sp}} \qquad (2)$$

$K\eta \approx \text{konst.} \approx 0{,}28$

Die Viskositätsmessung ist keine Absolutmethode. Der Zusammenhang zwischen $[\eta]$ und dem Molekulargewicht muß einer Eichfunktion entnommen werden. Für Polystyrol in Benzol bei 20°C gilt [5]:

$$[\eta] = 1{,}23 \cdot 10^{-2} \cdot M_w^{0,72} \qquad (3)$$

$[\eta]$ in $[cm^3] \cdot [g^{-1}]$

Das so erhaltene Molekulargewicht M_w ist ein Gewichtsmittel.

Für die Viskositätsmessungen verwenden wir ein Ostwald-Kapillarviskosimeter mit einer Durchlaufzeit von etwa 180 Sekunden[*]. Das Viskosimeter taucht in ein gro-

---

[*] Z. B. Viskosimeter Silberbrand nach Ostwald, Größe Nr. 5, Best.-Nr. 4865. Rudolf Brand, Wertheim/Main-Glashütte, Postfach 310.

ßes, mit Wasser gefülltes Glasgefäß (z. B. ein 5-Liter-Becherglas). Ein in 1/10°C geteiltes Thermometer überwacht die Wassertemperatur von 20° C. Treten Schwankungen von 0,05° C auf, so werden kleine Portionen kaltes oder warmes Wasser hinzugeben. Ein Rührer sorgt für gute Durchmischung des Bades. Auch ohne Thermostat können wir auf diese Weise eine Temperaturkonstanz von ± 0,1°C erreichen.

3 ml Benzol werden in den weiten Schenkel des Viskosimeters pipettiert (Abbildung 4).

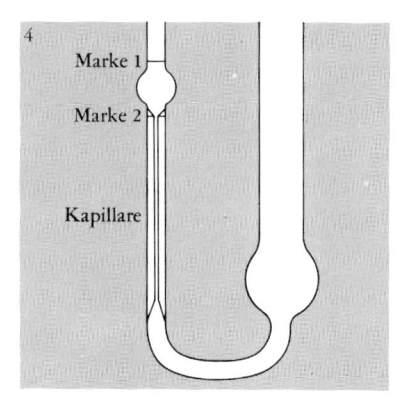

Abb. 4. Kapillarviskosimeter nach Ostwald.

Nach dem Temperaturausgleich (5 bis 10 min) drücken wir mit einem Gummigebläse die Lösung bis oberhalb der Marke 1 und stoppen die Zeit, die die Lösung braucht, um von der Marke 1 zur Marke 2 zu fließen [6].

In die Erlenmeyerkolben mit den Fraktionen pipettiert man je 5 ml Benzol und verschließt sie mit Stopfen. Durch vorsichtiges Umschütteln wird der Polymerfilm gelöst. Zur Viskositätsmessung entnehmen wir je 3 ml Lösung. Nach jeder Messung wird das Viskosimeter mit Benzol und anschließend mit Aceton gespült und im Luftstrom getrocknet.

Durch Differenzwägung bestimmten wir die Masse jeder Fraktion. Das liefert uns die Konzentration c in [g/cm³] der viskosimetrisch untersuchten Lösung. Die Viskositätszahl $[\eta]$ läßt sich nun leicht aus den Gleichungen (1) und (2) ermitteln. Das Molekulargewicht M_w berechnen wir mit Hilfe der Eichfunktion (3).

Konstruktion der Verteilungskurve

Jede unserer Polymer-Fraktionen besitzt eine Molekulargewichtsverteilung, die wesentlich enger ist als die des Gesamt-Polymeren (Abbildung 5). Um die Überlappung der Fraktionen zu berücksichtigen, konstruieren wir zunächst die integrale Verteilungskurve:

$$I(P) = \int_0^P m_p \, dP$$

Sie gibt uns den Anteil der Makromoleküle I (P) bis zu dem Polymerisationsgrad P an. Abbildung 5 zeigt, daß man den Wert für

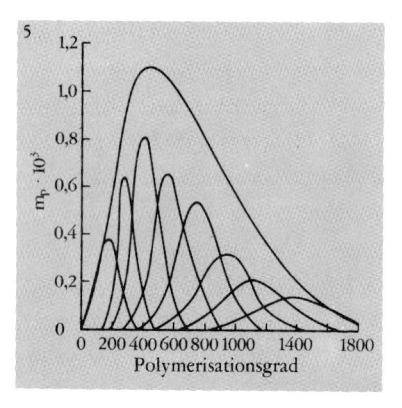

Abb. 5. Schematische Darstellung der Überlappung reeller Fraktionen (m_p = Massenanteil der Moleküle mit dem Polymerisationsgrad P). [7]

Tabelle 1. Fraktionierung von Polystyrol III 3B003.*

Fraktion i	Auswaage [mg]	Gewichts- anteil $m_i \cdot 10^2$	$I(P) \cdot 10^2$	$[\eta]$	Molekular- gewicht M_w	Polymeri- sationsgrad $P_w = \dfrac{M_w}{104{,}14}$
1	4,7	6,0	3,0	10	11 000	106
2	5,2	6,6	9,3	44	86 000	825
3	5,5	7,0	16,1	72	171 000	1640
4	6,1	7,7	23,5	87	222 000	2040
5	9,0	11,4	33,0	97	258 000	2480
6	13,3	16,9	47,2	131	392 000	3760
7	14,7	18,7	65,0	173	577 000	5540
8	13,6	17,2	82,9	211	760 000	7300
9	6,7	8,5	95,8	230	857 000	8220
Summe	78,8	100,0				

*Der Autor dankt Herrn Dr. J. Springer, Fritz-Haber-Institut, Berlin, für die Überlassung einer Probe des Polymeren.

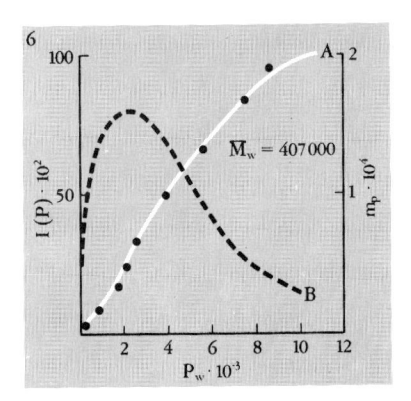

Abb. 6. Integrale (A) und differentielle (B) Molekulargewichtsverteilung von Polystyrol III 3B003.

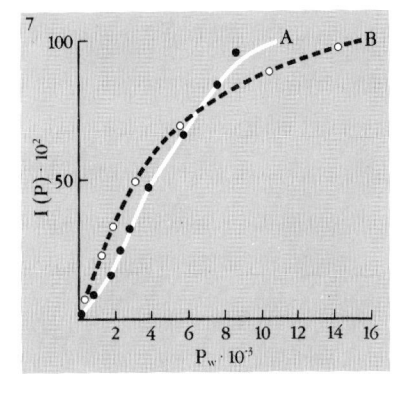

Abb. 7. Integrale Molekulargewichtsverteilung des Polystyrols III 3B003, ermittelt durch Gelchromatographie (A) und durch Fällungsfraktionierung (B).

I (P) der n-ten Fraktion erhält, indem man die Gewichtsanteile der Fraktionen 1 bis (n–1) summiert und den halben Gewichtsanteil der n-ten Fraktion hinzu addiert.

Tabelle 1 erläutert die Auswertung der Fraktionierdaten eines Polystyrol-Blockpolymerisats. Aus den Werten zeichnet man dann die integrale Verteilungsfunktion auf und differenziert diese Kurve graphisch, um die Massenverteilungsfunktion m_p zu erhalten (Abbildung 6).

Wir haben für unser Experiment ein Minimum an Mitteln gebraucht. Die Abbildung 7 zeigt, daß die ermittelte Molekulargewichtsverteilung mit den durch die aufwendige Fällungsfraktionierung erhaltenen Daten befriedigend übereinstimmt.

Literatur

[1] P. Flodin und J. Porath, Nature **183**, 1657 (1959).

[2] H. Determann: Gelchromatographie. Springer Verlag, Berlin 1967.

[3] H. Halpaap und K. Klatyk, J. Chromatog. **33**, 80 (1968).

[4] G. V. Schulz und F. Blaschke, J. prakt. Chem. **158**, 130 (1941).

[5] G. Meyerhoff, Z.physik.Chem. (Frankfurt/M.) **4**, 335 (1955).

[6] D. Braun, H. Cherdron und W. Kern: Praktikum der makromolekularen organischen Chemie. Seite 71. Dr. Alfred Hüthig Verlag, Heidelberg 1966.

[7] G. Henrici-Olivé und S. Olivé: Polymerisation. Seite 41. Verlag Chemie GmbH, Weinheim/Bergstr. 1969.

Ionenaustausch

Fritz Merten

Prinzip

Ein Ionenaustauscher ist eine feste, feinteilige, oberflächenreiche und in Wasser (sowie vielen anderen Flüssigkeiten) unlösliche Substanz, deren Oberfläche mit einer großen Zahl dissoziationsfähiger Gruppen besetzt ist, die Ionen (Kationen und Anionen) enthalten. Kommt die Austauscheroberfläche mit einer Elektrolytlösung in Berührung, können diese Ionen an die Lösung abgegeben werden, während der Austauscher gleichzeitig eine äquivalente Menge Ionen aus der Lösung aufnimmt und bindet. Dieser Ionenaustausch ist nur zwischen gleichgeladenen Ionen, d. h. Kationen oder Anionen untereinander, möglich. Man unterscheidet daher Kationen- und Anionenaustauscher.

Voraussetzung für den Ionenaustausch, der eine Gleichgewichtsreaktion darstellt, ist ein Konzentrationsgefälle der austauschbaren Ionen zwischen dem festen Ionenaustauscher und der Lösung. Ein solches Gefälle ist immer vorhanden, wenn Austauscher und Lösung verschiedene Ionensorten enthalten. Es kann weiterhin dadurch aufrechterhalten werden, daß die Lösung so schnell durch die Austauschermasse hindurchströmt, daß sich die Konzentrationen während der kurzen Zeit, in der Lösung und Austauscher in Kontakt sind, nicht ausgleichen können.

Das Konzentrationsgefälle bestimmt auch die Richtung des Ionenaustausches. Wird ein mit H^+-Ionen beladener Kationenaustauscher mit einer NaCl-Lösung beschickt, dann ist die H^+-Ionenkonzentration auf dem Austauscher groß, in der NaCl-Lösung gering. Für die Na^+-Ionenkonzentration gilt das umgekehrte Konzentrationsgefälle. Beim Austausch werden daher H^+-Ionen an die Lösung abgegeben, allerdings nur so lange, wie aus-

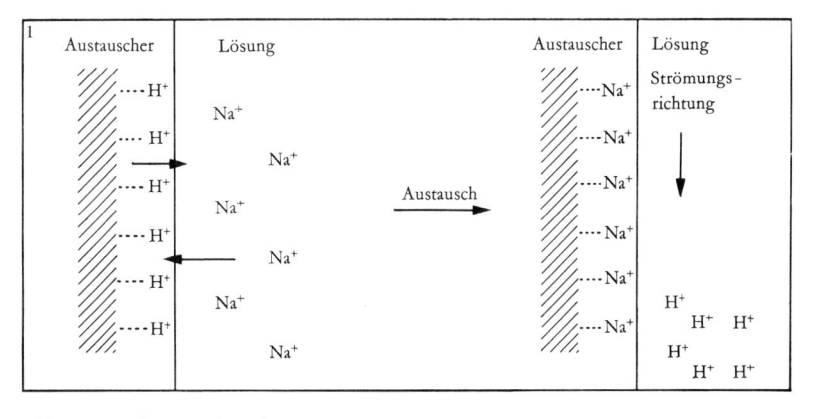

Abb. 1. Wirkungsweise eines Ionenaustauschers (schematisch).

tauschbare Na⁺-Ionen in der Lösung vorhanden sind. (Abbildung 1).

Der Ionenaustausch ist ein reversibler Vorgang. So kann der „erschöpfte" Ionenaustauscher, dessen H⁺-Ionen weitgehend durch Na⁺-Ionen ersetzt wurden, mit einer verdünnten Säure wieder regeneriert werden, d. h. die Na⁺-Ionen werden gegen H⁺-Ionen ausgetauscht, und der Austauscher kann wieder benutzt werden.

Technisches

Man kann die H⁺-Ionen des Austauschers gegen die Metallionen einer Lösung vollständig austauschen, wenn sich der Austauscher in einer Filtersäule (Abbildung 2) befindet und die Lösung mit nicht zu hoher Geschwindigkeit (25 bis 60 ml pro Minute) die Austauschermasse durchströmt. Bei dieser Arbeitsweise kann die Kapazität des Austauschers weitgehend ausgenutzt werden, da nicht nur die oberflächennahen Ionen am Austausch teilnehmen.

Daß zwischen den Ionen einer Lösung und unlöslichen Mineralien ein Ionenaustausch stattfindet, wurde erstmalig bei Untersuchungen zum Stoffaustausch im Erdboden beobachtet. Die ersten praktisch verwendeten Ionenaustauscher waren daher silikatische Naturprodukte, die Zeolithe, die in die Gruppe der Natrium-Aluminium-Silikate gehören. Da sie eine verhältnismäßig geringe Austauschkapazität besitzen, wurden später synthetische Na-Al-Silikate hergestellt, die unter dem Namen Permutite bekannt wurden. Beide Arten gestatteten nur den Kationenaustausch, sie wurden für die Enthärtung des Wassers, d. h. für die Entfernung der Ca²⁺- und Mg²⁺-Ionen und ihren Ersatz durch Na⁺-Ionen, verwendet.

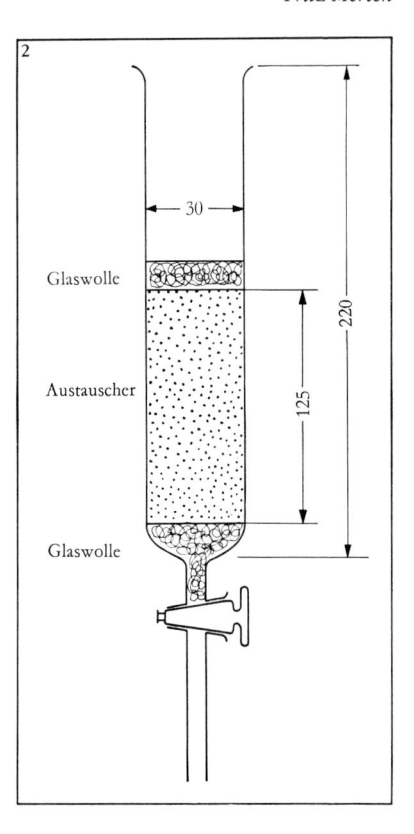

Abb. 2. Ionenaustauscher in Filtersäule.

Um die Austauschkapazität weiter zu erhöhen und außerdem auch den Anionenaustausch zu ermöglichen, wurden Austauschersubstanzen auf organischer Basis entwickelt, die zuerst unter der Bezeichnung Wofatite bekannt wurden. Der feste, unlösliche Grundkörper des Austauschers, die Matrix, ist dabei ein vernetztes Polymerisations- oder Polykondensationsprodukt, das für den Ionenaustausch geeignete, dissoziationsfähige funktionelle Gruppen trägt.

Die heute meist verwendeten Ionenaus-

Ionenaustausch 47

tauscher enthalten als quellfähiges, aber in Wasser und anderen Lösungsmitteln unlösliches Netzwerk das Copolymerisat aus Styrol und Divinylbenzol (Vernetzer).

Diese Austauscher besitzen eine hydrophile Gelstruktur mit großer Oberfläche.

Einige Daten dieser vom Handel angebotenen Austauscher sind:

Wassergehalt: 45 bis 60%,
Teilchengröße: 0,2 bis 0,5 mm Durchmesser,
Schüttgewicht: 50 bis 70 g/100 ml (des gequollenen Austauschers),
Austauschkapazität: 3 bis 10 mval/g (des trockenen Austauschers).

Handelsnamen sind ®Lewatit, ®Permutit oder ®Wofatit mit angehängten Typenbezeichnungen für die jeweiligen Verwendungszwecke.

Die austauschaktiven Stellen des Ionenaustauschers sind dissoziationsfähige funktionelle Gruppen:

Kationen-Austauscher tragen Gruppen mit schwacher bis starker Säurefunktion:

—OH (phenolisch), —COOH und —SO$_3$H

Ist die Sulfonsäuregruppe an das C-Atom einer aliphatischen Seitenkette gebunden, besitzt sie geringere Acidität als bei Bindung an den aromatischen Ring.

Anionen-Austauscher haben als Träger der Basenfunktion freie und substituierte NH$_2$-Gruppen. Die Basizität nimmt von der primären zur quaternären Gruppe zu:

—NH$_2$ < —NHR < —NR$_2$ < —$\overset{\oplus}{\text{NR}_3}$

Hier sind die mit Wasser gebildeten OH$^-$-Ionen

—NH$_2$ + H$_2$O → —$\overset{\oplus}{\text{NH}_3}$ OH$^{\ominus}$

austauschbar gegen andere Anionen.

Technisch werden diese Ionenaustauscher bei der Entsalzung von Wasser angewendet, z. B. für die Herstellung von salzfreiem Kesselspeisewasser. Kationen- und Anionenaustauscher werden dabei hintereinandergeschaltet und vom zu reinigenden Wasser durchströmt. Der Kationenaustauscher nimmt zunächst die Kationen (Ca^{2+}, Mg^{2+}, Na$^+$, K$^+$) auf und gibt dafür seine H$^+$-Ionen an das Wasser ab, so daß eine verdünnte Säure abfließt. Im Anionenaustauscher werden die Anionen (Cl$^-$, SO$_4^{2-}$, HCO$_3^-$) aufgenommen und durch OH$^-$-Ionen ersetzt. Diese reagieren mit den ankommenden H$^+$-Ionen, so daß wegen der strengen Äquivalenz des Austausches neutrales, salzfreies Wasser erhalten wird.

Neben diesen technischen Verwendungen haben Ionenaustauscher auch in die Laboratoriumspraxis Eingang gefunden, z. B. bei der quantitativen Analyse. Aus diesem Arbeitsgebiet stammt auch der hier beschriebene Versuch.

Bestimmung der Konzentration wäßriger Salzlösungen

Gibt man die Einwaage der Lösung eines beliebigen Salzes auf eine mit H$^+$-Ionen beladene Austauschsäule, werden die Kationen der Probelösung gebunden und gegen H$^+$-Ionen ausgetauscht. Spült man genügend Wasser nach, enthält das Filtrat quantitativ die dem Salz zugrundeliegende Säure, die auf alkalimetrischem Wege maßanalytisch bestimmt werden kann.

Durch Umrechnung des Verbrauchs an Maßlösung in die erfaßte Menge Säure und zugehöriges Salz kann unter Berücksichtigung der Einwaage die Konzentration der Probelösung berechnet werden.

Durch Vorschalten eines Kationen-Austauschers kann somit die quantitative Bestimmung von Metallionen, die sonst nur durch andere zeitraubende, maßanalytische oder gewichtsanalytische Methoden möglich ist, durch eine einfache und schnelle Säure-Base-Titration (Neutralisationsanalyse) ersetzt werden.

Ausführung

Vorbereiten der Säule

Ionen-Austauscher kommen in feuchtem Zustand in den Handel. Im Becherglas übergießt man eine 30 bis 40 g Trockensubstanz entsprechende Menge des Austauschers zur Aktivierung mit 200 ml 10-proz. Salzsäure und rührt um. Die Salzsäure kann durch Dekantieren gewechselt werden. Zum Schluß ersetzt man auf die gleiche Weise die Säure durch destilliertes Wasser. Austauscher mit Wasser gießt man dann bei geschlossenem Hahn in die Säule. Durch Öffnen des Hahnes wird das Wasser bis fast zum oberen Rand der Austauscherfüllung abgelassen. Die Säule soll zu etwa zwei Dritteln mit Austauscher gefüllt sein; der freie obere Teil dient zur Aufnahme von Probelösung und Waschwasser. Vor Inbetriebnahme wird die Füllung mit Wasser so lange gewaschen, bis im Filtrat kein Chlorid mehr nachzuweisen ist.

Bei allen Operationen darf der Flüssigkeitsspiegel nicht unter die Austauscheroberfläche absinken, sonst würde Luft eindringen und die wirksame Porenoberfläche blockieren. Ist trotzdem Luft eingedrungen, ist es zweckmäßig, die mit Wasser gefüllte Säule von oben mittels einer Wasserstrahlpumpe zu evakuieren.

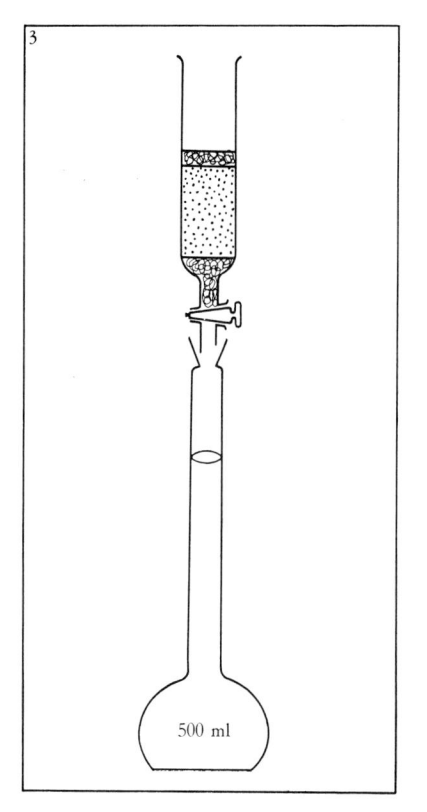

Abb. 3. Versuchsanordnung zur Konzentrationsbestimmung von Metallsalz-Lösungen mittels Ionenaustauschs.

Konzentrationsbestimmung einer Salzlösung

Von der Probelösung unbekannter Konzentration wird so viel abgewogen, daß darin 1 bis 1,5 g Salz enthalten sind. Die mit Wasser auf 100 ml verdünnte Einwaage der Probelösung gibt man dann auf die aktivierte Austauschersäule.

Das Filtrat wird in einem 500 ml-Meßkolben aufgefangen (Abbildung 3). Pro Minute sollen etwa 25 ml Flüssigkeit

Ionenaustausch

durchlaufen. Nachdem der absinkende Flüssigkeitsspiegel die Austauscherfüllung erreicht hat, wäscht man in Portionen mit insgesamt 400 ml destilliertem Wasser bei unveränderter Filtriergeschwindigkeit nach.

Der Meßkolben wird mit destilliertem Wasser bis zur 500 ml-Eichmarke aufgefüllt und gut durchgeschüttelt, um eine homogene Lösung zu erhalten. Von dieser Lösung werden 100 ml (entsprechend 1/5 der Einwaage) mit einer Vollpipette entnommen und mit n/10-NaOH-Maßlösung gegen Methylrot titriert.

Beispiel:

Einwaage: 7,235 g $Pb(NO_3)_2$-Lösung
Verbrauch an n/10-NaOH-Lösung: 22,3 ml

Auswertung:

1 ml n/10 NaOH entspricht 0,1 mval = 6,30 mg HNO_3
22,3 · 6,30 = 140,5 mg HNO_3
mal 5 = 702,5 mg HNO_3 = 0,702 g HNO_3 in der Gesamtprobe
0,702 g HNO_3 entsprechen 1,845 g $Pb(NO_3)_2$
(Umrechnungsfaktor F = 2,63)

Konzentration der Probelösung:

$$\frac{1,845}{7,235} \cdot 100 = 25,5 \text{ Gew.-\%}$$

Regenerieren des Austauschers

Aus der benutzten Säule werden die vom Austauscher gebundenen Metallionen mit 10-proz. Säure wieder herausgelöst. Die Säure ist dabei so auszuwählen, daß die gebundenen Kationen mit dem Anion der Regeneriersäure keine schwerlöslichen Verbindungen bilden, die sich im Austauscher abscheiden. Wurden, wie in unserem Beispiel, Pb^{2+}-Ionen bestimmt, ist zum Regenerieren Salzsäure und Schwefelsäure ungeeignet (Bildung von schwer löslichem $PbCl_2$ bzw. $PbSO_4$).

Hier wird 10-proz. Salpetersäure eingesetzt. Man gibt fünf Portionen der Säure nacheinander in die Säule, bis diese jeweils ganz gefüllt ist, rührt mit einem Glasstab jedesmal gut um und läßt die einzelnen Portionen mit einer Geschwindigkeit von 15 ml/Minute bis an den oberen Rand der Austauscherfüllung ablaufen. Anschließend wird mit Wasser säurefrei gewaschen.

Aufbewahren der Austauschersäule

Durch Auffüllung von genügend Wasser und Aufsetzen eines Stopfens wird dafür gesorgt, daß der Austauscher bei längerer Unterbrechung der Arbeit nicht austrocknet. Unter diesen Bedingungen hat der Ionenaustauscher eine lange Lebensdauer.

Dünnschichtchromatographie von Blütenfarbstoffen

Günter Wulff

Pflanzenfarbstoffe waren es, bei denen eine ganz neuartige Trennmethode zum ersten Male aufgefunden wurde. Im Jahre 1903 beobachtete der russische Botaniker M. Tswett eine Auftrennung in verschiedene Farbzonen, als er Blattextrakte durch eine Schicht von Adsorptionsmaterial laufen ließ. Er nannte die neue Trennmethode „Chromatographie". Bei den getrennten Pigmenten des Blattgrüns handelte es sich um Chlorophylle, Xanthophylle und Carotine, eine Gruppe von gut fettlöslichen, aber schlecht wasserlöslichen Farbstoffen, die in den Chloroplasten der Blätter lokalisiert sind (plasmochrome Farbstoffe) und die eine wichtige Rolle in der Photosynthese spielen.

Erst sehr viel später erkannte man die vielseitigen Anwendungsmöglichkeiten der Chromatographie zur Stofftrennung, und es wurden eine ganze Reihe von Varianten (z. B. Papier-, Gas- und Dünnschichtchromatographie) entwickelt, mit deren Hilfe es heute gelingt, Vertreter aller möglichen Substanzklassen, auch farblose Verbindungen, voneinander zu trennen.

Mit diesen Methoden lassen sich nun auch die gut wasserlöslichen Pflanzenfarbstoffe auftrennen. Sie sind meist in den Vakuolen der Zelle im Zellsaft gelöst (chymochrome Farbstoffe). Sie bilden die große Vielfalt der gelben, roten und blauen Blütenfarbstoffe und finden sich auch in vielen farbigen Früchten, Blättern oder anderen Pflanzenteilen. Chemisch gesehen handelt es sich vor allem um die Anthocyane und die Flavonolglykoside.

Für diese bisher meist nur papierchromatographisch aufgetrennte Substanzgruppe wurde eine neue dünnschichtchromatographische Trennung ausgearbeitet. Dabei wurde eine bewährte, einfache, aber doch sehr leistungsfähige Versuchstechnik der Dünnschichtchromatographie angewendet, bei der man ohne Streichgerät und sonstige teure Zusatzeinrichtungen auskommt.

Trennung durch Dünnschichtchromatographie

Allgemeine Arbeitsmethodik

Aus Fensterglas (2 bis 3 mm stark) schneidet man Glasplatten der Größe 8 mal 14 cm, deren Ecken an einem Ende abgeschrägt sind (vgl. Abbildung 3). Die Platten werden mit Wasser und einem Geschirrspülmittel fettfrei gewaschen und getrocknet.

Für das Beschichten von z. B. vier Platten bereitet man einen homogenen Brei aus 4 g Kieselgel G Merck und 12 ml Wasser und bringt mit einer Pipette 3 ml dieses Breis auf jede Platte. Mit einem Spatel, am besten einem breiten elastischen Messerspatel, verteilt man die Masse möglichst gleichmäßig auf die Platte, wobei man am abgeschrägten Ende einen Anfaßrand läßt. Durch Neigen und Klopfen der Platte läßt sich eine vollkommen gleichmäßige Verteilung der Schicht erreichen. Die Platte wird anschließend bis zum Abbinden (ca. 5 min) auf eine ebene Unterlage gelegt, dann in einem Trockenschrank bei 130°C getrocknet und aktiviert (30 bis 60 min) und bis zum Gebrauch im Exsikkator über Blaugel aufbewahrt.

Die zu chromatographierenden Substanzen werden in einem leicht flüchtigen Lösungsmittel gelöst und mit einer einfach herzustellenden Schlauchpipette punkt- oder streifenförmig etwa 1 cm vom unteren Rand entfernt aufgetragen. Zum Entwickeln wird ein 1-Liter-Einmachglas benutzt, das innen mit Filterpapier zur besseren „Kammersättigung"* ausgekleidet ist und etwa 30 ml Elutionsmittel enthält. Die Platte wird eingestellt und das Glas mit dem Deckel verschlossen. Sobald die Lösungsmittelfront den oberen Rand erreicht hat, nimmt man die Platte heraus, markiert die Front und trocknet etwa 5 min bei 130°C. Danach wird — wenigstens bei farblosen Substanzen — die Schicht mit einem für die betreffenden Verbindungen geeigneten Sprühreagenz angesprüht und die Platte u. U. noch einmal erhitzt, wobei die Substanzen als Farbflecke sichtbar werden.

Trennung von Anthocyanen

Anthocyane sind nur in Form der Salze (am besten der Hydrochloride) gut chromatographierbar, und man muß, um eine Dissoziation während der Chromatographie zu verhindern, auf sauren, am besten HCl-haltigen, Kieselgelschichten arbeiten. Außerdem läßt sich eine zufriedenstellende Auftrennung nur erreichen, wenn die Kieselgelschicht noch eine erhebliche Menge Wasser enthält. Die Adsorptionschromatographie (fest/flüssig), wie sie im wesentlichen an trockenen, aktivierten Platten stattfindet, geht auf diese Weise zu einem erheblichen Teil in eine Verteilungschromatographie (flüssig/flüssig) über, wobei Wasser/Kieselgel die „stationäre" und das Laufmittel die „mobile Phase" bilden.

---

* Sättigung der Kammer mit Laufmitteldampf verhindert ein Verdunsten des Laufmittels von der Platte: Der Trennvorgang wird besser reproduzierbar u. kürzer.

Die Platten werden in gleicher Weise wie vorher beschichtet, nur daß statt Wasser eine 0,1-proz. wäßrige Salzsäure zur Bereitung des Kieselgel-Breis benutzt wird. Zur Einstellung eines bestimmten Feuchtigkeitsgehaltes der Kieselgelschicht muß man die Platte bei 20°C etwa 3 bis 5 h an der Luft oder bei 25°C etwa 2 bis 3 ½ h. Noch schneller kann man bei 50°C im Trockenschrank trocknen (ca. 45 min). Die Platte muß gerade undurchsichtig weiß sein. Nach dem Auftragen der methanolischen Extrakte der Farbstoffe (siehe Abschnitt 3) wartet man 5 min bis das Lösungsmittel vollständig verdunstet ist und stellt dann die Platte in das Entwicklungsgefäß. Es enthält 30 ml der leichten Phase des Lösungsmittelsystems n-Butanol/Essigester/Eisessig/Wasser: Die Komponenten werden im Volumenverhältnis 1:3:1:5 gemischt; von den sich ausbildenden beiden Schichten wird die obere verwendet. Es ist vorteilhaft, das Gemisch bereits am Vortag anzusetzen; älter als eine Woche sollte die Phase allerdings nicht sein. Während der Entwicklung kann man die Auftrennung in die einzelnen Farbstoffzonen direkt beobachten. Nach der Entwicklung (ca. 30 min) trocknet man das Chromatogramm kurz im Trockenschrank oder mit dem Fön. Die Platten sollten nicht längere Zeit grellem Licht ausgesetzt werden, da die Flecke sonst allmählich verblassen. Man dokumentiert das Chromatogramm am einfachsten, indem man weißes Luftpostpapier darüberlegt, die Flecke vorsichtig durchzeichnet und anschließend die Farben notiert oder einzeichnet. Die R_F-Werte (Verhältnis der Entfernungen des Fleckmittelpunktes und der Fließmittelfront vom Start) in der Dünnschichtchromatographie sind ganz allgemein nicht gut reproduzierbar; R_F-Werte von verschiedenen Platten sind daher nicht direkt miteinander zu vergleichen. Die R_F-Werte geben lediglich die relative Lage der Flecken innerhalb eines

Chromatogramms an. Es ist daher zweckmäßig, immer Standardsubstanzen mitzuchromatographieren (z. B. immer einen bestimmten Blütenextrakt) und die Laufstrecken relativ zu einer dieser Standardsubstanzen zu ermitteln (R_{ST}-Wert).

Abb. 1. Blüten, die für die abgebildeten Dünnschichtchromatogramme benutzt wurden.

Gewinnung der Blütenextrakte

Zur Herstellung der Blütenextrakte werden einige Blütenblätter (z. B. 1 g) mit der Schere kleingeschnitten und in einem Mörser mit etwas Seesand (z. B. 2 g) und einigen ml (z. B. 3 ml) 1-proz. methanolischer Salzsäure (1 ml konzentrierte HCl auf 30 ml Methanol) homogenisiert. Nach Filtration sind die intensiv gefärbten Lösungen direkt zur Dünnschichtchromatographie einzusetzen. Sie sollten nicht längere Zeit im hellen Licht stehen. Nach einigen Tagen werden bei manchen Extrakten die Blütenfarbstoffe teilweise abgebaut. Abbildung 1 zeigt die Blüten, die für die hier beschriebenen Versuche extrahiert wurden.

Die Farbstoffe

Bei den in Abbildung 3 gezeigten Dünnschichtchromatogrammen der Blütenextrakte fällt auf, daß trotz der großen Vielfalt der Blütenfarben zwischen orange bis tiefblau nur Farbstoffflecke in vier Farbtönen auftreten, daß also insgesamt nur vier verschiedene farbgebende Komponenten in den untersuchten Blüten vorhanden sind. Es erscheinen die vier Flecken: rotorange (Pelargonidin), violett (Cyanidin), lilablau (Delphinidin) und gelbgrün (vor allem Flavonole)*.

Pelargonidin, Cyanidin und Delphinidin gehören zur Gruppe der Anthocyanidine, die als Grundgerüst das 2-Phenyl-chromen enthalten. In 3-, 5- und 7-Stellung befindet sich jeweils eine Hydroxylgruppe, und die einzelnen Anthocyanidine unterscheiden sich lediglich durch die Zahl der Hydroxylgruppen im Phenylring (vgl. Abbildung 2).

In der Pflanze liegen die Anthocyanidine als Glykoside (Anthocyane) vor, d. h. in der 3- oder in der 5-Stellung ist ein H-Atom der Hydroxylgruppe durch einen Zuckerrest ersetzt. Der Zuckeranteil (hydrophile OH-Gruppen!) bewirkt auch die gute Wasserlöslichkeit der Anthocyane. In manchen Pflanzen kommen Anthocyane vor, die zusätzlich noch Fettsäuren esterartig gebunden enthalten. Dadurch und wegen der großen Vielfalt der möglichen Zuckerreste kommt eine sehr große Zahl von verschiedenen Anthocyanen zustande, so daß die Identifizierung der auftretenden Chromatogrammflecke oft recht schwierig ist. Verhältnismäßig leicht läßt sich jedoch an der Färbung das zugrundeliegende Anthocyanidin erkennen.

Die Flavonole sind mit den Anthocyanidinen chemisch und pflanzenphysiologisch eng verwandt, man kann sie als oxidierte Anthocyanidine auffassen. Abbildung 2 zeigt als Beispiele das Quercetin und sein Glykosid, das Rutin, die in dieser Gruppe am häufigsten vorkommen.

Die Anthocyane liegen nach der Extraktion mit methanolischer HCl aus der Blüte als Salze vor, wobei der Pyranring in ein mesomerie-stabilisiertes Pyryliumsalz übergeht, wie es in Abbildung 2 bereits angegeben ist. Interessante Farbwechsel treten bei der Änderung des pH-Wertes auf. Beim Übergang vom sauren zum neutralen Milieu bildet sich aus dem roten Farbkation die violette Farbbase. Die Farbvertiefung beruht auf der Ausbildung eines chinoiden Systems. Im Alkalischen wird dann über eine phenolische OH-Gruppe das blaue Anion gebildet. Die Farbänderung läßt sich z. B. beobachten, wenn man ein fertiges Dünnschichtchro-

---

*Die hier nicht auftretenden selteneren Anthocyanidine Malvidin und Päonidin zeigen gut unterscheidbare weinrote bzw. rosarote Chromatogrammflecke.

matogramm umgekehrt, d. h. mit der schichtfreien Kante nach unten (um ein Aufsaugen zu verhindern) in ein Einmachglas mit wenig konzentriertem Ammoniak stellt.

Da sowohl der Farbstoff der roten Rose als auch der blauen Kornblume das Cyanin ist, hat man bis vor kurzem angenommen, in der Rose läge das Kation und in der Kornblume das Anion vor. E.

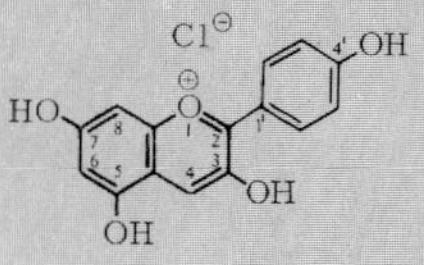

Pelargonidin-hydrochlorid

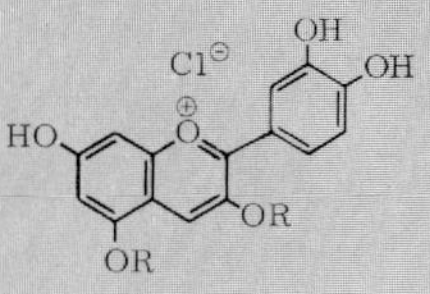

R = H: Cyanidin-hydrochlorid
R = Glucosyl: Cyanin-hydrochlorid

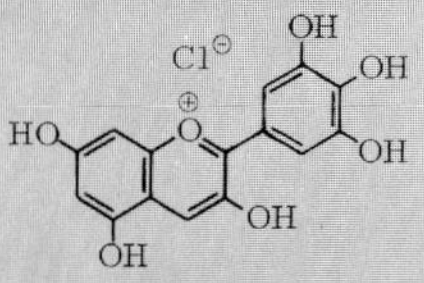

Delphinidin-hydrochlorid

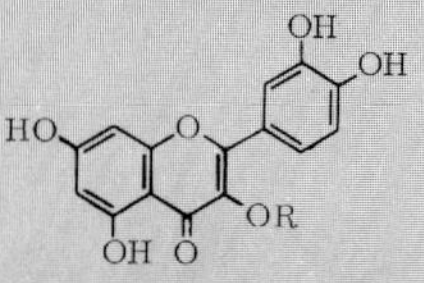

R = H: Quercetin
R = Rhamnosylglucosyl: Rutin

Rhamnosylglucosyl =

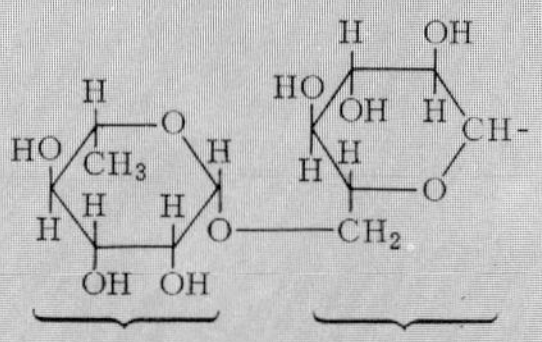

Rhamnose   Glucose

Abb. 2. In Pflanzenfarbstoffen häufig vorkommende Anthocyanidine und Flavonole.

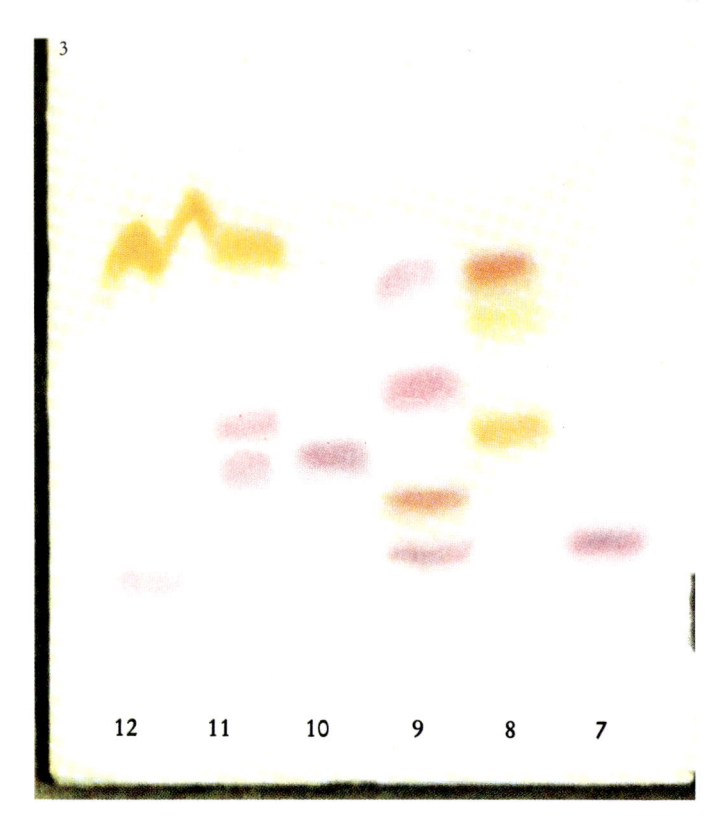

Abb. 3. Photographie zweier Dünnschichtchromatogramme von Blütenfarbstoffen an HCl-haltigem Kieselgel G, entwickelt mit der leichten Phase des Lösungsmittelsystems n-Butanol-Essigester-Eisessig/Wasser 1:3:1:5. Platte 1 (1 bis 6) bei 50°C im Trockenschrank getrocknet; Platte 2 (7 bis 12) bei 20°C getrocknet. Aufgetragen wurden die Extrakte aus folgenden Blüten, wobei die jeweils mit R_F-Wert angegebenen Hauptsubstanzen auftraten (Zahlen: Nummer des Startpunkts):

(1) Orangerote Tulpe; 0,38 = Pelargonidin-3-rhamnoglucosid; 0,50 = Pelargonidinglykosid

(2) Blaßviolette Tulpe; 0,28 = Keracyanin (Cyanidin-3-rhamnosylglucosid)

(3) Rote Tulpe; 0,28 = Keracyanin; 0,38 = Pelargonidin-3-rhamnosylglucosid; 0,40 = Chrysanthemin (Cyanidin-3-glucosid); 0,50 = Pelargonidinglykosid

(4) Dunkelviolette Tulpe; 0,06 = Delphinidinglykosid; 0,20 = Tulipanin (Delphinidin-3-rhamnosylglucosid); 0,28 = Keracyanin

(5) Vergleichssubstanzen; 0,21 = Pelargonin (Pelargonidin-3,5-diglucosid); 0,29 = Keracyanin; 0,39 = Chrysanthemin

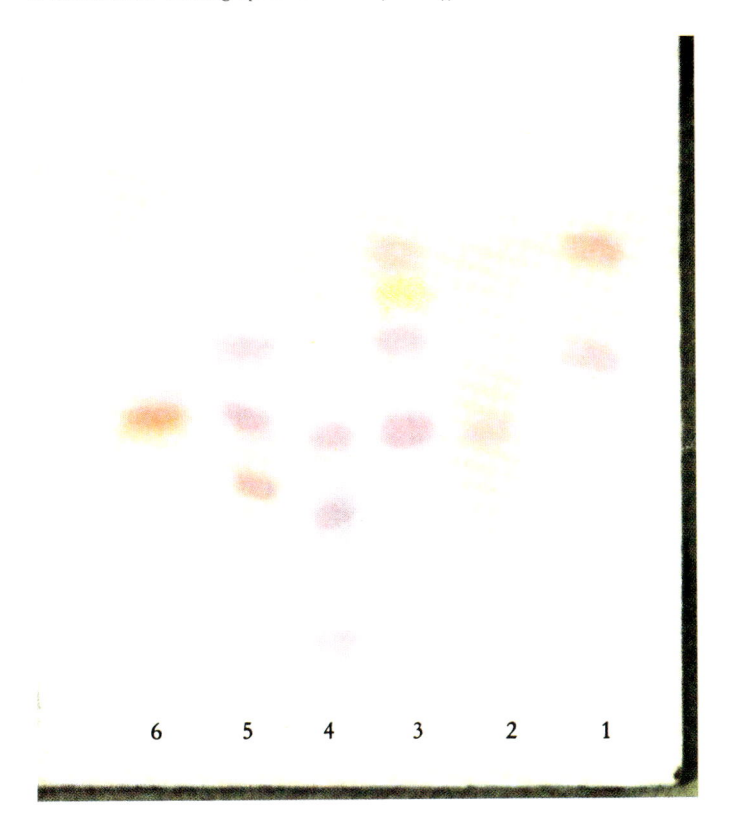

Dünnschichtchromatographie von Blütenfarbstoffen

(6) Rote Anemone; 0,30 = Pelargonidin-3-diglucosid

(7) Rote Rose; 0,15 = Cyanin (Cyanidin-3,5-diglucosid)

(8) Rote Nelke; 0,28 und 0,42 = gelbe Copigmente; 0,48 = Callistephin (Pelargonidin-3-glucosid)

(9) Vergleichssubstanzen; 0,15 = Cyanin; 0,21 = Pelargonin; 0,32 = Keracyanin; 0,44 = Chrysanthemin

(10) Samtblaues Stiefmütterchen; 0,25 = Violanin (Delphinidin-3-rhamnosylglucosid-p-hydroxyzimtsäureester)

(11) Gelb-braunes Stiefmütterchen; 0,25 = Violanin; 0,28 = Cyanidinglykosid; 0,50 = Rutin (Quercetin-3-rhamnosylglucosid)

(12) Vergleichssubstanzen; 0,12 = Delphin (Delphinidin-3,5-diglucosid); 0,50 = Rutin

Cyanin-Kation (rot, pH<3)

Farbbase (violett, pH 7 bis 8)

Farbstoff-Anion (blau, pH<11)

Bayer in Tübingen hat jedoch festgestellt, daß der Farbstoff der Kornblume ein blauer Chelatkomplex der Farbbase des Cyanins mit Al^{3+}- und Fe^{3+}-Ionen ist. Dieser Komplex ist zusätzlich noch an ein hochmolekulares Polysaccharid gebunden.

Chelatkomplex

In der Rose dagegen liegt das Cyanin als rotes Pyryliumsalz vor.

Die Komplexbildung kann man zeigen, wenn man z. B. den Extrakt aus der Rose mit etwas Wasser verdünnt und auf pH 4 bis 5 bringt. Nach Zugabe einer sehr verdünnten $FeCl_3$- bzw. $AlCl_3$-Lösung beobachtet man eine dunkelviolette Farbe bzw. Fällung. Diese Ergebnisse über die Struktur des Kornblumenfarbstoffes stehen auch in guter Übereinstimmung mit der alten gärtnerischen Erfahrung, daß man rote Hortensien durch Begießen mit Al^{3+}-Salzen in blaue umwandeln kann.

Die tatsächliche Farbe einer Blüte wird durch mehrere Faktoren beeinflußt. Eine wichtige Rolle spielt der Farbton des Anthocyans, seine Konzentration und die spezielle Zusammensetzung einer Mischung von verschiedenen Anthocyanen. Das läßt sich gut an den untersuchten verschiedenfarbigen Tulpen erkennen. Ferner wird der Farbton häufig durch andersartige Pigmente („Copigmente") beeinflußt, z. B. die erwähnten gelben Flavonolglykoside in vielen roten Blüten.

Die Hauptfarben der Blütenblätter kommen in folgender Weise zustande:

Gelb: In vielen Fällen handelt es sich um fettlösliche, plasmochrome Farbstoffe (z.B. Carotinoide). Manchmal liegen auch Färbungen durch wasserlösliche, chymochrome Pigmente vor, die vor allem von den Flavonolglykosiden gebildet sein können. Eine Deutung der bei der Chromatographie auftretenden gelben Flecke ist daher schwierig.

Orangerot: wird meist durch Pelargonidinglykoside hervorgebracht, wobei häufig gelbe Copigmente auftreten.

Rot: wird in der Hauptsache von Pelargonidin- und Cyanidinglykosiden gebildet.

Violett: Es handelt sich meist um Mischungen, in denen Cyanidin- und Delphinidinglykoside als Hauptpigmente auftreten.

Blau: Diese Farbe wird in der Regel durch Delphinidinglykoside oder Metallchelat-Komplexe der Cyanidinglykoside hervorgerufen.

Braun: Hohe Konzentrationen an Cyanidinglykosid und Rutin bringen z. B. im Stiefmütterchen diese Farbe hervor.

Variationen

Mit der beschriebenen Versuchsmethodik können weitere Probleme untersucht werden, z.B.:

a) Abhängigkeit der im Chromatogramm sichtbaren Anthocyanzusammensetzung von der Farbe einer Blüte.

b) Unterschiede in der Anthocyanzusammensetzung innerhalb der gleichen botanischen Art (z. B. Tulpen, Nelken u.s.w.).

c) Unterschiede in der Anthocyanzusammensetzung verschieden gefärbter Teile einer Blüte.

d) Veränderung der Anthocyanzusammensetzung einer Blüte während ihrer Blütezeit.

e) Untersuchung von intensiv gefärbten Früchten, die ebenfalls Anthocyane enthalten (z. B. Erdbeeren, Johannisbeeren, Blaubeeren oder Kirschen).

f) Untersuchung gefärbter Blätter oder anderer Pflanzenteile (z. B. Rotkohl, Blutbuche, Rote Beete).

g) Variationen der dünnschichtchromatographischen Methode (z. B. andere Laufmittel, andere Adsorptionsmittel).

Papierchromatographie von Tintenfarbstoffen

Emanuel Pfeil

Die chromatographischen Trennverfahren (Papier-, Dünnschicht- und Gaschromatographie) besitzen eine gemeinsame Grundlage: Sie beruhen alle darauf, daß sich ein Stoff zwischen zwei nicht miteinander mischbaren Phasen im Verhältnis seiner Löslichkeit in diesen Phasen verteilt. Betrachten wir z. B. einen Stoff A, von dem sich 10 g in einem Liter Wasser, aber 100 g in einem Liter Chloroform lösen. Überschichtet man Chloroform mit Wasser und bringt etwas A in dieses zweiphasige System, dann verteilt sich A so, daß — unabhängig von der Menge — im Chloroform immer zehnmal mehr A gefunden wird als im Wasser. Das Verteilungsverhältnis ist also ebenso wie das Löslichkeitsverhältnis 1:10.

Auch im Gleichgewicht wandern immer wieder Moleküle von A aus der einen Phase in die andere. Da aber der Umsatz nach beiden Richtungen gleich ist, bleibt nach außen alles unverändert. In Wirklichkeit ist der Übertritt von Atomen und Molekülen von einer Phase in eine andere ein sehr komplizierter Vorgang. Man kann sich leicht vorstellen, daß dabei die Molekülgestalt eine wichtige Rolle spielt. Zwar ist der Endzustand nur von dem Löslichkeitsverhältnis abhängig, aber die Geschwindigkeit des Phasenübertritts — und damit die Geschwindigkeit, mit der dieser Endzustand erreicht wird — hängt entscheidend von den Eigenschaften des übertretenden Teilchens ab. Als ganz grobe Faustregel, die häufig durchbrochen wird, gilt, daß kleinere Teilchen schneller aus einer Phase abwandern als größere, hydrophile („wasserfreundliche") verlassen eine wäßrige Phase langsamer als hydrophobe („wasserfeindliche") und umgekehrt. Der Einfluß der Geschwindigkeit des Phasenübertritts und derjenige des Verteilungsgleichgewichts auf die chromatographischen Trennverfahren sind nicht immer klar zu unterscheiden. Wir wollen für die folgenden Betrachtungen daher vereinfacht nur das Verteilungsgleichgewicht heranziehen. Zu diesem Gedankenexperiment verwenden wir wieder das System Wasser — Chloroform und Stoff A, mit dem Löslichkeitsverhältnis 1 : 10. Schüttelt man alles im Scheidetrichter gut durch, so erreicht man den erwähnten Endzustand. Man trennt wäßrige und Chloroformphase und schüttelt das Wasser erneut mit frischem Chloroform. Es ist klar, daß die mehrfache Wiederholung des Arbeitsschrittes dazu führt, daß sich schließlich der größte Teil von A in der Chloroformphase findet.

Entsprechendes gilt, wenn zwei Stoffe A und B in das Chloroform-Wasser-System eingebracht werden, die sich in ihrem Löslichkeitsverhalten unterscheiden. Ist B löslicher in Wasser als A, so wird nach mehrfachem „Ausschütteln" A wieder im Chloroform, B dagegen im Wasser angereichert werden. Die Zahl der zur vollständigen Trennung notwendigen Schritte ist umso größer, je geringer die Löslichkeitsunterschiede zwischen A und B sind. Dieses vereinfachte Bild reicht zur Erklärung der Papierchromatographie aus. Die Cellulose des Papiers ist auch im „lufttrockenen" Zustand von einer sehr fest haftenden Wasserhaut überzogen, welche als wäßrige Phase dienen kann. Taucht man einen Streifen Filterpapier in ein mit Wasser nicht mischbares Lösungsmittel, z.B. Chloroform, ein, so wird dieses im Papierfilz aufgesaugt. Ohne die Wasserschicht zu verdrängen, kommt das Chloroform in sehr innigen Kontakt mit der wäßrigen Schicht, so daß ein intensiver Austausch von gelösten Stoffen stattfinden kann. Das „Durchschütteln" der beiden Phasen, zu dem im Schütteltrichter mechanische Arbeit aufgewendet werden muß, erfolgt am Papierfilz von selbst und mit sehr viel höherem Wirkungsgrad. Dabei wird eine hydrophobe, im nichtwäßrigen Lösungsmittel also gut lösliche Substanz schneller in das Chloroform übertreten und in größerer Konzentration dort vorliegen als eine hydrophile Verbindung.

Durch das Aufsaugen im Papierfilz wird die nichtwäßrige Phase zugleich bewegt. Je länger also ein Teilchen in dieser verweilt, umso stärker wird es von der bewegten Phase (man nennt sie hier Fließmittel!) mitgenommen. Man kann nun eine geringe Menge einer Stoffmischung mit den Verbindungen A und B auf das Filterpapier aufbringen. Das geschieht am besten, indem man einen Tropfen einer Lösung, die A und B enthält, auftropft und gut rocknet. Taucht man diesen so vorbereiteten Streifen in Chloroform, so wird dieses, wenn es über den Flecken hinweggesaugt wird, viel A (leichter löslich im Chloroform) und wenig B (leichter löslich in Wasser) aufnehmen. A, das sich länger in dem Fließmittel aufhält, wird schneller mitgenommen, B bleibt zurück (Abbildung 1). Der ursprünglich einheitliche Fleck spaltet sich also in einen langsam wandernden von reinem B und einen schnell laufenden aus reinem A auf. Diese einfache Erklärung wird nicht allen Effekten gerecht, soll hier aber ausreichen, um die zu beobachtenden Erscheinungen zu deuten.

Unter geeigneten Arbeitsbedingungen lassen sich auch mehr als zwei Verbindungen auftrennen. Das Hauptproblem der Methode besteht darin, für jede Trennauf-

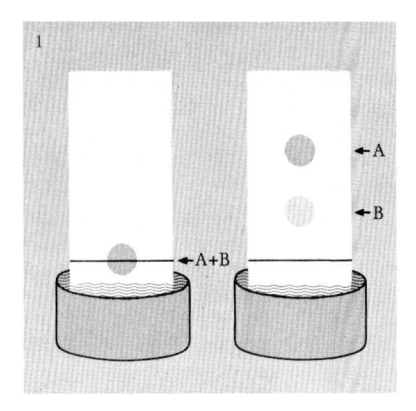

Abb. 1. Ein Papierstreifen mit dem Substanzgemisch A + B am Start taucht in eine Chloroformlösung. Das Chloroform steigt in dem Papier auf und trennt dabei die Stoffe A und B voneinander.

gabe ein Fließmittel zu finden, in dem sich die Löslichkeiten der zu trennenden Substanzen möglichst stark unterscheiden.

In der Praxis werden verschiedene Verfahren verwendet, die sich im wesentlichen durch die Art unterscheiden, wie man das Fließmittel auf das Papier bringt. Man kennt u. a. die Methoden mit aufsteigendem oder absteigendem Fließmittel und die Rundfiltermethode (Abbildung 2).

In den beiden ersten bringt man die Flecken der zu trennenden Gemische in einer Linie (Startlinie) bei der letzteren in einem Kreis (Startkreis) auf das Papier. Das aufsteigende Verfahren läßt sich am einfachsten ausführen, indem man das Filterpapier zu einer Röhre zusammenbiegt und in das Fließmittel stellt. Um das Verdunsten des Fließmittels zu verhindern, muß die Chromatographie in einem geschlossenen Gefäß ausgeführt werden. Ein großes Einmachglas ist völlig ausreichend, es soll nur hinreichend dicht schließen.

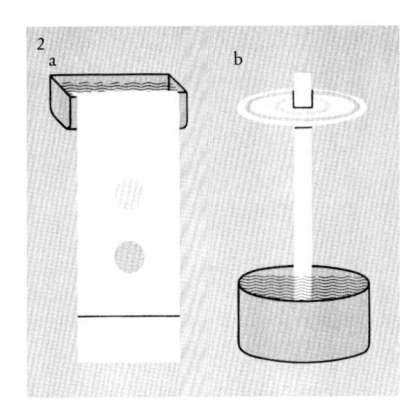

Abb. 2. Papierchromatographie mit absteigendem Fließmittel (a) und mit einem Rundfilter (b).

Beim aufsteigenden Verfahren steigt das Fließmittel etwa 30 cm hoch, das ist bei der Wahl des Gefäßes zu berücksichtigen. Nimmt man ein zu kleines Papier, so muß man unbedingt dafür sorgen, daß die Front des Fließmittels nicht bis zur oberen Grenze des Papiers gelangt, da sonst die Trennung wieder rückgängig gemacht wird. Ist das Papier aber höher als die „Saughöhe", dann bleibt der Vorgang von selbst stehen.

Nach der eigentlichen Trennung müssen Substanzen, die selbst nicht gefärbt sind, durch die sogenannte „Entwicklung" sichtbar gemacht werden. Diese Entwicklung ist ein Kapitel für sich, da es fast ebensoviele Entwicklungsmethoden wie Substanzen in der Papierchromatographie gibt. Wir werden bei unseren Versuchen allen Schwierigkeiten aus dem Wege gehen, indem wir mit farbigen Verbindungen arbeiten. Wer sich für Einzelheiten interessiert, findet alles Nötige in der am Schluß dieses Beitrags aufgeführten Literatur.

Die Papierchromatographie eignet sich gut zur Trennung von Tintenfarbstoffen. Tinten sind leicht zugänglich und in den verschiedenen Farbtönen erhältlich. Wir werden sehen, daß scheinbar einheitliche Farbtöne immer durch Mischung verschiedener Farbstoffe zustandekommen. Besonders frappierend ist die Auftrennung brillantschwarzer Tinten, die sich als Mischungen der drei Hauptfarben entpuppen. Tuschen lassen sich nicht verarbeiten, da sie aus Suspensionen von Ruß in Wasser bestehen. Auch Kugelschreiberfarbstoffe sind nur selten nach unserer Methode aufzutrennen, da sie vielfach unlösliche Pigmente enthalten. Die Farben der Tintenstifte und der wasserlöslichen Farbstifte sind dagegen brauchbar (Abbildung 3).

Für unsere Versuche benötigen wir außerdem schon genannten Gefäß ein Spezialfilterpapier für die Papierchromatographie*, das so zugeschnitten wird, daß es zum Zylinder gerollt in unser Gefäß paßt. Etwa 2 cm vom unteren Rande entfernt zieht man einen Bleistiftstrich und markiert auf diesem jeweils im Abstand von 2 cm Punkte, die man numeriert. Auf diese Punkte setzt man mit einem Federhalter einen Tintenfleck von etwa 5 mm Durchmesser auf. Die günstigste Menge hängt von vielen Faktoren ab, sie beeinflußt die Trennung erheblich und wird am besten durch Versuche ermittelt. So kann man auf alle „Startpunkte" nur eine Tinte aufbringen, aber die Startflecken verschieden groß halten, und so die geeignete Menge für eine günstige Trennung ermitteln. Frische Tinte ist nicht unbedingt notwendig. Wer Geschick hat, löst auch aus einer Tintenschrift genügend Tinte heraus, um ein Chromatogramm herstellen zu können. In der gerichtlichen

---

*Hersteller: J. C. Binzer, Hatzfeld/Eder, Macherey und Nagel, Schleicher und Schüll, Reefe, Angel und Co. „Whatman-Papiere".

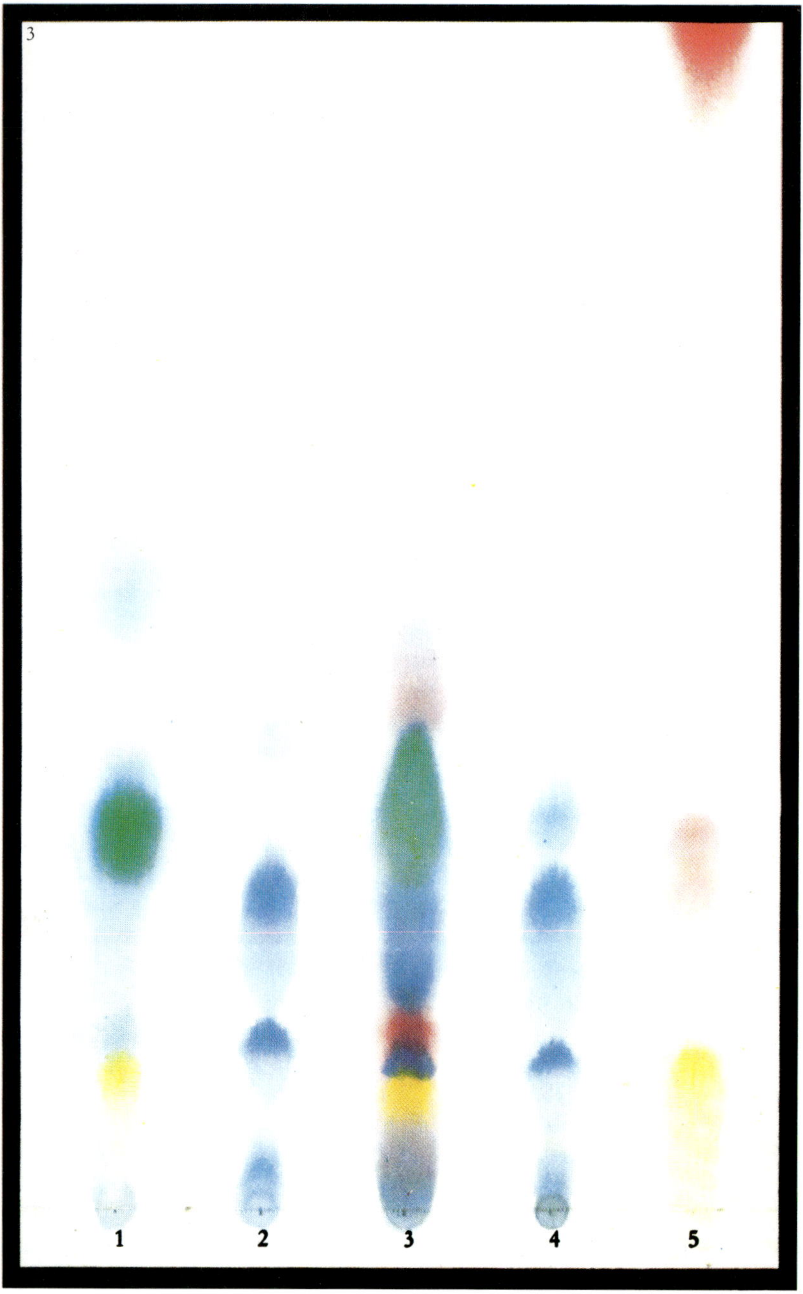
3
1
2
3
4
5

Chemie lassen sich auf diese Weise manchmal weitreichende Schlüsse mit Hilfe von ein paar Tropfen Tinte ziehen.

Als Fließmittel verwenden wir eine Mischung aus 4 Teilen n-Butanol, 1 Teil Eisessig, 5 Teilen Wasser. Die Bestandteile lösen sich nicht klar, man schüttelt in einem Scheidetrichter gut durch und verwendet die klare Oberphase. Sie wird einfach in etwa 1 cm hoher Schicht auf den Boden des Einmachglases gegossen. Nun rollt man das Papierblatt zum Zylinder und umwickelt es mit etwas Zwirn, so daß es seine zylindrische Form nicht verliert.

Man kann es auch mit großen Stichen zusammennähen oder sonstwie fixieren, allerdings sind Büroklammern aus Metall oder Plastik nicht zu empfehlen, da das Fließmittel sie angreift. Man taucht den Zylinder mit der „Startlinie" nach unten in das Fließmittel. Die Flecken dürfen dabei nicht in die Flüssigkeit eintauchen. Alles weitere läuft nun von selbst ab. Man wird schon nach kurzer Zeit beobachten können, daß durch das aufsteigende Fließmittel die Farbstoffe aus dem Startflecken herausgelöst werden, während mineralische Bestandteile der Tinte zurückbleiben.

Ist das Lösungsmittel zum Stillstand gekommen (es darf die obere Papierkante nicht erreichen!), nimmt man den Papierzylinder wieder aus dem Topf und markiert sofort die Front des Fließmittels. Diese soll wenigstens angenähert eine Gerade sein. Ist das nicht der Fall, so war das Glas nicht dicht verschlossen. Die Flecken markiert man nach dem vollständigen Trocknen durch Umrandung mit Bleistift. Durch den „Schwerpunkt" des Fleckens selbst zieht man einen Strich parallel zur Startlinie. Der Abstand A dieser Linie von der Startlinie und der Abstand F der Fließmittelfront von der Startlinie dienen zur Berechnung des sogenannten R_F-Wertes: $R_F = A : F$. Dieser R_F-Wert charakterisiert die Wanderungsgeschwindigkeit der Flecken unabhängig von der Steighöhe des Fließmittels.

Literatur:

F. Cramer: Papierchromatographie. Verlag Chemie, Weinheim 1962.

G. Hesse: Chromatographisches Praktikum. Akadem. Verlagsgesellschaft, Frankfurt-Main 1968.

Abb. 3. Papierchromatogramm von Tintenfarbstoffen (Pelikan 4001): 1 = brillantgrün, 2 = königsblau, 3 = brillantschwarz, 4 = blauschwarz, 5 = brillantrot.

Papierelektrophorese

Hugo Wyler

Die Elektrophorese zählt zu den wertvollsten Hilfsmitteln der modernen Chemie; sie erlaubt es, Gemische auch empfindlicher Naturstoffe, wie beispielsweise der Proteine, in ihre reinen Komponenten zu zerlegen. Einzige Voraussetzung ist, daß die zu trennenden Moleküle in verdünnt wäßrigen Elektrolytlösungen — vorzugsweise Puffern — Ionen bilden können. Diese Ionen wandern dann unter dem Einfluß eines elektrischen Feldes zur Anode oder Kathode. Das Verfahren kann daher auf alle Verbindungen angewendet werden, die saure und/oder basische Gruppen enthalten, also Säuren (z. B. Carbonsäuren), Basen (z. B. Amine) oder amphotere Stoffe (z. B. Aminosäuren). Abbildung 1 zeigt die Ionenbildung bei verschiedenen Verbindungen und die Wanderungsrichtungen.

Die Geschwindigkeit, mit der ein Ion wandert, ist von einem komplexen Zusammenspiel verschiedener Faktoren abhängig, doch ist sie im wesentlichen eine spezifische Eigenschaft des betreffenden Moleküls und erlaubt so die Trennung verschiedener Stoffe. Naturgemäß wird sie jedoch beeinflußt durch das Puffermilieu: Ein Molekül, dessen Dissoziation durch das Lösungsmittel behindert wird, ist auch in seiner Bewegung gehindert. Dies widerfährt beispielsweise einer Säure in saurem und einer Base in basischem Milieu.

Die Wanderung aller Ionenarten aber ist von der Stärke des angelegten elektrischen Feldes abhängig: je größer das Spannungsgefälle, desto schneller die Wanderung:

Wanderungsgeschwindigkeit = U · Spannungsgefälle

d. h. die Wandergeschwindigkeit ist proportional dem angelegten Spannungsgefälle (Spannung zwischen zwei Meßpunkten längs der Wanderstrecke in Volt/Abstand dieser Meßpunkte in cm). Der Proportionalitätsfaktor U, die sogenannte Beweglichkeit oder Mobilität, ist für ein gegebenes Puffermilieu eine spezifische Stoffkonstante.

Das Experiment

Bei der Elektrophorese dürfen in der Lösung, in der eine Ionenwanderung beobachtet werden soll, keinerlei unkontrollierbare Bewegungen auftreten. Dieses technische Problem wurde bei der Papierelektrophorese denkbar einfach gelöst:

Der Pufferfilm, in dem sich die Elektrophorese abspielt, wird in den Kapillarkanälen von Filterpapier festgehalten. In der einfachsten Ausführungsform dieser Arbeitstechnik, die wir im folgenden beschreiben wollen, wird ein pufferbefeuchteter Papierstreifen zeltförmig über drei Stege gelegt und an beiden Enden in nivellierte Gefäße derselben Pufferlösung getaucht, in die auch die Elektroden eintauchen. Die zu untersuchenden Substanzen, an vorgezeichneter Stelle in der Nähe der Mittellinie auf den Papierstreifen getupft, wandern in der „Elektrolyt-Papierbrücke" unter dem Einfluß der angelegten elektrischen Gleichspannung. So einfach das Verfahren ist und so gut reproduzierbare Resultate es liefert, so schwer fällt es, die physiko-chemischen Vorgänge in diesem System zu durchschauen und richtig zu deuten. Wir werden im Anschluß an die folgenden experimentellen Erläuterungen noch auf das Problem zurückkommen.

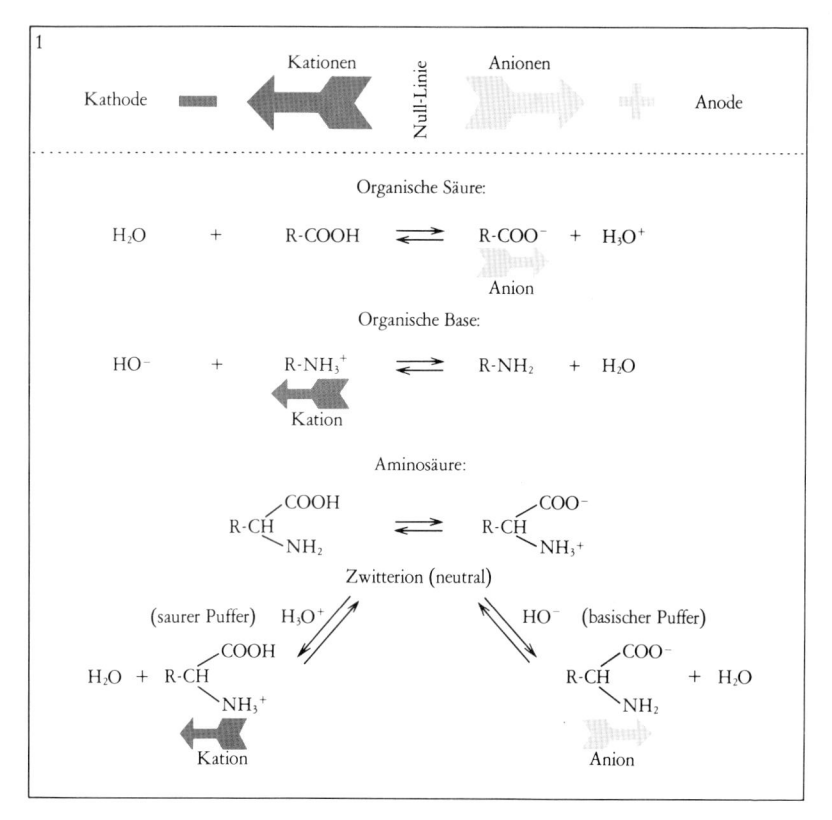

```
┌─1─────────────────────────────────────────────────────────────────┐
│              Kationen    Null-Linie   Anionen                      │
│   Kathode    ⬅━━━━━                  ▬▬▬        Anode             │
└───────────────────────────────────────────────────────────────────┘

Organische Säure:

$H_2O$  +  $R\text{-}COOH$  $\rightleftharpoons$  $R\text{-}COO^-$  +  $H_3O^+$
                                              Anion

Organische Base:

$HO^-$  +  $R\text{-}NH_3^+$  $\rightleftharpoons$  $R\text{-}NH_2$  +  $H_2O$
           Kation

Aminosäure:

$R\text{-}CH\begin{smallmatrix}COOH\\NH_2\end{smallmatrix}$  $\rightleftharpoons$  $R\text{-}CH\begin{smallmatrix}COO^-\\NH_3^+\end{smallmatrix}$

Zwitterion (neutral)

(saurer Puffer) $H_3O^+$ ↙↗          ↖↘ $HO^-$ (basischer Puffer)

$H_2O$ + $R\text{-}CH\begin{smallmatrix}COOH\\NH_3^+\end{smallmatrix}$           $R\text{-}CH\begin{smallmatrix}COO^-\\NH_2\end{smallmatrix}$ + $H_2O$

       Kation                                   Anion
```

Abb. 1. Ionenbildung und Wanderungsrichtung in der Elektrophorese.

Das Versuchsmaterial

Für unsere Experimente eignen sich am besten Naturfarbstoffe. Betalaine* sind besonders dankbare Beispiele. Ihre elektrophoretische Trennung gelingt am besten im schwach sauren Gebiet (pH 4,5). Die erhaltenen Trennmuster (Abbildung 3) lassen erkennen, daß die prächtigen Farbtöne der Betalain-Pflanzen von gelb, orange, rot bis violett durch Gemische der sogenannten Betaxanthine und Betacyane zustandekommen.

Demgegenüber wandert die andere große Gruppe der Blütenfarbstoffe — die Anthocyane** — im allgemeinen bei pH 4,5 nicht (auch ist ihre Farbkraft bei diesem pH wesentlich schwächer). Erst im stärker sauren Milieu (z.B. pH 2,4) kommt ihre

---

*Betalaine sind die Farbstoffe bestimmter Centospermen-Pflanzen, deren Struktur lange rätselhaft war und erst vor nicht allzu langer Zeit aufgeklärt werden konnte.

**Vgl. das Experiment auf S. 51.

Papierelektrophorese 69

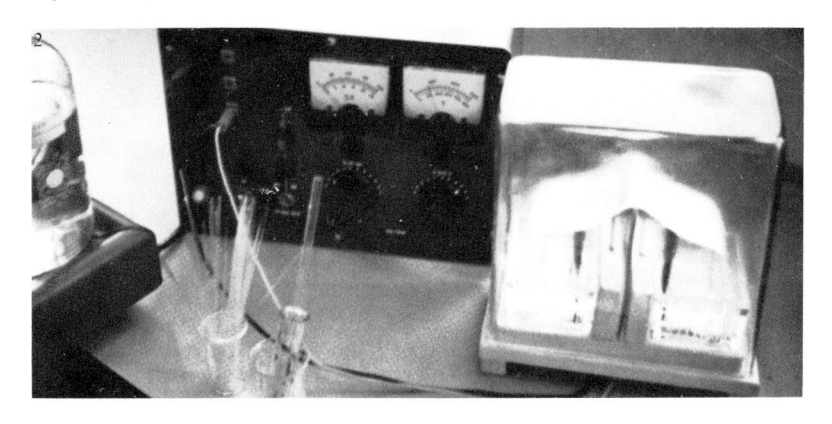

Abb. 2. Elektrophoresegerät mit Gleichrichter. Das rote Feld auf dem Papierstreifen ist die wandernde Zone – hier der Rübenfarbstoff. Das Becherglas im Vordergrund enthält Kapillaren zum Auftragen der Substanz. Die Probe selbst – zerkleinerte gekochte Rote Rübe in wenig Pufferlösung – erkennt man im Reagenzglas daneben.

kationische Natur zur Geltung, und man beobachtet eine geringfügige Wanderung in Richtung zur Kathode. Gewisse Anthocyane, die in irgendeiner Weise mit einer Säure gepaart sind, wie z.B. das komplexe Anthocyan der blauen Kornblume, können jedoch auch bei pH 4,5 eine bemerkenswerte Strecke zur Anode hin wandern. Jedoch auch diese Anthocyane bewegen sich bei pH 2,4 nur sehr langsam zur Kathode hin, während die Betalaine bei diesem pH noch stets relativ rasch als Anionen wandern und so von den Anthocyanen gut unterschieden werden können. Die Elektrophorese eignet sich auch zur Trennung von Aminosäuren, Proteinen und Zuckern (als Boratkomplexe). Bei Aminosäuren können besonders die amphoteren Eigenschaften untersucht werden, indem man ihre Wanderungsfähigkeit als Kation oder Anion in verschiedenen Puffern erprobt: Man kann so den sogenannten isoelektrischen Punkt ermitteln, d.h. den pH-Wert, bei dem das Molekül neutral ist und nicht wandert (vgl. Abbildung 1). Ein interessantes Objekt sind auch mehrbasische organische Säuren: Wenn man ihre Lösungen in salzsaurem Methanol (etwa 2% Säure) in verschiedenen Zeitabständen auf den Papierstreifen aufbringt und trocknet, lassen sich in der anschließenden Elektrophorese die verschiedenen Veresterungsstadien erkennen.

Die Elektrophoresekammer

Die Kammer, die wir für unsere Experimente benötigen, kann man sich mit einfachen Mitteln und handelsüblichen Gläsern selbst bauen (Abbildung 4). Sie besteht aus Fundament und Bedachung. Das Fundament ist aus Holz — verschraubt oder verleimt — und zum Schutz gegen Feuchtigkeit lackiert oder gestrichen. Die Bedachung, ein Präparatenkasten 200 x 200 x 100 mm (Innenquerschnitt 194 x 94 mm), wird übergestülpt und paßt zur oberen Fundamentplatte. Als Gefäße (G) dienen zwei Färbeküvetten nach Schieffer-

	0	1	(+)E_B

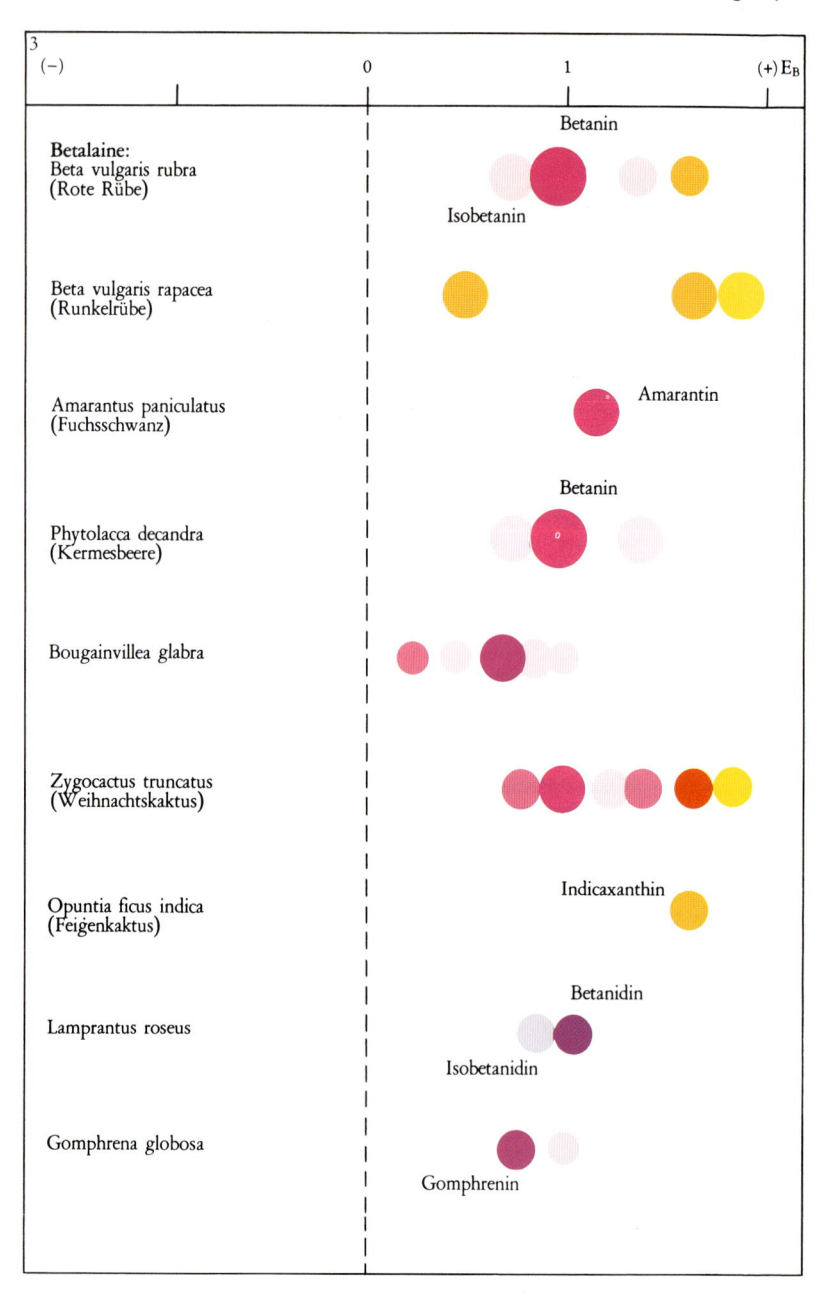

Betalaine:
Beta vulgaris rubra (Rote Rübe) — Betanin / Isobetanin

Beta vulgaris rapacea (Runkelrübe)

Amarantus paniculatus (Fuchsschwanz) — Amarantin

Phytolacca decandra (Kermesbeere) — Betanin

Bougainvillea glabra

Zygocactus truncatus (Weihnachtskaktus)

Opuntia ficus indica (Feigenkaktus) — Indicaxanthin

Lamprantus roseus — Betanidin / Isobetanidin

Gomphrena globosa — Gomphrenin

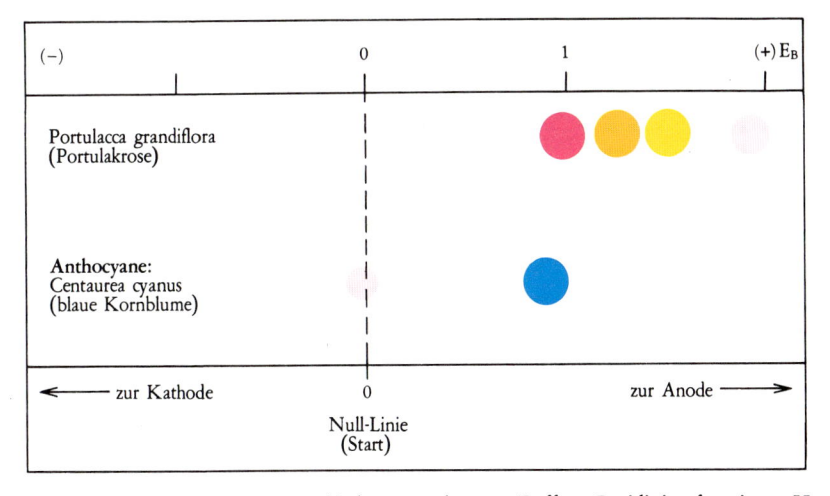

Abb. 3. Trennungsmuster verschiedener Pflanzenfarbstoffe in der Papierelektrophorese (Puffer: Pyridiniumformiat, pH 4,5).

decker (90 x 70 x 44 mm). Die Stützen des Papierstreifens (St) sind in der Mitte zwischen den Querleisten ein gebogener isolierter Draht (Schaltdraht, Höhe 110 mm) und an den Seiten zwei aufrechtstehende Objektträger (für Mikroskopie), die in der Art eines Sandwichs von zwei querliegenden Objektträgern festgehalten werden, die ihrerseits wieder in den seitlichen Rillen der Küvetten (vierte von außen) eingeklemmt sind. Als Unterteilung wird in jedes Bassin ein Objektträger (O_1) unmittelbar bei der Elektrode eingeschoben, ein weiterer Objektträger (O_2, an dem später das Ende des eintauchenden Papierstreifens anhaften soll) wird in die zweite Rille vom äußeren Rand eingesteckt. Als Elektroden (E) dienen Batteriekohlen, die an isolierte Leitungsdrähte (Schaltdraht, zwei verschiedene Farben) angelötet sind. Die Lötstelle wird zweckmäßig mit einem Stück Gummischlauch abgedeckt.

Als Stromquelle genügt ein einfaches Netzgerät, das bei etwa 400 V Gleichspannung bis zu etwa 25 mA abgeben kann.

Die Pufferlösungen werden bis etwa 7 mm unter den Rand der Gefäße niveaugleich eingefüllt. Als Puffer können dienen: für pH 4,5 eine 0,05 molare wäßrige Lösung von Pyridiniumformiat (3,95 g Pyridin und 2,30 g Ameisensäure pro Liter), für pH 4,6 eine wäßrige Lösung, die im Liter 0,05 Mol Ammoniumacetat und 0,08 Mol Essigsäure enthält (3,85 g Ammoniumacetat und 4,8 g bzw. 4,6 ml Eisessig pro Liter). Als weitere Puffer lassen sich verwenden: für pH 2: 0,75 molare Ameisensäure; für pH 2,4: 0,1 molare Ameisensäure; für pH 2,9: 0,1 molare Essigsäure; für pH 6,5: 1,24 Mol Pyridin und 0,175 Mol Eisessig pro Liter; für pH 8,8: eine 0,082 molare Ammoniumcarbonatlösung; für pH 9: eine 0,08 molare Boraxlösung.

Vorbereiten des Papierstreifens

Die Papierstreifen (etwa 290 x 66 mm) schneidet man sich aus Chromatographiepapier zurecht (Handelssorten: Whatman Nr. 1, Schleicher und Schüll 2043a, Ma-

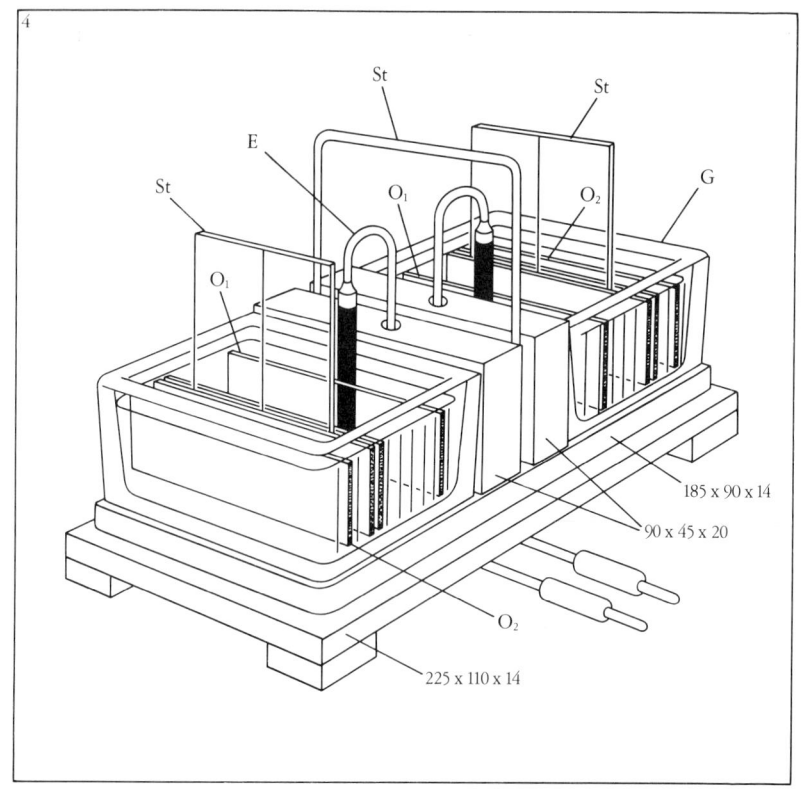

Abb. 4. Elektrophoresekammer. G = Färbeküvetten nach Schiefferdecker, St = Stützen für den Papierstreifen, O_1 und O_2 = Objektträger, E = Elektroden [nach Ch. Wunderly, Chimia 7, 145 (1953)].

cherey und Nagel Nr. 819, Munktell Nr. 20/150; geeignet sind auch dickere Papiere und Kartons, z.B. Whatman 3 MM u.a.). Mit einer leichten gestrichelten Bleistiftlinie markiert man die Mitte der Länge; im Abstand von 12 mm zieht man parallel dazu die „Startlinie", und zeichnet nach Bedarf bis zu sechs Startkreise (4 mm Durchmesser) ein. Die zu den Färbeküvetten mitgelieferten Deckgläser bilden innen eine durch die Randleiste begrenzte Wanne, die man mit Pufferlösung füllt. Den Papierstreifen faßt man an beiden Enden, zieht ihn durch die Lösung hindurch und legt ihn auf Filterpapier, damit die überschüssige Flüssigkeit abfließt. Den feuchten Streifen setzt man an der vorgezeichneten Mittellinie — mit der sog. „Startlinie" auf der Kathodenseite (!) — auf die Mittelstütze, und taucht die beiden Enden über die Seitenstützen so in die Pufferlösung der Küvette, daß sie an den äußersten Objektträger anhaften (der Streifen darf jedoch nicht an den Stützen kleben). Man überläßt ihn vor dem Auftragen der Substanz 15 Minuten zur Sättigung in bedeckter Kammer.

Man kann die Substanz auch auf den noch trockenen Streifen auftragen. In diesem Fall zieht man den Streifen vom einen Ende her durch die Pufferlösung, bis die Flüssigkeitsfront bis auf etwa 7 mm an die aufgetragenen Substanzflecken herangekommen ist. Dann legt man auf Filterpapier, wobei die überschüssige Flüssigkeit abgesaugt wird, und wiederholt dasselbe von der anderen Seite her. Die beiden Feuchtigkeitsfronten sollten sich nun in Richtung der Auftragslinie entgegenwandern und sich dort treffen. Mit einem Docht pufferbenetzten Filterpapiers, mit dem man das Papier parallel zur Flüssigkeitsfront überstreicht, läßt sich das etwas Routine erfordernde Manöver korrigieren. Anschließend wird der Streifen — wie vorher beschrieben — in die Elektrophoresekammer gebracht.

Als Analysenprobe bereitet man von kristallinen Stoffen 1-proz. Lösungen in Puffer. Bei Naturstoffextrakten werden die zu untersuchenden Pflanzenteile zerkleinert und in möglichst wenig Pufferlösung zerdrückt. Die Probelösung — in eine sauber abgeschnittene Glaskapillare oder Blutpipette aufgesogen — wird mit leichter Hand (am besten unter Aufstützen) auf die vorbezeichneten Stellen der Startlinie getupft. Die eigentliche Elektrophorese braucht bei bedeckter Kammer und etwa 400 V Spannung etwa 1 bis 2 Std. Nach beendetem Experiment werden die Streifen in ihrer ganzen Länge zugleich herausgehoben, an beiden Enden auf zwei Glasplatten gelegt (Kontaktzone ca. 5 cm), so daß sie im Mittelteil nicht aufliegen und leicht gespannt sind. In dieser Lage trocknet man sie sorgfältig mit einem Föhn.

Die relativen Wanderungsgeschwindigkeiten

Auf der Startlinie werden gleichzeitig eine Neutralsubstanz — 1-proz. wäßrige Glucoselösung — sowie eine wandernde Substanz — beispielsweise Betanin (enthalten in einer Extraktlösung aus gekochten Roten Rüben) oder auch eine 1-proz. wäßrige Salicylsäurelösung — gemeinsam mit den zu untersuchenden Substanzen aufgetragen. Nach beendetem Lauf markieren die Glucoseflecken (sichtbar gemacht mit dem Partridge-Reagens*) die Bezugslinie („Nullinie"), zu der die Abstände der übrigen Fleckenschwerpunkte vermessen werden; die Abstände des Betanins oder der Salicylsäure (sichtbar im UV-Licht) von der Nullinie dienen als Standardvergleichsstrecken, d.h. man setzt diesen Abstand = 1 und drückt die anderen Wanderstrecken in dieser Maßeinheit aus. Diese Werte — man kann sie E_n- oder E_S-Werte nennen — haben nur qualitative Bedeutung; sie sind nicht gleichbedeutend mit relativen Mobilitäten.

Physiko-chemische Probleme des Experiments

In vielen Fällen ist es wünschenswert, die Wanderung der Stoffe, d.h. den Trennungsvorgang, zu beschleunigen. Man kann dies theoretisch durch Erhöhen der Spannung erreichen. Dem sind aber in unserer experimentellen Anordnung Grenzen gesetzt. Der Papierstreifen erwärmt sich nämlich beim Stromdurchgang, so daß mehr Flüssigkeit von seiner Oberfläche verdunstet. Man erkennt das am Feuchtigkeitsbeschlag in der Kammer. In unserem Experiment sorgen die kapillaren Saug-

---

*Das Partridge-Reagens für Zucker ist ein 1:4-Gemisch einer Lösung von 0,93 g Anilin in 20 ml n-Butanol und von 1,66 g Phthalsäure in 80 ml n-Butanol. Man besprüht den Papierstreifen mit dem frisch bereiteten Reagens und erhitzt auf 100 bis 110°C, bis braune Flecken erscheinen.

kräfte des Papiers für ständigen Ersatz der verdunsteten Flüssigkeitsmenge. Wird die Spannung aber zu groß gewählt und infolgedessen die Verdunstung zu rasch, so reicht der Nachschub nicht aus, der Streifen trocknet aus, und die Elektrophorese wird unterbrochen. (Dasselbe kann schon bei relativ geringer Spannung eintreten, wenn die Elektrolytlösung zu konzentriert gewählt wird, wenn also ihre Leitfähigkeit zu groß ist). Will man eine höhere Spannung anlegen, so muß der Papierstreifen wirkungsvoll gekühlt werden; dazu braucht man jedoch eine wesentlich kompliziertere Apparatur als die oben beschriebene.

Bleiben wir aber bei der im Experiment vorgeschlagenen mittleren Spannung, so stellt sich ein interessantes Gleichgewicht ein, das für die Zuverlässigkeit der Versuche bemerkenswerte Konsequenzen hat. Da der Verdunstungsverlust auf der ganzen Oberfläche des Papierstreifens gleichmäßig ist, entsteht eine Nachschubströmung des Puffers, die von einem gewissen Gleichgewichtsort aus, der ungefähr in der Mitte des Papierstreifens liegt, gegen die Elektrodengefäße hin linear anschwellen muß. Der Gleichgewichtsort liegt nicht genau in der Mitte, sondern wird wegen einer allgemeinen Pufferbewegung von der Anode zur Kathode hin (bekannt als Elektroendosmose) ungefähr an den Ort abgedrängt, den wir in der experimentellen Anleitung als Startlinie eingezeichnet haben. Wegen dieser Gegenströmung des Puffers werden sowohl Anionen als auch Kationen in ihrer Wanderung gebremst. Diese Bremsung nimmt proportional dem Abstand vom Gleichgewichtspunkt zu. Diese Proportionalität hat zur Folge, daß die wandernden Substanzen relative Abstände zueinander — im Maße ihrer verschiedenen Geschwindigkeiten — einhalten.

Ein treffliches Bild dieser Vorgänge liefert das von Macheboeuf und seinen Mitarbeitern vorgeschlagene Experiment der „schiefen Linie" (Abbildung 5). Auf einer diagonalen Linie des befeuchteten Papierstreifens wird tupfenweise ein Substanzgemisch aufgetragen, im dargestellten Fall sind es eine anionische (schwarz), eine neutrale (schraffiert) und eine kationische Substanz (grau). Während der Elektrophorese trennen sich die drei Substanzen; die Flecken gleicher Substanzen bleiben jedoch stets auf einander parallelen Geraden, die sich scheinbar um gewisse Punkte auf der Startgeraden gedreht haben. Diese Punkte, an denen die Substanzen also nicht gewandert

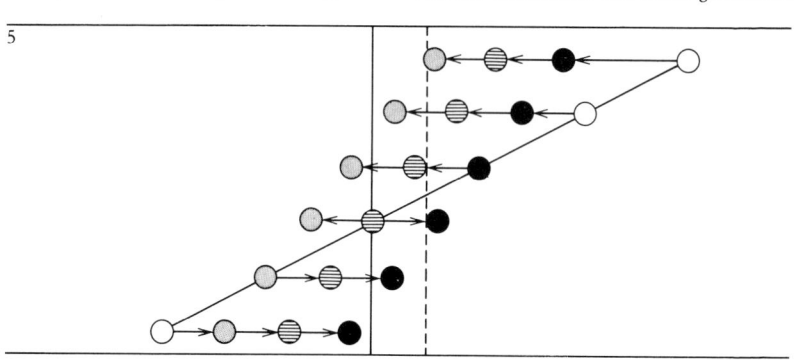

Abb. 5. Das Experiment der „schiefen Startlinie".

sind, entsprechen denjenigen Orten, an denen sich die Wanderung der Flecken und die Gegenstromwanderung des Pufferfilms (Nachschubströmung) gerade die Waage halten. Der Gleichgewichtspunkt einer neutralen Substanz entspricht dem schon erwähnten Ort des Strömungsgleichgewichts.

Außerdem können manche Stoffe an der Papieroberfläche adsorbiert und dadurch in ihrer Wanderung gebremst werden. Der Effekt kann als zusätzliche Trennwirkung willkommen sein. Im eben geschilderten Experiment der „schiefen Linie" markieren die Drehpunkte der Substanzfronten diejenigen Orte, an denen sich kein Adsorptionsphänomen zeigen kann. Substanzen, die adsorbiert werden, würden nämlich auf Geraden liegen, die nicht mehr parallel zu denjenigen der nichtadsorbierten Substanzen sind. Über den quantitativen Zusammenhang all dieser Phänomene weiß man erst seit wenigen Jahren Bescheid. Es ist mit einem Kunstgriff (Stromstabilisierung) sogar möglich, dieses einfache Gerät für präzise Messungen der Mobilität auszunützen.

Literatur:

M. Bier (Hrsg.): Electrophoresis. Academic Press, New York 1959.

H. Waldmann - Meyer: Protein Mobilities and Ion Binding Constants Evaluated by Zone Electrophoresis, in Chromatographic Reviews. E. Lederer (Hrsg.), Elseviers Publ. Comp. Band 5, S. 1 bis 45.

Kurzzeit-Elektrophorese

Kurt Schlösser

Die Kurzzeit- (oder Membran-)Elektrophorese ist eine Schnellmethode zur Auftrennung von Substanzgemischen. Im Gegensatz zur Papierelektrophorese werden hier anstelle der Spezialpapiere Folien oder Membranen aus Celluloseacetat verwendet. Dieses ideale Trägermaterial ermöglicht erheblich kürzere Trennzeiten und führt damit zu einer wesenlichen Arbeitsersparnis. Werden bei der Papierelektrophorese etwa 12 Stunden für eine Trennung benötigt, so erhält man mit dieser Methode bereits nach knapp einer Stunde eine vollständige Auftrennung. Durch Veresterung der Hydroxylgruppen der Cellulose — bei der Papierelektrophorese enthält das Trägermaterial freie Cellulose — wird die Adsorption der wandernden Fraktionen an das Trägermaterial stark reduziert. Dadurch wird eine bessere Trennung des Substanzgemischs erzielt und zugleich eine Verbreiterung der Banden vermieden. Weitere Vorteile der Methode sind der geringe Bedarf an Untersuchungsmaterial — 1 bis 2 μl reichen voll aus — und an Lösungsmitteln. Die Transparenz der Celluloseacetatfolien erleichtert die Auswertung der Streifen. Dieser Art der Trägerelektrophorese liegt das gleiche Prinzip wie der Papierelektrophorese zugrunde: Die zu trennenden Verbindungen müssen in einem geeigneten Puffer Ionen bilden können. Im elektrischen Feld wandern die Ionen entsprechend ihrer Ladung zur Anode bzw. Kathode. Die elektrophoretische Beweglichkeit (Mobilität) ist von der angelegten Feldstärke und den jeweiligen Versuchsbedingungen (pH-Wert und Ionenstärke des Puffers, Temperatur u. a.) abhängig. Die Wanderungsgeschwindigkeit und -richtung werden von verschiedenen Faktoren beeinflußt: von der Ladung und der Größe der Partikel, ferner von der Art des Puffers und der Beschaffenheit des Trägermaterials. Unter konstanten Versuchsbedingungen (Spannung, Stromstärke, Trägermaterial, pH-Wert und Konzentration des Puffers, Temperatur, abgeschlossenes Gefäß u. a.) hängt die Trennung praktisch nur noch von der Ladung und der Größe der einzelnen Ionen ab.

Als Versuchsmaterial für unsere Experimente eignet sich in erster Linie das Humanserum, für dessen Untersuchungen diese Kurzzeitelektrophorese zunächst entwickelt wurde. Selbstverständlich spielt die Elektrophorese nicht nur in der medizinischen Forschung eine bedeutende Rolle, auch in der biochemischen (Reinigung von Enzymen und Nucleinsäuren), chemischen (Reinheitsprüfungen, Trennung von Farbstoffgemischen) und pharmazeutischen (Auftrennung von Arzneimitteln, Reinigung von Hormonen) Forschung sind die elektrophoretischen Trennungsmethoden nicht mehr zu entbehren.

Die Elektrophoreseapparatur

Da die im Handel befindlichen Geräte relativ teuer sind, selbstgebaute Apparaturen den käuflichen in der Leistungsfähigkeit aber keinesfalls unterlegen sind, sollen hier einige Hinweise zum Selbstbau einer Trennkammer gegeben werden. Wir verwendeten für die Serumauftrennungen eine Plastikdose (Sortimentskasten Nr. 1421/0 der Firma Hünersdorf, Ludwigsburg) mit entsprechenden Einsatzboxen (Nr. 1445/7/40) (Abbildung 1 und 2). Die vier eingezeichneten Boxen (160 x 50 mm) können auch durch sechs 105 x 50 mm oder acht

50 x 50 mm große Boxen ersetzt werden, wenn z. B. eine Simultantrennung eines Proteingemischs bei verschiedenen pH-Werten durchgeführt werden soll. Entsprechend der Anzahl der Einsätze „schweißt" man mit einem elektrischen Lötkolben Löcher zur Aufnahme der Elektroden in den Deckel der Kunststoffdose. Als Elektroden eignen sich Platinelektroden (z. B. von einer Wasserzersetzungsapparatur nach Hoffmann!) oder Kohlestäbe, die bis kurz über den Boden der Einsatzboxen reichen sollten. Zum Fixieren der Elektrophoresestreifen benutzen wir Kunststoffmagnete („Magnetoplan") oder mit Kunststoff ummantelte Rührmagnete (siehe Abbildung 2).

Auch kleine Kunststoffklammern (Serviettenklammern!) lassen sich zur Befestigung der Streifen verwenden. In jedem Labor oder einer Physik- bzw. Chemiesammlung wird eine Stromquelle vorhanden sein, die einen möglichst konstanten und geglätteten Gleichstrom bis 300 V und maximal 25 mA liefern sollte. Zum Auftragen des Serums haben sich Mikropipetten oder Blutmischpipetten bewährt, die das Auftragen kleiner Flüssigkeitsmengen sehr erleichtern.

Folgende Lösungen sind erforderlich:

1. Puffer: Veronalpuffer pH 8,6 (0,5 molar): Man füllt 1,84 g Diäthylbarbitursäure und 10,3 g Natriumdiäthylbarbiturat mit destilliertem Wasser auf einen Liter auf. Man kann auch HR-TRIS-Barbiturat-Puffer (pH 8,8) der Firma Camag, Berlin, oder Veronalpuffer (pH 8,6) der Firma Merck, Darmstadt, verwenden.

2. Färbelösung: 1-proz. Lösung von Amidoschwarz 10B in einer Mischung von zehn Volumenteilen Methanol und einem Volumenteil Essigsäure. Vor Gebrauch mit dem gleichen Lösungsmittel 1:10 verdünnen. Man kann auch Camag-Farbkonzentrat nach Vorschrift verwenden.

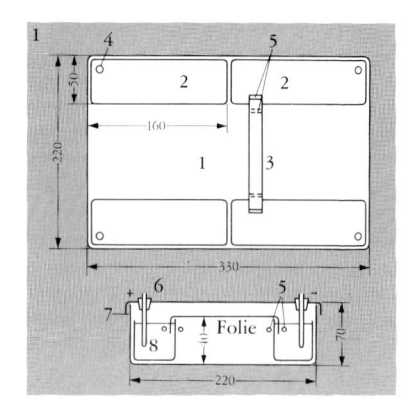

Abb. 1. Grund- und Seitenriß einer selbstgebauten Trennkammer. 1. Plastikdose mit Deckel, 2. Plastikboxen, 3. Acetatfolie, 4. Löcher für Elektroden, 5. Magnete (zum Fixieren der Acetatfolie), 6. Elektrode, 7. Scharnier, 8. Puffer.

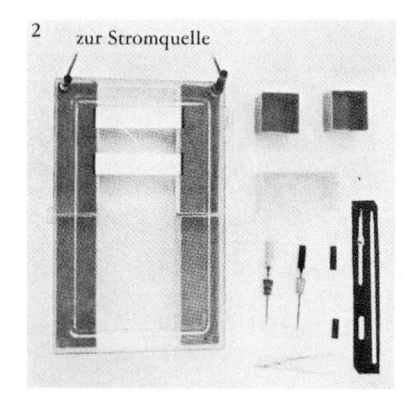

Abb. 2. Gesamtansicht von Trennkammer, Stromversorgung und Zubehör.

3. Entfärbelösung: Mischung von Methanol und Essigsäure im Volumenverhältnis 10:1. Als Trägermaterial verwenden wir Gelman-Sepraphor III-Streifen (25 x 160 mm) der Firma Camag, Berlin.

Vorbereiten der Streifen und Auftragen des Serums

Man füllt eine Schale mit Puffer und legt die erforderlichen Sepraphor-Streifen flach auf die Pufferoberfläche, damit sie sich langsam voll Puffer saugen. In der Zwischenzeit werden die Einsatzboxen auf gleiche Höhe mit Puffer gefüllt. Nach etwa zehn Minuten legt man die inzwischen untergetauchten Streifen, die nur an den beiden Enden angefaßt werden dürfen, auf ein puffernasses Filterpapier (Streifen dürfen nicht trocken werden!). Sobald die Streifenoberfläche matt geworden ist, trägt man mit einer Kapillarpipette etwa 1 μl (0,001 ml!) Blutserum* senkrecht zur Längsrichtung und etwa 40 mm vom Ende des Streifens entfernt auf. Auf beiden Seiten der Auftragungszone sollten 3 bis 5 mm Rand freibleiben. Die Pipette ist oben mit dem Finger zu verschließen, um ein gleichmäßiges Auftragen des Serums zu ermöglichen. Notfalls kann man mit der Pipette auch mehrmals auf der Auftragungsstelle hin- und herfahren, um nachträglich eine bessere Verteilung zu erzielen.

Trennvorgang

Sofort nach dem Auftragen des Serums wird jeder Streifen einzeln über die Längskanten der Kunststoffboxen gelegt, vorsichtig etwas gespannt, damit die Streifen nicht durchhängen, und mit Magneten fixiert. Der Deckel ist bis zum Einlegen des nächsten Streifens zu schließen. Sind alle Streifen eingespannt, wird die Spannung angelegt. Die Auftragungsstellen der Streifen müssen zur Kathode zeigen. Die angelegte Spannung sollte 250 bis 300 V betragen. Die optimale Stromstärke von 1 bis 1,5 mA pro aufgespanntem Streifen wird bei etwa 300 V Gleichspannung erreicht. Unter diesen Bedingungen ist eine Wanderungsgeschwindigkeit von etwa 1 mm pro Minute zu erwarten.

Weiterbehandlung der Streifen

Nach etwa 45 bis 60 Minuten schaltet man den Strom ab, entnimmt die Streifen möglichst waagerecht der Trennkammer und legt sie nacheinander in die Schale mit der Farblösung. Die Färbedauer beträgt 5 bis 10 Minuten. Anschließend wird im Methanol-Essigsäure-Bad entfärbt. Die Entfärbelösung ist mehrmals zu wechseln. Die einzelnen Proteinbanden heben sich deutlich von dem fast weißen Untergrund des Streifens ab (Abbildung 3). Den entfärbten,

---

*Gewinnung des Blutserums: 5 bis 10 ml Venenblut läßt man etwa 15 bis 20 min stehen, löst den Blutkuchen mit einem Glasstab von der Reagenzglaswand und zentrifugiert 10 min bei etwa 3000 Umdrehungen pro Minute. Das überstehende Serum entnimmt man mit einer Pipette. Meist läßt sich das Blutserum leicht aus einem Krankenhaus oder einer Arztpraxis beschaffen. Auch die Testseren zur Blutgruppenbestimmung (Behringwerke, Marburg) sind gut geeignet.

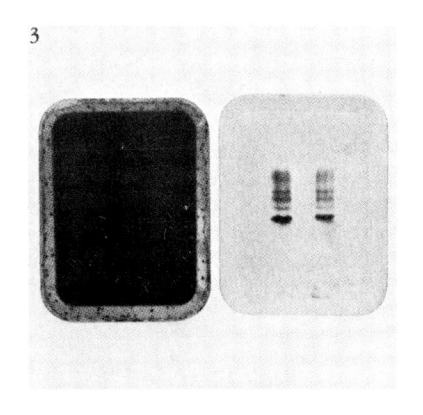

Abb. 3. Färbe- und Entfärbebad.

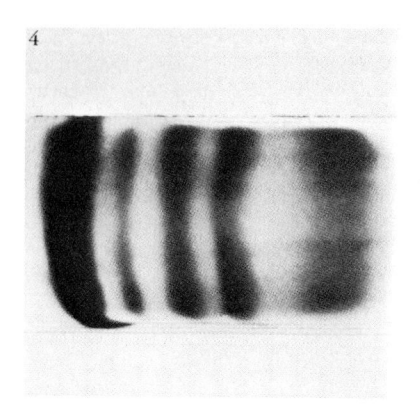

Abb. 4. Auftrennung eines Normalserums.

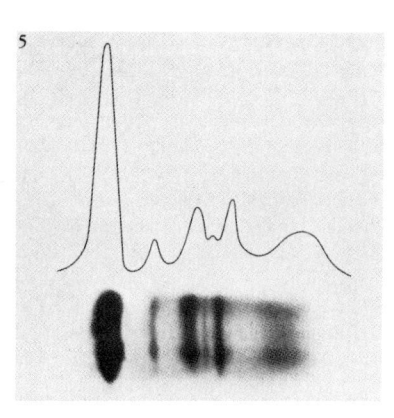

Abb. 5. Photometrische Auswertung des Chromatogramms.

noch nassen Streifen legt man möglichst blasenfrei auf einen entfetteten Objektträger und läßt ihn im Trockenschrank bei 60°C trocknen. Dabei wird er glasklar und haftet auf dem Objektträger (Abbildung 4).

Auswerten der Streifen

Im allgemeinen wird für unsere Belange eine einfache Sichtkontrolle genügen. Bereits auf dem noch nicht transparenten Streifen kann man deutlich die Albuminbande, die die größte Wanderungsstrecke zurückgelegt hat und besonders kräftig angefärbt ist, ferner die Banden der α_1-, α_2-, β- und γ-Globulinfraktionen erkennen (Abbildung 4). Der transparente Streifen eignet sich auch zur Demonstration mit einem Overhead- oder Diaprojektor. Zusätzlich kann eine Auswertung mit Hilfe eines einfachen Photometers vorgenommen werden. Über einen schmalen Lichtspalt wird der transparente Streifen mit konstantem Vorschub (0,5 mm!) geführt, wobei mit Hilfe einer Selenzelle und eines empfindlichen Meßgeräts die Intensität des durchtretenden Lichts (Durchlässigkeit) oder die entprechende Lichtschwächung (Extinktion) angezeigt wird. Die graphische Auswertung (Abbildung 5) zeigt zusätzlich eine zweite β-Fraktion, die auch schon auf dem Streifen sichtbar ist. Für eine quantitative Auswertung planimetriert man die Flächen unter den einzelnen Kurvenabschnitten und erhält so ein Maß für die relative Konzentration der Einzelfraktion.

Direkterzeugung elektrischer aus chemischer Energie

Carl H. Hamann, Wolf Vielstich und Ulrich Vogel

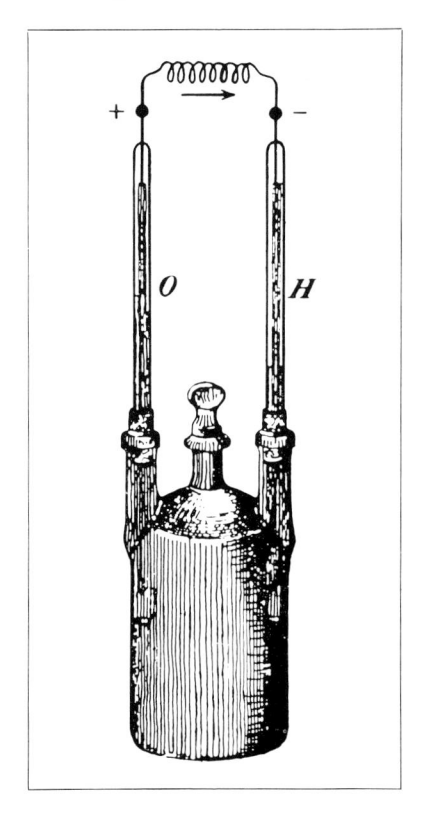

Die Umwandlung chemischer Energie in elektrische Energie geschieht hauptsächlich auf dem Umweg, daß zunächst mechanische Energie durch Wärmekraftmaschinen erzeugt wird. In den letzten Jahren jedoch gewannen die Verfahren zur Energiedirektumwandlung zunehmend an Bedeutung; dabei sind besonders galvanische Elemente, welche die chemische Energie gasförmiger oder flüssiger Brennstoffe kontinuierlich in Elektrizität umsetzen, interessant: sogenannte Brennstoffzellen.

Das Wasserstoff-Sauerstoff-Element

Als Brennstoffe können Kohle, Kohlenwasserstoffe, Alkohole, Aldehyde, Hydrazin sowie Kohlenmonoxid und Wasserstoff verwendet werden. Als Oxidationsmittel werden fast ausschließlich Sauerstoff oder stark sauerstoffhaltige Verbindungen wie Wasserstoffperoxid oder Salpetersäure eingesetzt.

Am weitesten entwickelt ist die Wasserstoff-Sauerstoff-Zelle. Anhand dieser Anordnung soll zunächst das Prinzip einer Brennstoffzelle, wie es auch dem zu beschreibenden Demonstrationsmodell zugrunde liegt, erläutert werden.

Ein Wasserstoff-Sauerstoff-Element besteht in seiner einfachsten Form aus einer mit Elektrolyt guter Leitfähigkeit (z. B. Schwefelsäure oder Kalilauge) gefüllten Zelle, in welche zwei Platinelektroden tauchen. Die eine dieser Elektroden wird mit Wasserstoff, die andere mit Sauerstoff bespült, zur Gastrennung sind die Elektrodenräume durch eine poröse Wand (Diaphragma) voneinander getrennt (siehe Abbildung 1).

Im alkalischen Elektrolyten laufen an der Wasserstoff-Elektrode folgende Reaktionen ab:

$H_2 \rightarrow 2\,H_{ad}$ (ad = adsorbiert) (1a)

$2\,H_{ad} + 2\,OH^- \rightarrow 2\,H_2O + 2\,e^-$ (1b)

Der an der katalytisch wirksamen Ober-

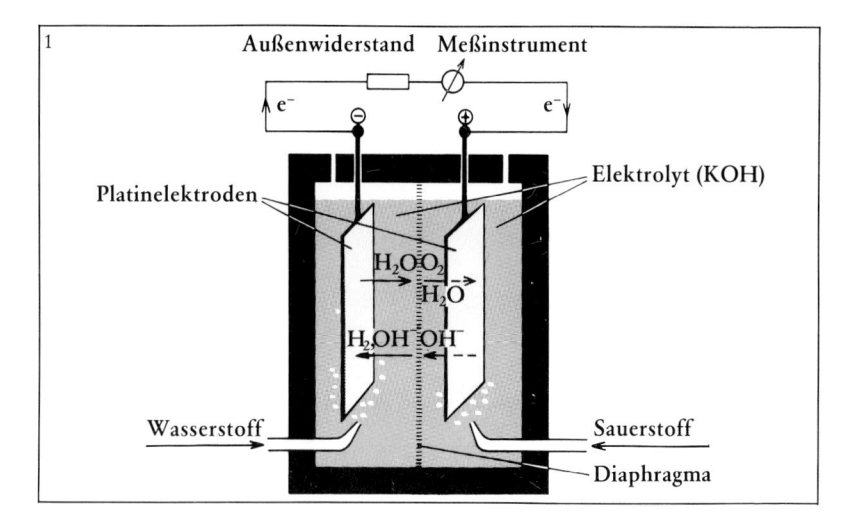

Abb. 1. Prinzipzeichnung eines Wasserstoff-Sauerstoff-Brennstoffelements. Die Pfeile symbolisieren den Stofftransport aus der Lösung zur Elektrode und von der Elektrodenoberfläche in die Lösung; vergleiche hierzu die Reaktionen (1a), (1b) und (2).

fläche des Platins in Atome dissoziierte Wasserstoff verbindet sich mit zwei Hydroxid-Ionen, wobei zwei Elektronen zurückbleiben; die Elektronen fließen über Außenwiderstand und Meßinstrument zur Sauerstoffelektrode, wo sie nach der ebenfalls von Platin katalysierten Reaktion (2) wieder Hydroxid-Ionen bilden:

$$1/2\, O_2 + H_2O + 2e^- \rightarrow 2\, OH^- \qquad (2)$$

Die Wasserstoff-Elektrode wird also zur Kathode und die Sauerstoff-Elektrode zur Anode. Die Addition der Gleichungen (1a), (1b) und (2) liefert den Bruttoumsatz:

$$H_2 + 1/2\, O_2 \rightarrow H_2O \qquad (3)$$

Der Betrieb einer Wasserstoff-Sauerstoff-Zelle kann somit als die Umkehrung der Wasser-Elektrolyse angesehen werden. Die von der Zelle unter Standardbedingungen gelieferte elektromotorische Kraft (EMK) berechnet sich aus der freien Enthalpie der Reaktion (3) zu 1,23 Volt bei 25° C.

Diese Angaben müssen bereits als Vereinfachung angesehen werden. Insbesondere werden die Verhältnisse durch Nebenreaktionen an der Sauerstoff-Elektrode kompliziert, welche auch dazu führen, daß als EMK nur etwa 1,0 Volt erreicht wird*.

Methanol- und Wasserstoffperoxid-Elektroden

Auch Methanol läßt sich an Platin elektro-

---

* Für eine umfassende Orientierung über das Gebiet der Brennstoffzellen siehe W. Vielstich: Brennstoffelemente, Verlag Chemie 1965.

chemisch oxidieren. Der Bruttoreaktionsablauf in alkalischer Lösung läßt sich nach untenstehendem Schema wiedergeben. Je Reaktionsschritt werden dabei zwei, pro Formelumsatz insgesamt sechs Elektronen an die Elektrode abgegeben.

$$\left.\begin{array}{l} CH_3OH + 2\,OH^- \rightarrow CH_2O + 2\,H_2O + 2\,e^- \\ CH_2O + 3\,OH^- \rightarrow HCOO^- + 2\,H_2O + 2\,e^- \\ HCOO^- + 3\,OH^- \rightarrow CO_3^{2-} + 2\,H_2O + 2\,e^- \\ \hline CH_3OH + 8\,OH^- \rightarrow CO_3^{2-} + 6\,H_2O + 6\,e^- \end{array}\right\}(4)$$

Die Mechanismen, nach welchen diese Reaktionen ablaufen, sind zum Teil noch umstritten, jedoch wird wahrscheinlich jeweils zunächst Wasserstoff katalytisch von Methanol, Formaldehyd und Formiat abgespalten, der dann nach Gleichung (1) elektrochemisch wirksam ist. Dafür spricht vor allem, daß schon bei Temperaturen etwas oberhalb von Raumtemperatur das Potential einer Methanol-Elektrode sich dem einer Wasserstoff-Elektrode annähert.

Wasserstoffperoxid liegt im alkalischen Medium fast vollständig als HO_2^- vor, welches schon bei Raumtemperatur zu Hydroxid-Ionen und Sauerstoff zerfällt:

$$HO_2^- \rightarrow OH^- + \tfrac{1}{2}\,O_2 \qquad (5)$$

Dieser Zerfall wird durch Platin oder Silber noch beschleunigt. Da nun die eigentliche elektrochemische Reduktion des Peroxids in alkalischen Medien nach

$$HO_2^- + H_2O + 2\,e^- \rightarrow 3\,OH^- \qquad (6)$$

sehr langsam verläuft, wird das Peroxid an Platin- oder Silber-Elektroden vorwiegend über den Zerfall nach Gleichung (5) umgesetzt und der gebildete molekulare oder chemisorbierte Sauerstoff gemäß Gleichung (2) genutzt. Etwas vereinfacht kann man also sagen, daß in einem mit Methanol und Wasserstoffperoxid betriebenen System letztlich die gleichen stromliefernden Vorgänge ablaufen wie in einer Wasserstoff-Sauerstoff-Zelle. Daher beträgt auch die von einem Methanol-Wasserstoffperoxid-Element gelieferte EMK wiederum etwa 1 Volt.

Das Methanol-Wasserstoffperoxid-Demonstrationselement

Das hier beschriebene Element geht auf Grimes, Fiedler und Adam zurück. Es besteht im Prinzip aus mehreren nebeneinander angeordneten Kammern, deren gegenüberliegende Wände als Elektroden ausgebildet sind (Abbildung 2). Als Kammerwandungen werden Nickelbleche benutzt, welche auf einer Seite mit Platin, auf der anderen mit Silber als Katalysatoren beschichtet sind und so „bipolare" Elektroden bilden. Eine solche Anordnung stellt die einfachste Möglichkeit der Reihenschaltung von Einzelzellen dar.

Füllt man in die Kammern ein Gemisch aus Elektrolyt, Alkohol und Wasserstoffperoxid (z. B. 6 M KOH + 1 M CH_3OH + 0,2 % H_2O_2), so zerfällt an der versilberten Elektrodenseite das Peroxid zu Sauerstoff, der nach Gleichung (2) elektrochemisch wirksam wird, da Silber ein guter Katalysator für beide Reaktionen ist. Andererseits katalysiert Silber den Methanolumsatz gemäß Gleichung (4) nicht, so daß diese Elektrodenseite zur Anode wird. Platin hingegen katalysiert den Methanol- und den Peroxid-Umsatz, so daß hier sowohl CH_3OH als auch HO_2^- umgesetzt werden. Daher ergibt sich ein Mischpotential, das von der Zusammensetzung des Elektrolyten abhängig und etwa 600 mV negativer als das Potential der Silberelektrode ist.

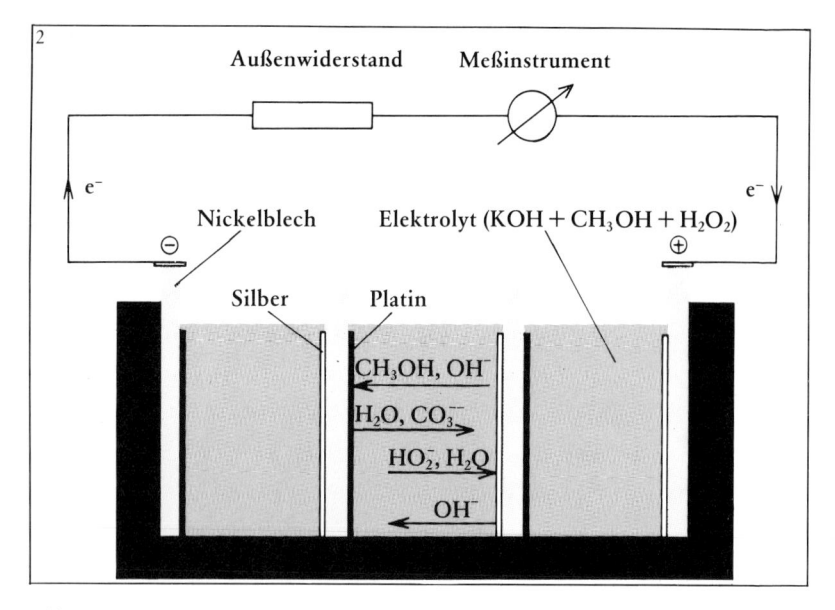

Abb. 2. Prinzipzeichnung eines Methanol/ KOH/H_2O_2-Elements mit bipolaren Elektroden. Die Pfeile symbolisieren wieder den Stofftransport aus der Lösung zur Elektrode und von der Elektrodenoberfläche in die Lösung; vergleiche hierzu die Reaktionen (2), (4) und (5).

Bei einer solchen Anordnung zersetzt sich das Peroxid an der Silberelektrode rasch, und Sauerstoff entweicht ungenutzt. Außerdem setzt der gleichzeitige Umsatz von CH_3OH und HO_2^- an der Platinseite EMK und Wirkungsgrad der Anordnung herab. Man könnte das durch den Einbau eines Diaphragmas zwischen Anode und Kathode und durch die Verwendung zweier Elektrolyte (KOH + Methanol im Kathodenraum, KOH + H_2O_2 im Anodenraum) verhindern, doch ginge dadurch die Einfachheit des Aufbaues verloren. Die Abbildungen 3 und 4 zeigen zwei auf dem beschriebenen Prinzip beruhende Demonstrationsgeräte.

Abbildung 3 zeigt eine aus sechs Zellen bestehende Batterie, die aus Plexiglasplatten von 3 und 10 mm Stärke aufgebaut ist. Die Grundplatte ist 12 cm breit und 17 cm lang, der Batterieblock ist 9 cm breit, 7 cm hoch und ebenfalls 7 cm lang, die Einzelkammern sind 1 cm breit und fassen jeweils 30 ml Elektrolyt. Die Elektroden sind 5,5 × 5,5 cm, also ca. 30 cm² groß.

Die Elektroden wurden im vorliegenden Fall aus Sinternickelblechen gefertigt, je ein platiniertes und ein versilbertes Blech sind an ihrem oberen Ende miteinander verbunden und werden über 3 mm dicke Plexiglaswandungen, in Schlitzen geführt, in die Zelle gedrückt. Wenn man das Elektrolytgemisch einfüllt, läuft fast augenblicklich der auf dem Bild sichtbare Spielzeugmotor an.

Abbildung 4 zeigt ein zweizelliges De-

Abb. 3. Sechszelliges Demonstrationsmodell mit platinierten und versilberten Sinternickelblechen als Elektroden. Zum besseren Überblick wurde für die Aufnahme ein Elektrodenpaar halb aus seiner Führung gezogen, ein weiteres wurde ganz entfernt, damit die Führungsschlitze sichtbar werden. Die drei rechten Zellen sind mit destilliertem Wasser gefüllt (platinierte Elektroden dürfen nie austrocknen, da sonst ihre katalytische Wirksamkeit leidet).

monstrationsgerät ähnlichen Aufbaues und gleicher Zellenabmessungen. Die Elektroden, welche hier eine Oberfläche von 24 cm² besitzen, bestehen aus biegsamem Nickelnetz, was den Vorteil hat, daß jeweils ein Elektrodenpaar aus einem Stück gefertigt und über die Zellenwand hinweggebogen werden kann.

Mit der zuletzt beschriebenen Batterie wurden mit einer Elektrolytzusammensetzung von 9 M KOH, 4 M CH_3OH und 0,2 % H_2O_2, letzteres in Form einiger Tropfen 10-proz. wäßriger H_2O_2-Lösung auf das Zellenvolumen, die folgenden Leistungen erreicht:

Leerlaufspannung: 0,75 V pro Einzelzelle

Klemmenspannung bei 100 mA Belastung: 0,6 V pro Einzelzelle

Klemmenspannung bei 200 mA Belastung: 0,52 V pro Einzelzelle

kurzzeitig mögliche Belastungsspitze bis 0,5 A

Naturgemäß kann die beschriebene Demonstrationszelle nicht sehr lange belastet werden, da das in dem geringen Elektrolytvolumen vorhandene Peroxid schnell verbraucht ist. Technisch brauchbare Zellen besitzen daher einen Elektrolytkreislauf mit kontinuierlicher Methanol- und Peroxid-Zugabe. Nach diesem Prinzip wurden bereits Zellen mit einer Leistung von 32,5 Ampere bei 12 Volt Klemmenspannung gebaut (40 Einzelzellen, 650 cm² große bipolare Elektroden).

Statt Methanol können unter anderem auch Glykol sowie die beim Methanolumsatz entstehenden Folgeprodukte Formaldehyd und Formiat als Brennstoffe benutzt werden. Zur Demonstration ist es sehr wir-

Abb. 4. Zweizelliges Demonstrationsmodell mit Elektroden aus Nickelnetz. Die im Bild vorn sichtbare Elektrode ist versilbert, dahinter sieht man eine platinierte Elektrode.

kungsvoll, zunächst ein Elektrolyt-Brennstoff-Gemisch in die Zellen zu füllen und dann das Peroxid hinzuzutropfen.

Die Herstellung der Elektroden

Für einen erfolgreichen Nachbau ist vor allen Dingen die Herstellung von Elektroden guter katalytischer Aktivität erforderlich. Als Elektrodenträgermaterial kann entweder Nickelblech, Nickelnetz oder Blech aus gesintertem Nickel verwendet werden. Nickelblech und Nickelnetz sollten vor dem galvanischen Niederschlagen des Katalysators zur Vergrößerung der Oberfläche mechanisch aufgerauht werden; Sinternickel ergibt bessere Ergebnisse. Wie stets in der Galvanotechnik muß absolut sauber und fettfrei gearbeitet werden. Die Bleche können entweder mit organischen Lösungsmitteln oder durch Kochen in 10-proz. Natronlauge entfettet werden.

Bei der Herstellung der Brennstoffelektroden genügt es, zur Erzielung einer guten katalytischen Aktivität 2 bis 5 mg Platin pro cm^2 geometrischer Oberfläche abzuscheiden. Dazu verwendet man eine wäßrige Lösung von Hexachloroplatin-(IV)säure.

Hexachloroplatinsäure ist als 10proz. Lösung im Handel erhältlich (Fa. Merck, Darmstadt, Bestell-Nr. 7341, 25 ml DM 137,–). Diese Lösung enthält 3,9 Gewichtsprozent Platin, 25 ml enthalten mithin ca. 1 Gramm, was genügt, um ca. 200 bis 500 cm^2 Elektrodenoberfläche zu platinieren.

Infolge der Zellenkonstruktion braucht jede Elektrode nur einseitig platiniert zu werden. Das geschieht am einfachsten für jede Elektrode einzeln aus einer Lösung, die gerade so viel Platin enthält, wie abgeschieden werden soll. Allerdings sollte die Lösung nicht zu verdünnt sein, so daß man mit kleinen Elektrolytvolumina arbeiten muß. Unabhängig vom Platingehalt wird der Lösung zur Haftungsverbesserung 0,05 Gewichtsprozent Bleiacetat zugesetzt. Eine gebrauchsfertige Platinierungslösung kann von der Firma Ingold, Frankfurt a. M., Bestell-Nr. 9828, 250 ml DM 54,–, bezogen werden.

Als Anode bei der Platinierung verwendet man eine Platin-Elektrode mit einer dem Werkstück vergleichbaren Größe. Statt Platinblech kann auch dünnes Platin-Netz verwendet werden. Der gebildete Platinüberzug soll tiefschwarz und samtartig sein. Die günstigste Stromdichte hängt von der Konzentration der Platinierungslösung ab und wird am besten durch eine Probeplatinierung ermittelt. Im allgemeinen wird man eine Abscheidungsspannung von 5 bis 6 V benötigen.

Das Silber wird aus einem Bad abgeschieden, das 46 g $KAg(CN)_2$ (Fa. Riedel-de Haen, Artikel-Nr. 10201, 100 g DM 45,–), 110 g KCN und 40 g NaOH auf 1 l Wasser enthält (Spannung 0,8 bis 1 Volt bei 2 bis 5 mA/cm^2 Stromdichte). Als Anode wird ein Reinsilberblech benutzt, welches gleich groß wie das Werkstück sein muß. Der Niederschlag soll weiß mit einem ganz leichten Gelbstich sein.

Eine Versilberung von Sinternickel durch thermische Zersetzung von Silbernitrat ist ebenfalls möglich.

Die Zink-Luft-Batterie

C. H. Hamann, E. Schwarzer und U. Vogel

Metall-Luft-Batterien, Systeme mit hoher spezifischer Energie und Leistung

Auf der Suche nach Batteriesystemen mit möglichst hohen spezifischen Energien (entnehmbare Wattstunden pro Kilogramm Batteriegewicht) und möglichst hoher spezifischer Leistung (W/kg) konzentriert sich die Forschung immer stärker auf die sogenannten Metall-Luft-Elemente, bei denen man die Tatsache ausnutzt, daß sich Sauerstoff an einer katalytisch aktiven Elektrode elektrochemisch reduzieren läßt. So läuft in alkalischer Lösung an Platinmetall oder an Kohlenstoff die Reaktion

$$O_2 + 2H_2O + 4e^- \rightarrow 4OH^- \qquad (1)$$

ab, und die Elektrode wird zum positiven Pol eines galvanischen Elements. Dabei geht das Gewicht des in der stromliefernden Reaktion umgesetzten Stoffes nicht in das Anfangsgewicht der Batterie ein, wenn der Sauerstoff der umgebenden Luft entnommen wird; bei Reaktionsablauf nimmt das Batteriegewicht zu.

Da Luftsauerstoff-Elektroden mit sehr geringem Gewicht konstruiert werden können (s. unten), sind diese als positiver Pol in Batterien hoher spezifischer Energie geradezu prädestiniert.*

Auch die Forderung nach hoher spezifischer Leistung wird von Luftsauerstoff-Elektroden erfüllt. Kenngröße für diese Eigenschaft ist die Stromdichte (mA pro cm^2 geometrischer Elektrodenoberfläche), mit der eine Elektrode belastet werden kann, ohne daß der Spannungsverlust zu groß wird. Moderne Luftsauerstoff-Elektroden erreichen Werte bis zu 100 mA/cm^2.

Als negative Elektroden für Metall-Luft-Elemente werden Metalle verwendet, die in der stromliefernden Reaktion oxidiert werden. In Frage kommen Elektroden aus Blei, Eisen, Cadmium oder Zink. Am weitesten fortgeschritten ist die Entwicklung auf dem Gebiet der Zink-Luft-Batterien. Zink wird in alkalischer Lösung oxidiert:

$$Zn + 2OH^- \rightarrow Zn(OH)_2 + 2e^- \qquad (2)$$

Als Zellreaktion ergibt sich aus der Addition der Gleichungen (1) und (2):

$$O_2 + 2Zn + 2H_2O \rightarrow 2Zn(OH)_2 \qquad (3)$$

Als elektromotorische Kraft des Elements erhält man 1,3 bis 1,4 Volt.

Die Luftsauerstoff-Elektrode

Die Reaktion (2) läuft bereits an unbehan-

---

*Zum Vergleich: Um der positiven Platte eines Bleisammlers 10 A·h entnehmen zu können, müssen ca. 43 g vierwertiges Blei (Bleidioxid) zu zweiwertigem Blei (Bleisulfat) reduziert werden (die Ladungsänderung um eine Wertigkeitsstufe liefert pro Mol elektrochemisch umgesetzter Substanz 96500 A·s $\approx$ 27 A·h; M_{PbO_2} = 239). Das errechnete Gewicht stellt nur etwa 15 % des Gesamtgewichts einer positiven Bleiplatte mit einer Kapazität von 10 A·h dar, die restlichen 85 % entfallen im wesentlichen auf das Plattengerüst aus Hartblei. Die Gewichtszunahme einer Batterie, die Reaktion (1) ausnutzt, würde pro 10 A·h nur ca. 1,5 g betragen.

deltem, metallischem Zink mit hoher Geschwindigkeit, d. h. unter Lieferung großer Stromdichten (bis >100 mA/cm²) ab. In einem Demonstrationsversuch kann daher als negative Elektrode ein einfacher Zinkblechstreifen verwendet werden.

Anders liegen die Verhältnisse auf der Sauerstoffseite. Als einfachste Sauerstoffelektrode wäre ein Platinblech denkbar, das in eine alkalische Lösung eintaucht und mit Sauerstoff oder Luft bespült wird. Dabei läuft die Reaktion (1) zwar ab, kann jedoch nur geringe, technisch uninteressante Stromdichten liefern: Die sehr geringe Sauerstoffkonzentration im Elektrolyten (ca. 10^{-3} mol/l) begrenzt die Reaktionsgeschwindigkeit.

Eine technisch brauchbare, hochbelastbare Sauerstoffelektrode muß daher eine große wahre Oberfläche haben. Man verwendet eine poröse Elektrodenstruktur, in derem Innern die stromliefernde Reaktion (1) abläuft.

Es wurde bereits erwähnt, daß Kohle die elektrochemische Reduktion von Sauerstoff katalysiert. Als Sauerstoffelektrode kann man daher eine Platte aus poröser Aktivkohle verwenden, die auf der einen Seite an den Elektrolyten, auf der anderen Seite an die atmosphärische Luft grenzt. Dann kann Luftsauerstoff von der Gasseite her ins Poreninnere hineindiffundieren, von der anderen Seite her hat der Elektrolyt Zutritt.

An von der Elektrolytflüssigkeit nicht benetzten Porenwänden kann die stromliefernde Reaktion natürlich nicht ablaufen: Einer der Reaktionspartner (H_2O) fehlt. Aber auch an den Wänden im Innern einer mit Elektrolyt gefüllten Pore ist der Stoffumsatz nur gering: Zwar kann an der Phasengrenze (Flüssigkeitsmeniskus) gelöster Sauerstoff durch die Porenflüssigkeit zu den Porenwänden diffundieren, der Diffusionsweg durch die Flüssigkeit ist jedoch zu lang und damit die Nachlieferung des Sauerstoffs zu gering, um an diesen Stellen eine nennenswerte Stromdichte aufrechtzuerhalten. Allein an der Dreiphasengrenze Elektrode/Elektrolyt/Gas kann der Sauerstoff auf kurzem Transportwegschnell genug zur Porenwand

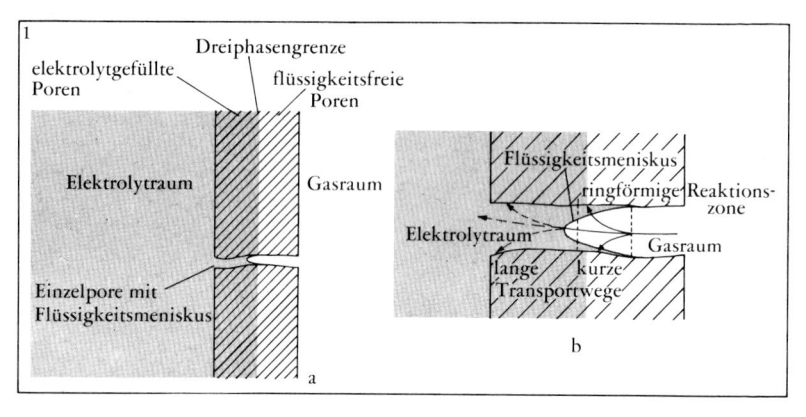

Abb. 1. Schematisierte Darstellung einer porösen Luftsauerstoffelektrode (a) und der Reaktionszone im Poreninnern (b).

Die Zink-Luft-Batterie

(=Elektrode) in die durch die Segmente von Flüssigkeitsmenisken gebildeten ringförmigen Reaktionszonen nachgeliefert werden, um insgesamt technisch brauchbare Ströme zu liefern (Abbildung 1).

Eine so aufgebaute Luftsauerstoff-Elektrode ist allerdings nur eine begrenzte Zeit arbeitsfähig. Die Dreiphasenzone der Elektrode ist nicht stabil, sondern verschiebt sich mit der Zeit zur Gasseite hin, da sich die Poren durch die Kapillarkräfte langsam mit Elektrolyt vollsaugen. Ist dieser Vorgang beendet, d. h. hat sich das gesamte Porenvolumen der Elektrode mit Elektrolyt gefüllt, so ist die Elektrode nicht mehr in der Lage, brauchbare Stromdichten zu liefern.

Der geschilderte Nachteil kann behoben werden, wenn man die poröse Elektrodenstruktur hydrophobiert, d. h. mit wasserabstoßenden Mitteln behandelt. Die einfachste Möglichkeit einer Hydrophobierung besteht darin, die Elektrode für einige Zeit in eine benzolische Paraffinlösung einzutauchen und das Lösungsmittel anschließend zu verdunsten. Wirksamer als Paraffin ist niedermolekulares Polyäthylen oder Polytetrafluoräthylen (z. B. Teflon oder Hostaflon).

Das Ausmaß der notwendigen Hydrophobierung muß für jede Elektrode sorgfältig ausprobiert werden: Eine starke Hydrophobierung verhindert zwar mit Sicherheit ein „Vollaufen" der Elektrode, isoliert aber die Porenwände und setzt die katalytische Aktivität der Elektrode herab. Eine zu schwache Hydrophobierung hingegen kann nach einiger Zeit unwirksam werden, da das Hydrophobierungsmittel vom Elektrolyten angegriffen wird.

Industriemäßig hergestellte Hochleistungs-Sauerstoffelektroden bestehen heute meist aus einer dünnen Schicht Aktivkohle (einige Zehntel Millimeter), die auf eine ebenso dünne Schicht aus porösem Teflon aufgepreßt ist. Die äußerst hydrophobe Teflonschicht wird dabei dem Gasraum, die Kohleschicht dem Elektrolytraum zugekehrt; eine Reaktionszone bildet sich im Grenzgebiet Kohle-Teflon aus. Die Stromleitung wird nicht mehr durch die Kohle selbst übernommen (zu hoher Widerstand der dünnen, porösen Schicht), sondern durch ein aufgepreßtes Metallnetz aus Nickel oder Silber. Häufig werden zur Erhöhung der katalytischen Wirksamkeit noch kleine Mengen Platin oder Silber in der Porenstruktur niedergeschlagen (einige Milligramm pro Quadratzentimeter geometrischer Oberfläche).

Wie bereits erwähnt, können einem Quadratzentimeter einer solchen Elektrode bis zu 100 mA Strom entnommen werden, eine Fläche von 10 cm² vermag also in zehn Stunden 10 A · h zu liefern. Das dazu erforderliche Elektrodengewicht von nur ca. 10 g (1 g/cm²) zeigt wohl am deutlichsten die Überlegenheit einer Luftsauerstoff-Elektrode gegenüber herkömmlichen positiven Elektroden in bezug auf die spezifische Energie.

Das Zink-Luft-System als Primärelement

Für einen Demonstrationsversuch genügt als Sauerstoffelektrode ein Stück Holzkohle (ca. 3,5 x 1,8 x 11cm), das nicht oder nur leicht hydrophobiert ist (Abbildung 2, Bezugsquelle und Hydrophobierungsvorschrift siehe Abschnitt 6). Als negative Elektrode wird ein Zinkblech (2,5 x 0,1 x 10 cm) verwendet (Abbildung 2). Der Kohleblock wird ebenso wie der Zinkstreifen senkrecht in ca. 6n wäßrige Kalilauge eingetaucht. Der atmosphärische Sauerstoff tritt dann von oben in die Elektrodenstruktur ein. Batteriegefäß ist eine aus

Plexiglasplatten zusammengeklebte kleine Wanne (Abbildung 3) oder der untere Teil einer durchgeschnittenen Polyäthylenflasche, ein Becherglas oder ähnliches. Da die benutzte Kohlesorte (s. Abschnitt 6) nur geringe katalytische Aktivität besitzt, sind dem Element nur kleine Ströme zu entnehmen (ca. 20 mA). Sie reichen jedoch für den Betrieb eines kleinen Spielzeugmotors ohne weiteres aus.

Das bei Betrieb des Elements an der Zinkelektrode entstehende Zinkhydroxid löst sich im alkalischen Elektrolyten zu Zinkat-Ionen, $Zn(OH)_3^-$. Ist die Lösung mit Zinkat-Ionen gesättigt, kann farbloses $Zn(OH)_2$ ausfallen. Ist alles Zink umgesetzt, so ist das Element erschöpft (Primärelement).

Das Zink-Luft-System als Sekundärelement

Die Reaktion (2) ist umkehrbar, d. h. bei Stromzufuhr wandelt sich $Zn(OH)_2$ unter Abspaltung von OH^--Ionen in metallisches Zink um. Eine arbeitsfähige, wiederaufladbare Zinkelektrode erhält man, wenn im Innern der Elektrode ein Stromableitgitter aus beständigem Metall vorhanden ist, das beim Wiederaufladen der entladenen Elektrode die Stromzufuhr ermöglicht ($Zn(OH)_2$ leitet den elektrischen Strom nicht). Weiter muß die Elektrode von einer eng anliegenden semipermeablen Membran umgeben sein, die sowohl die Auflösung des Zinkhydroxids zu Zinkat verhindert als auch der lockeren Hydroxidstruktur Halt gibt.

Abb. 2. Im Experiment benutzte Zink- und Sauerstoffelektrode. In den Kohleblock wurde ein Loch (Durchmesser 4 mm) zur Aufnahme eines Bananensteckers gebohrt.

Für den Demonstrationsversuch wird eine wiederaufladbare Zinkelektrode durch Aufbringen von Zinkoxid (ZnO wandelt sich beim Kontakt mit dem Elektrolyt durch Wasseraufnahme in $Zn(OH)_2$ um) auf ein Kupfernetz hergestellt (Abbildung 4, Herstellung siehe Abschnitt 6). Die fertige Elektrode wird mit Zellophan umhüllt und anstelle des Zinkbleches in das Batteriegefäß eingesetzt. Der Versuch muß sinngemäß mit einem Ladevorgang beginnen (sogenanntes Formieren, Ladestromstärke siehe Abschnitt 6). Beim Ladevorgang sollte man als Gegenelektrode

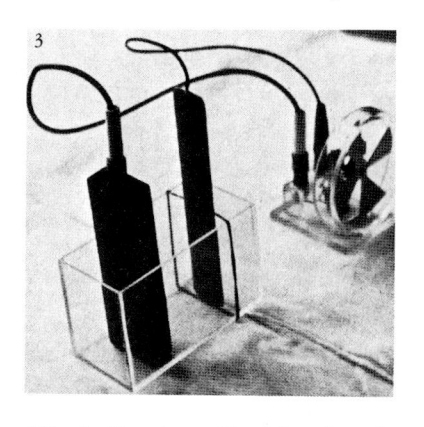

Abb. 3. Kompletter Versuchsaufbau des Zink-Luft-Primärelements (ohne Elektrolytfüllung).

Die Zink-Luft-Batterie

Ein interessanter Vorschlag für eine Zink-Luft-Brennstoffzelle kommt aus Japan: Man diskutiert, Zink als Suspension (Zn-Pulver in KOH) einer Zelle kontinuierlich zuzuführen und an einem als Stromableiter dienenden Metallnetz gegen eine Luftsauerstoffelektrode umzusetzen. Das während des Betriebs entstehende Zinkhydroxid oder Zinkat wird dann mit einem Elektrolytkreislauf ausgetragen, gesammelt und in einer zentralen Aufbereitungsanlage wieder zum Metall reduziert. Ein derartiges System wäre von der spezifischen Energie und der spezifischen Leistung her durchaus in der Lage, als Energiequelle für Fahrzeugantriebe zu dienen.

Abb. 4. Wiederaufladbare Zinkelektrode.

nicht die Luftsauerstoff-Elektrode benutzen, sondern ein als Hilfselektrode in das Batteriegefäß eingesetztes Edelstahlblech, da die Sauerstoffentwicklung beim Laden die katalytische Wirksamkeit und die Lebensdauer der Luftsauerstoff-Elektrode beeinträchtigen kann (Sauerstoffentwicklung im Poreninnern). Gegen diese Effekte unempfindliche Sauerstoffelektroden sind Gegenstand der aktuellen Batterieforschung.

Das Zink-Luft-System als Brennstoffzelle

Während die Zinkelektrode bisher entweder als Primärelektrode oder als wiederaufladbare Elektrode arbeitete, erfüllte die Sauerstoffelektrode stets die Definition einer Brennstoffzellenelektrode: Brennstoffzellen sind elektrochemische Stromquellen, denen unter kontinuierlicher Zuführung von Brennstoff und Oxidationsmittel kontinuierlich elektrische Energie entnommen werden kann. Aus dem Zink-Luft-Element wird also eine Brennstoffzelle, wenn man der Batterie nicht nur das Oxidationsmittel Sauerstoff, sondern auch den „Brennstoff" Zink kontinuierlich zuführt.

Arbeitshinweise

Die Zinkelektrode

Die Zinkelektrode kann aus beliebigem, metallisch blankem Zinkmaterial bestehen, z. B. Zinkblech oder Zink-Stäbchen.

Die Luftsauerstoff-Elektrode

Als Luftsauerstoff-Elektrode wird Holzkohle in Stücken (3,5 x 1,8 x 11 cm) für die Lötrohranalyse (Riedel de Haën, Bestell-Nr. 31615) verwendet. Für einen Demon-

Tabelle 1. Belastungswerte der Zink-Sauerstoff-Primärbatterie.

Strom [mA]	Spannung [V]
0	1,3
10	1,0
20	0,9
50	0,7
100	0,5

strationsversuch ist eine Hydrophobierung nicht erforderlich. Mit einer Zinkelektrode von 3x 0,1 x 10 cm und einem Elektrolyten aus 6 n KOH erhielten wir bei Verwendung einer nicht hydrophobierten Luftsauerstoff-Elektrode mit der in Abbildung 3 gezeigten Versuchsanordnung die Belastungswerte in Tabelle 1.

Diese Werte sind für Versuche nur als Anhaltspunkte anzusehen, da sie vom Ursprung der Kohlestücke und deren katalytischer Aktivität sowie von der Eintauchtiefe abhängen.

Soll das Element über längere Zeit (Wochen, Monate) arbeitsfähig bleiben, so ist eine Hydrophobierung sinnvoll. Dazu kann man eine Lösung von 1 g Paraffin (Erstarrungspunkt 56 bis 58°C, DAB 7; Merck, Best.-Nr. 7153, DM 11,50 pro kg), in 100 ml Benzol benutzen. Das Kohlestück wird für einige Sekunden in diese Lösung eingetaucht und anschließend getrocknet (an der Luft oder im Trockenschrank unterhalb der Erstarrungstemperatur, Abschluß des Trockenvorgangs durch Gewichtskontrolle überprüfbar). Mit einer hydrophobierten Elektrode erhält man geringere Belastbarkeiten.

Die wiederaufladbare Zinkelektrode

Als Träger oder Stromverteiler wird ein Kupfernetz (3 x 10 cm) benutzt. Zur Not läßt sich auch aufgefaserte Kupferlitze verwenden. Auf diesen Träger wird 1 g Zinkoxid aufgetragen (ZnO reinst, Merck, Best.-Nr. 8846; DM 15,— pro kg), das mit etwas Methylcellulose (Methylan-Tapetenkleister) angeteigt ist. Nach dem Trocknen wird die Elektrode in eine Zellophantasche (mit Uhu-Plus aus Folie geklebt) gesteckt und in die Zelle eingesetzt. Man lädt mit 200 mA etwa 30 min lang (ca. 100 mAh; die theoretische Kapazität von 1 g ZnO liegt bei etwa 650 mAh). Man kann mit Stromstärken um 20 mA entladen und erhält fast die gesamte Ladestrommenge zurück (Abbildung 5).

Nach einigen Lade-Entlade-Cyclen sammelt sich die aktive Masse der Elektrode im unteren Teil der Zellophantasche an, und die Elektrode wird unbrauchbar.

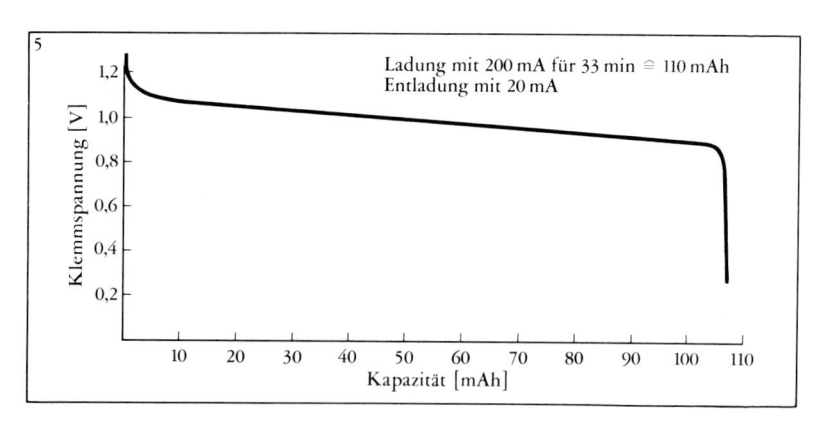

Abb. 5. Entladekurve des Zink-Luft-Sekundärelements.

Elektrochemische Direkterzeugung pulsierender Spannungen

Eberhard Schwarzer, Ulrich Vogel
und Carl H. Hamann

Das Auftreten periodischer Spannungsänderungen in der Natur ist eine der Grundlagen des hochentwickelten organischen Lebens. Periodische Spannungsimpulse mit Frequenzen um 80 Hertz steuern den Schlag des menschlichen Herzens, ähnliche Frequenzen treten beim Fortleiten von Sinneseindrücken auf [1]. Die Erzeugung derartiger Spannungen wird elektrochemischen Vorgängen in der lebenden Zelle zugeschrieben.

Galvanische Elemente hingegen können im allgemeinen über einen stromdurchflossenen Arbeitswiderstand nur konstante Spannungen liefern; die Herstellung von Spannungsimpulsen oder anderen periodischen Spannungsschwingungen erfordert den Einsatz elektronischer oder mechanischer Zerhacker.

In der vorliegenden Arbeit wird geschildert, wie periodische Spannungsabläufe ohne Zwischenschaltung derartiger elektronischer Hilfsmittel zwischen galvanischem Element und Verbraucher – d.h. in einem galvanischen Element selbst – erzeugt werden können.

Funktionsweise eines galvanischen Elementes am Beispiel des Bleiakkumulators

Eine galvanische Zelle besteht im einfachsten Fall aus zwei Elektroden, die sich in einer Elektrolytlösung gegenüberstehen. Beim Bleiakkumulator sind das eine Blei- und die Bleidioxidelektrode in wäßriger Schwefelsäure. Verbindet man beide Elektroden über einen äußeren Widerstand, so wird an der Bleielektrode metallisches Blei zu zweiwertigem Blei oxidiert (Gleichung 1). Die frei-

$$Pb + SO_4^{2-} \rightarrow PbSO_4 + 2e^- \quad (1)$$

werdenden Elektronen fließen durch den äußeren Leiterkreis und führen an der Bleidioxidelektrode zur Reduktion von vierwertigem zu zweiwertigem Blei (Gleichung 2).

$$PbO_2 + 4H^+ + SO_4^{2-} + 2e^-$$
$$\rightarrow PbSO_4 + 2H_2O \quad (2)$$

Bei diesen Vorgängen wird die Bleielektrode als Anode bezeichnet (Elektronen treten aus der Lösung in die Elektrode über), die Bleidioxidelektrode ist Kathode (Elektronen treten aus der Elektrode in die Lösung über).

Wird das Element nicht durch einen äußeren Strom belastet, so stellt sich an den Elektroden ein Ruhepotential φ_0 ein, die Differenz der Ruhepotentiale wird als elektromotorische Kraft oder Ruhe-Klemmenspannung E_{Kl}^0 bezeichnet.

Elektrodenpotentiale werden gegen einen festgelegten Bezugspunkt (meistens gegen die sogenannte Normal-Wasserstoffelektrode NHE) gemessen. Das Ruhepotential einer Elektrode hängt von der Art des ablaufenden Elektrodenvorgangs ab und ist thermodynamisch berechenbar.

Bei Belastung des Elementes positiviert sich das Potential der Anode und negativiert sich das Potential der Kathode. Die Klemmenspannung E_{Kl} des Elementes sinkt gegenüber dem Wert E_{Kl}^0 ab (Abbildung 1). Das Potential etwa der Anode ändert sich dabei nach Maßgabe von Elektronenentzug durch den äußeren Leiterkreis und Elektronennachlieferung durch den Ablauf der elektrochemischen Reaktion (1). Der Verlauf der Potential-Strom-Beziehung hängt also von der Geschwindigkeit der zugrundeliegenden Elek-

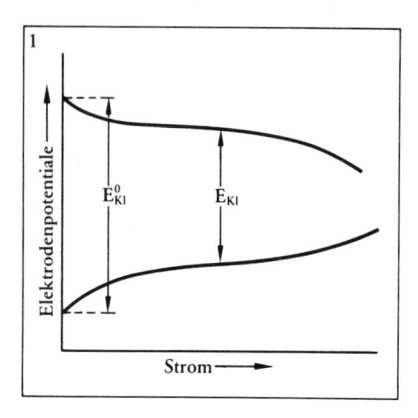

Abb. 1. Schematische Darstellung der Einzelstromspannungskurven eines galvanischen Elementes. E_{Kl} Klemmenspannung, E_{Kl}^0 Ruhe-Klemmenspannung.

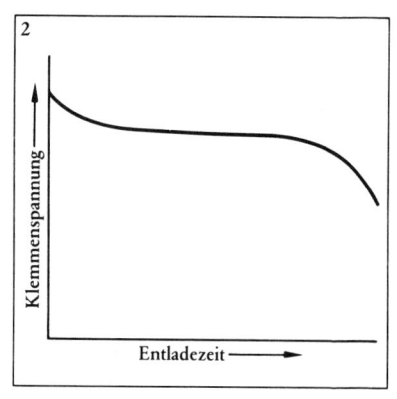

Abb. 2. Entladecharakteristik eines galvanischen Elementes bei konstanter Belastung.

trodenreaktion ab. In diesem Zusammenhang spricht man auch von der „Hemmung" einer elektrochemischen Reaktion. Die Reaktionen (1) und (2) sind nur wenig gehemmt, ein Bleiakkumulator ist daher mit hohen Strömen belastbar, ohne daß es zu einem starken Absinken der Klemmenspannung kommt. Wie bei vielen handelsüblichen Elementen ändern sich die Kennlinien der Einzelelektroden und damit die Klemmenspannung des Bleiakkumulators zeitlich kaum, erst wenn die sogenannten aktiven Massen Blei oder Bleidioxid nach längerer Entladezeit verbraucht sind, bricht die Zellspannung zusammen (Abbildung 2).

Direkterzeugung pulsierender Spannungen

Pulsierende Zellspannungen können wir nur dann erwarten, wenn zumindest an einer der Elektroden auch bei konstanter Strombelastung kurzzeitige Potentialschwankungen auftreten. Das erreicht man zum Beispiel dadurch, daß man die Bleianode des zuvor beschriebenen Bleiakkumulators durch eine Formaldehyd-Brennstoffanode* ersetzt und das so entstandene Formaldehyd-Bleidioxid-Element belastet: Ein zwischen die Elektroden geschaltetes Glühbirnchen leuchtet in kurzen Abständen auf und verlöscht wieder. Das Zustandekommen von Potentialschwankungen an einer strombelasteten Formaldehydanode kann wie folgt erklärt werden: Im ersten Schritt der elektrochemischen Oxidation von Formaldehyd wird das Brennstoffmolekül, das in wäßriger Phase als Formaldehydhydrat, $CH_2(OH)_2$, vorliegt, an der Elektrodenoberfläche dehydriert. Dabei entstehen auf der Elektrode adsorbierter

---

*Als Brennstoffanode wird eine Elektrode aus elektrokatalytisch aktivem Inertmaterial (z. B. Platin) bezeichnet, welcher die zu oxidierende Substanz flüssig oder gasförmig kontinuierlich zugeführt wird. Im vorliegenden Fall ist der Brennstoff Formaldehyd, der in wäßriger Schwefelsäure gelöst ist. Über Brennstoffzellenelektroden und Brennstoffzellen vgl. die Beiträge auf S. 81 und 89 sowie Lit. [2].

Elektrochemische Direkterzeugung pulsierender Spannungen

Wasserstoff sowie Folgeprodukte X und Y (Gleichung 3). Über die Natur der Folgeprodukte X und Y besteht noch keine endgültige Klarheit [3, 4, 5, 6]; eine Annahme ist, daß es sich um das Formaldehydradikal CHO und um Wasser handelt.

$$CH_2(OH)_2 \rightarrow H_{ad} + X_{ad} + Y_{ad} \quad (3)$$

Im zweiten Schritt wird der adsorbierte Wasserstoff (H_{ad}) elektrochemisch umgesetzt und liefert die für den Stromfluß erforderlichen Elektronen (Gleichung 4). Im dritten Schritt

$$H_{ad} \rightarrow H^+ + e^- \quad (4)$$

diffundieren die freigesetzten Protonen ebenso wie das in Reaktion (3) entstandene Produkt Y_{ad} (Wasser) ins Innere der Lösung, das radikalische Zwischenprodukt X (CHO) verbleibt jedoch zum größten Teil auf der Elektrodenoberfläche adsorbiert; nur ein geringer Teil wird desorbiert.

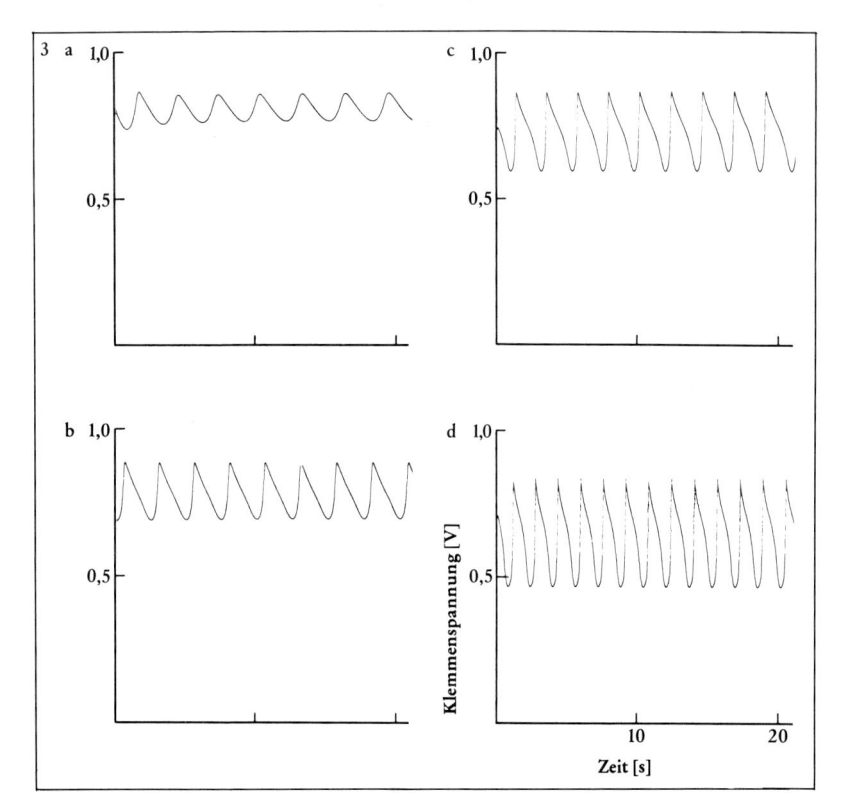

Abb. 3. Oszillationen der Klemmenspannung eines Bleidioxid-Formaldehyd-Elementes bei verschiedenen Außenwiderständen. a) 3 Ω (Schwingungsfrequenz f = 0,33 Hz), b) 2,5 Ω (Schwingungsfrequenz f = 0,39 Hz), c) 2 Ω (Schwingungsfrequenz f = 0,45 Hz), d) 1,5 Ω (Schwingungsfrequenz f = 0,62 Hz).

Das Potential der Elektrode wird zu diesem Zeitpunkt wiederum durch die ablaufenden Elektrodenreaktionen (Gleichung 3 und 4) sowie durch die Belastung der Zelle bestimmt. Das sich einstellende Potential ist allerdings nicht positiv genug, um zu einer Oxidation der adsorbierten Spezies X_{ad} zu führen. Die Elektrodenoberfläche wird sich also mit fortschreitender Zeit mit Zwischenprodukten belegen, so daß der Ablauf der Reaktion (4) aus Platzmangel mehr und mehr unterbleibt.

Hingegen werden an der Bleidioxidelektrode unseres Elementes weiter Elektronen (entsprechend Gleichung 2) verbraucht, die der Brennstoffelektrode entzogen werden. Das Potential der Formaldehydelektrode wird sich also immer weiter positivieren und die Klemmenspannung des Elementes entsprechend abnehmen.

Im Zuge dieses Vorgangs (Positivierung der Formaldehydanode) wird jedoch ein Punkt erreicht, bei dem die Elektrodenbelegung oxidiert werden kann*. Dadurch wird die Elektrodenoberfläche wieder frei, und die Reaktion (4) kann erneut ablaufen: Elektrodenpotential wie Klemmenspannung nehmen wieder die Ausgangswerte an.

Abbildung 3 gibt einige bei verschiedenen Belastungen im Experiment erhaltene Klemmenspannungs-Schwingungen wieder. Offensichtlich hängt die Schwingungsfrequenz von der durch das Element fließenden Stromstärke, d. h. von der Bildungs- und Abbaugeschwindigkeit der Deckschicht, ab: Höhere Ströme bedeuten schnelleres Schwingen.

Potentialschwingungen der beschriebenen Art lassen sich auch an Methanol- und Ameisensäure-Anoden messen [7, 8, 9]. Nach Hunger sind jedoch Formaldehydanoden am stärksten belastbar und eignen sich für die Ausnutzung des Effekts am besten.

Der Demonstrationsversuch

Zelle und Elektrolyt

Die Maße der für einen Demonstrationsversuch geeigneten Zelle (6,4 cm lang; 6,0 cm hoch; 1,5 cm breit) ergeben sich aus der Forderung nach einer ausreichend großen Elektrodenoberfläche** (hier ca. 36 cm²) und geringem Innenwiderstand (Elektrolytwiderstand der Zelle). Als Material für die Zellenkonstruktion benutzt man zweckmäßigerweise Plexiglasplatten oder einen anderen durchsichtigen, säurefesten Kunststoff (Abbildung 4; in die von oben sichtbaren Nuten werden die Elektroden eingeschoben). Der Elektrolyt besteht aus einer 1 molaren Lösung von HCHO in 2 molarer wäßriger Schwefelsäure.

---

*Die Potentialumkehrpunkte und damit die Amplitude hängen von der Belastung ab.

**Der elektrochemische Umsatz von Formaldehyd ist auch an elektrokatalytisch gut aktivem Elektrodenmaterial noch stark gehemmt. Zum Nachweis der Schwingungen mit einer Glühbirne benötigt man daher eine Elektrode der genannten Größe.

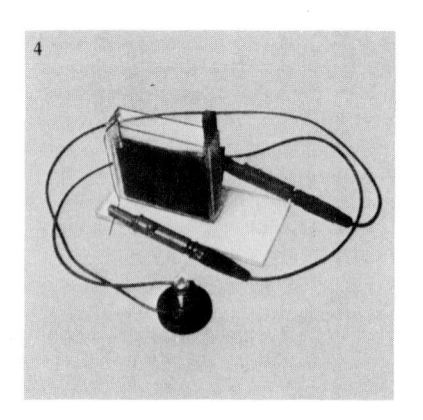

Abb. 4. Demonstrationselement mit Elektroden.

Die Formaldehydelektrode

Vorbedingung für die Eignung einer Elektrode zur Erzeugung von Potentialschwankungen ist, daß an der Elektrodenoberfläche das Zwischenprodukt X der Formaldehydoxidation weitgehend adsorbiert bleibt. Darüber hinaus müssen die Potentiale der Formaldehydoxidation (Gleichung 3 und 4) sowie der Weiteroxidation des Zwischenproduktes weit genug voneinander entfernt sein*, um bei Vereinigung der Elektrode mit einer PbO_2-Elektrode zu einem galvanischen Element Klemmenspannungsschwankungen von ca. 0,25 V zu erzeugen. Erst dadurch wird eine anschauliche Darstellung des Effektes möglich (Aufleuchten und Verlöschen eines Glühbirnchens).

Die vorstehenden Bedingungen werden z. B. durch ein V2A-Blech erfüllt, auf dem eine Palladium-Platin-Legierung fein verteilt niedergeschlagen ist. Zur Herstellung derartiger Anode schiebt man zwei den Zellendimensionen angepaßte, ca. 1 mm dicke V2A-Bleche in die Zelle (Abbildung 4) ein und füllt mit ca. 40 ml einer Lösung von Hexachloroplatin- und Tetrachloropalladiumsäure (9:1)** auf.

Anschließend elektrolysiert man 10 Minuten lang bei einem Strom von 200 mA (4,5 V-Batterie), wobei sich an dem negativ geschalteten V2A-Blech ein tiefschwarzer, samtartiger Überzug ausbildet. Damit diese „Platin-

---

*Das Oxidationspotential eines Stoffes hängt nicht nur von der Natur dieses Stoffes, sondern auch von der Art des Elektrodenmaterials ab (Überspannung).

**Bezugsquellen und genaue Zusammensetzung der Lösung siehe Seite 100.

***In der Lösung müssen Pb^{2+}-Ionen anwesend sein, damit die Reaktion $Pb^{2+} + 2H_2O$ → $PbO_2 + 4H^+ + 2e^-$ ablaufen kann.

Palladinierung" gut haftet, muß die Elektrode vor der Behandlung mechanisch aufgerauht und gut entfettet werden. Nach dem Abscheidungsvorgang wird die Platin/Palladium-Salzlösung gegen eine 1 M schwefelsaure Lösung ausgetauscht, und man entwickelt an der fertigen Elektrode je 30 s lang Wasserstoff und Sauerstoff (Wasserelektrolyse, durch die Gasblasenbildung werden den Brennstoffumsatz störende, adsorbierte Chlorid-Ionen aus dem Platin/Palladium-Mohr entfernt). Die dann betriebsbereite Brennstoffanode wird vorerst aus der Zelle entfernt und in destilliertem H_2O aufbewahrt (ein Antrocknen der porösen Platin/Palladium-Schicht würde deren elektrokatalytische Aktivität mindern).

Besser für den Versuch geeignet, da mit höheren Strömen belastbar (die Reaktion ist weniger gehemmt) wäre ein platiniertes Platinblech. Die Platinierung verläuft analog zur eben beschriebenen „Platin-Palladinierung" unter alleiniger Verwendung von Hexachloroplatinsäure. In diesem Falle käme man mit einer Elektrodenoberfläche von ca. 10 cm^2 aus (0,1 mm Blechstärke). Aus Kostengründen wird man sich jedoch für die oben beschriebene Elektrode entscheiden.

Die Bleidioxidkathode

Die für den Versuch erforderliche Bleidioxidelektrode kann man sich ebenfalls leicht herstellen. Dazu schiebt man zwei passende Bleibleche in die Zelle (Abbildung 4) ein, füllt mit 1 molarer Schwefelsäure, welcher etwas Bleiacetat zugegeben wurde***, auf und scheidet an dem positiven Bleiblech mit ca. 20 mA/cm^2 Elektrodenoberfläche Bleidioxid in Form eines braunschwarzen Überzugs ab. Mit fortschreitender Abscheidedauer wird sich anstelle von weiterem PbO_2 allerdings Sauerstoff bilden, d. h. die Kapazität einer solchen Elektrode ist begrenzt. Durch mehrmaliges Laden und Entladen der Elektrode läßt sich die Kapazität noch etwas steigern.

Größere Kapazitäten erreicht man mit PbO_2-Elektroden, die man etwa aus einem (defekten) Autoakkumulator ausbaut.

Eine möglichst große Kapazität der Bleidioxidelektrode ist wünschenswert, weil PbO_2 mit Formaldehyd chemisch reagieren kann (Gleichung 7), und so die Kapazität

$$PbO_2 + HCHO \rightarrow Pb + CO_2 + H_2O \quad (7)$$

auch ohne Stromentnahme nach einer gewissen Zeit erschöpft ist. Bei der technischen Ausführung eines Formaldehyd-PbO_2-Elementes würde man daher Anode und Kathode durch ein Diaphragma trennen müssen und nur im Anodenraum ein Formaldehyd-Schwefelsäure-Gemisch, im Kathodenraum jedoch reine Schwefelsäure verwenden.

Nachweis der entstehenden Schwingungen

Für das Demonstrationsexperiment füllt man die Zelle mit vorbereitetem Brennstoff-Elektrolytgemisch und setzt die wie beschrieben fertiggestellten ca. 36 cm² großen PbO_2- und Pt/Pd-V2A-Elektroden ein. Benutzt man als Lastwiderstand ein Glühlämpchen von 0,2 Watt Leistungsaufnahme bei einer Nennspannung von 1,2 V, so wird es im Rhythmus der im Element bestehenden Spannungsschwankungen aufblinken.

Verwendet man als Anode ein 10 cm² großes platiniertes Platinblech, so läßt sich durch Parallelschaltung weiterer Glühlämpchen auch die Abhängigkeit der Schwingungsfrequenz von der Stromlast (vgl. Abbildung 3) zeigen. Die 36 cm² große Pt/Pd-V2A-Elektrode hingegen ist für diesen zweiten Versuch nicht hoch genug belastbar (die Zellspannung bricht zusammen). Abhilfe würde hier die Benutzung einer größeren Elektrode (ca. 100 cm²) in einer größeren Zelle schaffen.

Wie auf Seite 97 erläutert wurde, ist das Einsetzen von Schwingungen an eine ganze Reihe von Voraussetzungen gebunden: Adsorption des Zwischenprodukts, günstige Potentiallage von Formaldehyd- und Zwischenproduktoxidation, passende Stromdichte an der Elektrodenoberfläche*.

Falls sich also beim Nachvollzug unseres Experiments der Erfolg nicht sofort einstellt, sollte man zunächst die Brennstoffanode noch einmal einem Aktivierungsvorgang unterziehen (abwechselndes Entwickeln von Wasserstoff und Sauerstoff, s. Seite 99) und/oder den Lastwiderstand variieren. Darüber hinaus muß sichergestellt sein, daß man eine aufgeladene PbO_2-Elektrode und eine frische $HCHO$-H_2SO_4-Mischung einsetzt.

Verwendete Materialien

Für die Edelmetallbelegung der V2A-Elektrode wird eine Lösung verwendet, welche 2 mg Edelmetall pro ml enthält. Die Metalle Platin und Palladium befinden sich im Gewichtsverhältnis 9:1. Um zu erreichen, daß sich die Edelmetalle in aktiver Form abscheiden (Pt/Pd-Mohr), muß der Lösung noch Bleiacetat (0,4 mg/ml) und Salzsäure (ca. 2%) zugegeben werden.

Bezugsquellen:

Hexachloroplatin(IV)säurelösung: 10% (etwa 3,9% Pt) p.a., Fa. Merck, Darmstadt, Bestell-Nr. 7341, 5 ml 31,50 DM.

Palladium(II)chlorid: Fa. Riedel de Haen, Seelze-Hannover, Bestell-Nr. 14757, 1 g 22,50 DM (löst sich in HCl unter Bildung von Tetrachloropalladiumsäure).

---

*Die (an und für sich geringe) Desorption des Zwischenprodukts kann ausreichen, um bei kleinen Stromdichten für die Reaktionen (3) und (4) genügend Platz zu schaffen. In diesem Fall stellt sich ein stationäres Elektrodenpotential ein.

Schwefelsäure: 25 % p. a., Fa. Merck, Darmstadt, Bestell-Nr. 716, 1 l 10,25 DM.

Formaldehyd: 35 %, Fa. Merck, Darmstadt, Bestell-Nr. 4003, 1 l 10,50 DM.

Bleiacetat: neutral p.a., Fa. Merck, Darmstadt, Bestell-Nr. 7375, 250 g 9,50 DM.

Birnchen: 1,2 V, 0,22 A, Fa. Osram.

Platinblech: chem. rein (0,1 mm dick), Fa. Degussa, Hanau.

Literatur

[1] B. Hassenstein, Biologische Kybernetik, Verlag Quelle und Meyer, Heidelberg 1967.

[2] H. Schmidt und W. Vielstich, Chemie in unserer Zeit **6,** 101 (1972).

[3] H. F. Hunger, Troisième Journées Intern. d'Etudes des Piles à Combust., S. 23, Brüssel 1965.

[4] J. Giner, Electrochim. Acta **8,** 857 (1963).

[5] J. Giner, Electrochim. Acta **9,** 63 (1964).

[6] W. Vielstich, Fuel Cells. S. 77 ff, Wiley-Interscience 1970.

[7] Zitat [6], S. 89 ff.

[8] R. P. Buck und I. R. Griffith, J. Electrochem. Soc. 109, 1005 (1962).

[9] M. J. Schlatter, Symp. Amer. Chem. Soc., B 149, Chicago 1961.

Elektrochemische Demonstrationsversuche in Projektion

Claus Brendel und Harald Schäfer

Vorlesungsexperimente in Durchlicht- oder Auflichtprojektion sind eine in großen, etwa 600 Hörer fassenden Sälen unentbehrliche Demonstrationstechnik[*]. Sie ist jedoch auch in kleinen Hörsälen zu empfehlen, da sie bei geringerem Arbeitsaufwand wesentlich mehr Informationen liefert als die herkömmliche „makroskopische" Demonstration. Für unsere Experimente verwendeten wir folgende

Projektionsgeräte:

Optische Bank (Durchlichtprojektion)

Jede optische Bank, die mit Bogenlampe und Kondensor, mit Irisblende, Abbildungsblende und Umkehrprisma ausgerüstet ist, kann verwendet werden. Der Abstand Prisma-Projektionswand beträgt bei uns vier Meter. Das Bild erscheint auf der Projektionsfläche oberhalb der Tafel.

Episkop (Auflichtprojektion)

Die üblichen Episkope sind wegen ihrer geringen Tiefenschärfe, wegen ihrer Korrosionsanfälligkeit und der großen Entfernung vom Experimentiertisch für die Demonstration chemischer Experimente weniger günstig, aber nicht ungeeignet. Eine zweckmäßigere eigene Konstruktion hat folgende Ausrüstung: Zwei Lampen 110 Volt, 1500 Watt; Einphasenregeltrafo 4 KVA; Luftkühlung mit zwei Ventilatoren; Objektiv 1:2,8/250 mm; Tiefenschärfe 3 bis 4 mm bei geöffneter Blende, 10 bis 12 mm bei halb geöffneter Blende; Glasscheibe als Schutz zwischen optischem Teil und Experimentierraum. Mit dieser Konstruktion können auch Experimente vorgeführt werden, bei denen aggressive Gase entweichen; ferner können Rohre oder Tiegel ohne Beschädigung der Optik mit dem Bunsenbrenner erhitzt werden.[**]

Im folgenden beschreiben wir einige Experimente, für die man außer den Projektionsgeräten eine regulierbare Gleichstromquelle und ein kombiniertes Volt- und Amperemeter in Projektionsausführung (z. B. Zwillings-Mavo 44273 mit Meßbereichs-Schaltkasten 44274 der Firma Leyboldt, Köln) benötigt.

Ionenwanderung im elektrischen Feld

Es wird in Durchlichtprojektion gezeigt, daß die Ionen $[Cu(NH_3)_4]^{2+}$ und CrO_4^{2-} im elektrischen Feld in entgegengesetzte Richtung wandern.

Der Ansatz A des in Abbildung 1 gezeigten U-Rohres, in dessen Schenkeln (Länge 10 cm; Durchmesser 1,5 cm) sich die Platin-Elektroden B (Länge 6 cm; Durchmesser 1 mm) befinden, wird mit einem 1,5 cm langen Gummischlauch, in dem ein Glasstab steckt, verschlossen. Zunächst wird das U-Rohr zu einem Drittel mit der Elektrolyt-Lösung I gefüllt (1 ml 2n NH_4Cl + 30 ml konz. NH_3 mit H_2O auf 100 ml aufgefüllt). Dann unterschichtet man den Elektrolyten mit der zu untersuchenden Lösung II. Diese besteht aus einer Mischung von 6 ml konz. NH_3 (mit $CuSO_4 \cdot 5 H_2O$ gesättigt) + 2,5 ml konz. NH_3 (mit

---

[*]Vgl. auch A. Stock und H. Ramser, Z. Angew. Chem. 42, 1165 (1929).

[**]Ein geeignetes Gerät baut die Firma Erdmann und Grün, Wetzlar.

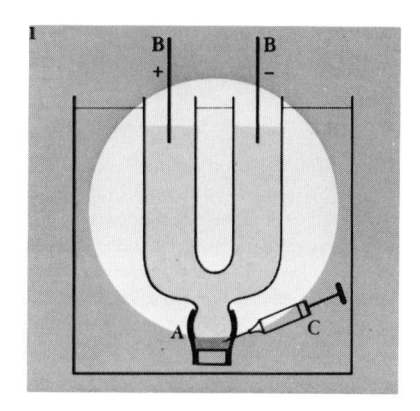

Abb. 1. Demonstration der Ionenwanderung. Der Kreis zeigt den auf der Projektionswand abgebildeten Ausschnitt. A = Verschluß mit Gummischlauch und Glasstab, B = Platin-Elektroden, C = Injektionsspritze (10 ml).

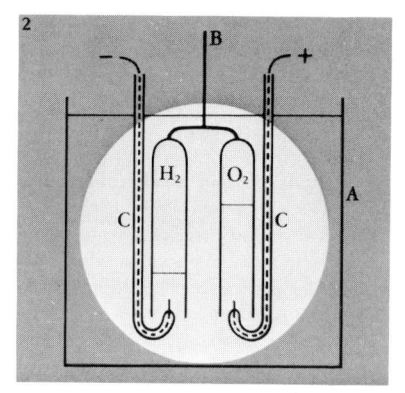

Abb. 2. Elektrolytische Zerlegung des Wassers. Der Kreis zeigt den auf der Projektionswand abgebildeten Ausschnitt. A = Küvettentrog, B = Eudiometerrohre mit Halterung, C = Elektroden.

K_2CrO_4 gesättigt) + 16 ml gesättigter wäßriger Harnstofflösung. Das Unterschichten geschieht vorsichtig mit einer Injektionsspritze C durch den Gummischlauch hindurch. Die Grenzflächen der Lösungen I und II sollen scharf erhalten bleiben. Die Elektroden tauchen zwei Zentimeter tief in den Elektrolyten ein. Zur Vermeidung störender Lichtbrechungseffekte bringt man dann das U-Rohr in einen mit Wasser gefüllten Küvettentrog. Es wird eine Gleichspannung von 30 bis 40 Volt angelegt und zwei bis drei Minuten elektrolysiert. Die blauen $[Cu(NH_3)_4]^{2+}$-Ionen wandern zur Kathode, die gelben CrO_4^{2-}-Ionen zur Anode, wie man an den entsprechenden Farbzonen erkennt.

Elektrolytische Zerlegung des Wassers (Zersetzungsspannung)

Die Elektrolyse des Wassers und die entstehenden Gasvolumina lassen sich bequem und schnell (etwa in einer Minute) mit einem stark vereinfachten „Hofmannschen Apparat"[*] in Durchlichtprojektion demonstrieren (Abbildung 2).

Zwei miteinander verbundene, einseitig geschlossene Glasrohre (Länge: 6 cm, Durchmesser: 1 cm) dienen als Eudiometerrohre. Als Elektroden können z. B. zwei isoliert zugeführte Platindrähte (Durchmesser: 1 mm) verwendet werden. Elektrodenabstand etwa 1,5 cm. Küvettentrog (12,0 × 12,0 × 3,0 cm) und die Eudiometerrohre werden mit etwa 0,2 n H_2SO_4 beschickt. Sollen nur die entstehenden Gasvolumina gezeigt werden, so wird von Anfang an mit 6 V Gleichspannung elektrolysiert.

Es läßt sich auch demonstrieren, daß zur

---

[*]Vgl. A. W. v. Hofmann: Eine Vorlesung über Vorlesungsversuche. Ber. Dtsch. Chem. Ges. **2**, 237 (1869).

Zersetzung eine Mindestspannung (Zersetzungsspannung) notwendig ist. Dazu schaltet man in den Stromkreis ein geeignetes Projektionsinstrument, das es gestattet, Spannung und Strom zu messen. Man beginnt mit der Spannung Null und läßt sie stetig ansteigen. Beim Überschreiten einer bestimmten Spannung beginnt der Stromfluß. Gleichzeitig beginnt die Gasentwicklung an den Elektroden. Man beobachtet so den Beginn der Elektrolyse bei einer angelegten Spannung von etwa 1,8 Volt. Wegen der Überspannung (und wegen nicht-stromloser Messung) liegt dieser Wert um rund 0,6 Volt höher, als dem thermodynamischen Gleichgewichtswert entspricht.

Überspannung

Das folgende Experiment zeigt die Abhängigkeit der effektiven Zersetzungsspannung des Wassers vom Elektrodenmaterial:

Ein Reagenzglas wird mit einigen Milliliter Quecksilber und mit 0,2 n H_2SO_4 beschickt und nach Eintauchen in den mit Wasser gefüllten Küvettentrog im Durchlicht projiziert. Als Anode dient ein einfacher Platindraht. Der als Kathode verwendete Platindraht ist bis auf seine Spitze durch Einschmelzen in Glas isoliert.

Man bestimmt zunächst unter Beachtung des Stromes und der Gasentwicklung die Zersetzungsspannung (s. vorheriger Versuch), ohne daß die Kathode in das Quecksilber eintaucht (etwa 1,8 Volt) und senkt anschließend den kathodischen Platindraht ganz unter die Quecksilber-Oberfläche.

Dabei hört die Elektrolyse auf. Sie beginnt an der Quecksilber-Kathode, wenn die Spannung auf etwa 2,6 Volt erhöht wird. Die Platin-Kathode wird durch Eintauchen in Quecksilber vergiftet. Sie ist vor erneuter Verwendung auszuglühen.

Qualitativ läßt sich die Überspannung auch sehr einfach auf folgende Weise zeigen:

Ein Reagenzglas wird mit 2 n H_2SO_4 und einer Zink-Granalie (p.a. Merck) beschickt, die auf einem oben breit gedrückten Glasstab ruht. Es wird im Durchlicht projiziert. Am hochreinen Zink ist die Überspannung so groß, daß die Wasserstoff-Entwicklung unterbleibt. Wird nun das Zink mit einem Platindraht berührt, so scheidet sich an der Platin-Oberfläche Wasserstoff ab. Gleichzeitig fallen wegen der Auflösung des Zinks Konzentrationsschlieren nach unten (Abbildung 3).

Elektrolyse einer wäßrigen Natriumchlorid-Lösung (Amalgam-Verfahren)

Der Küvettentrog wird als Elektrolysen-

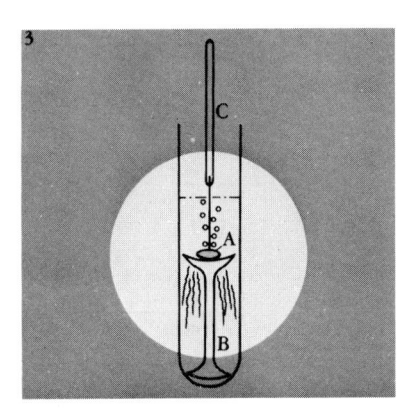

Abb. 3. Demonstration der Wasserstoff-Überspannung am Zink. A = Zink-Granalie, B = breitgedrückter Glasstab, C = Platindraht. Man erkennt die Gasentwicklung am Platindraht und die von der Zinkauflösung herrührenden, herabfallenden Schlieren.

zelle benutzt. Er wird mit 100 ml staubfreiem Quecksilber und 250 ml 2n NaCl-Lösung beschickt. Die Graphit-Anode besteht aus sieben Kohlestäben (RK-D Kohleelektroden. Firma Ringsdorf, Bad Godesberg; Länge 11 cm; Durchmesser 7 mm), die mit einer Kupferschiene zusammengefaßt sind. Das Quecksilber wird als Kathode geschaltet, wobei die Stromzuleitung gegen den Elektrolyten isoliert ist (Abbildung 4). Der Abstand Quecksilberoberfläche/Kohlestäbe beträgt etwa vier Zentimeter. Wird eine Gleichspannung von zehn Volt angelegt, so beobachtet man an der Anode Chlor-Entwicklung. An der Kathode entsteht Natriumamalgam. Wasserstoff entwickelt sich nicht (hohe Überspannung). Die mit der Elektrolyse verbundene Verminderung der NaCl-Konzentration wird durch Schlierenbildung sichtbar.

Nach ein bis zwei Minuten wird die Elektrolyse abgebrochen. Dann wird ein Kohlestab mit der Quecksilberphase in Kontakt gebracht: Am Kohlestab entwickelt sich Wasserstoff. Wegen der dort erheblich herabgesetzten Wasserstoffüberspannung kann die Reaktion

$$Na/Hg + H_2O \rightarrow NaOH + 1/2 H_2 + Hg$$

ablaufen. Hierbei tritt Na^+ an der Quecksilber-Oberfläche in die wäßrige Lösung über, während die Elektronen zum Kohlestab fließen und dort H^+ entladen. An Stelle des Kohlestabs kann z. B. auch ein Platindraht verwendet werden.

Schmelzflußelektrolyse von Natriumhydroxid

Mit diesem Experiment wird sowohl die Natrium-Abscheidung an der Kathode als auch die Gasentwicklung an der Anode gezeigt. Die Elektrolyse wird in Auflichtprojektion vorgeführt. Vor Versuchsbeginn werden 100 g NaOH-Plätzchen zweckmäßig in einer flachen Silberschale ge-

Abb. 4. Elektrolyse einer wäßrigen Kochsalzlösung nach dem Amalgamverfahren. A = Kupferschiene mit Kohlestäben (Anode), B = Platinkontakt zur Quecksilber-Kathode.

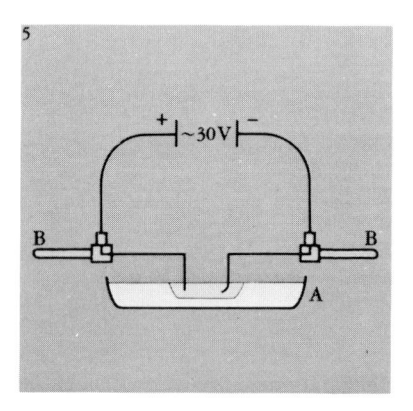

Abb. 5. Schmelzflußelektrolyse von Natriumhydroxid. Die Abbildung zeigt die Seitenansicht, während man bei der Projektion von oben auf die Anordnung sieht. A = Porzellanschale mit NaOH, B = Eisenelektroden mit isolierenden Griffen.

schmolzen und weitgehend entwässert. Die NaOH-Schmelze wird in eine flache Porzellanschale (Durchmesser: 10 cm), die zugleich als Elektrolysenzelle dient, ausgegossen und bis zum Versuch im Exsikkator über P_2O_5 aufbewahrt. Als Elektroden werden 1 mm starke Eisendrähte benutzt, die mit Holzgriffen und Steckern für die Stromzuführung versehen sind (Abbildung 5). Die Anode ist fest eingespannt und taucht bei der Elektrolyse einige Millimeter tief in die Schmelze ein. Die Kathode ist beweglich und wird mit der Hand geführt. Bei einer Gleichspannung von etwa 40 V wird durch kurzen Kontakt mit der Anode ein Lichtbogen gezogen und so NaOH geschmolzen (Spitzenbelastung 15 bis 20 Ampere). Nach zwei bis drei Sekunden ist genügend Schmelze vorhanden. Der Elektrodenabstand soll nun ein bis zwei Zentimeter betragen. Um einen ruhigen Elektrolysenverlauf zu erreichen, erniedrigt man die Spannung auf etwa 30 V. Die Joulesche Wärme genügt dann, um die Schmelztemperatur zu halten. Nach kurzer Zeit (15 bis 20 s) erkennt man an der Kathode die Abscheidung von metallischem Natrium, das an der Oberfläche schwimmend sich zu größeren Tropfen vereinigt. An der Anode entwickeln sich Sauerstoff und Wasser (Gasblasen).

Elektrolytische Kupferraffination

Kupfer wird gleichzeitig kathodisch abgeschieden und anodisch aufgelöst. Als Reaktionsraum dient der Küvettentrog, der in Durchlichtprojektion gezeigt wird. Elektrolyt ist 1 m $CuSO_4$-Lösung. Kathode und Anode bestehen aus je einem Kupferblech (90 × 15 × 1,5 mm). Elektrodenabstand 35 mm, Eintauchtiefe 30 mm. Es wird mit etwa 12 V Gleichspannung elektrolysiert, Strom etwa 1,5 A: An der Kathode scheidet sich Kupfer, zum Teil als „Bart" ab, zugleich steigt der verarmte Elektrolyt an der Kathode nach oben (helle Schlieren). Durch den Auflösungsvorgang an der Anode fallen dunkle Konzentrationsschlieren nach unten.

Der Kathodenvorgang ist die Umkehrung des Anodenvorgangs; chemische Arbeit wird nicht geleistet. Daher wird eine Zersetzungsspannung nicht beobachtet. Sobald eine Spannung angezeigt wird, fließt auch ein Strom. Das System ist unpolarisierbar.

Elektrolyse von $PbCl_2$-Lösung

Der Küvettentrog enthält eine gesättigte wäßrige $PbCl_2$-Lösung. Die Elektroden sind Platindrähte von einem Millimeter Dicke. Elektrodenabstand 55 mm; Eintauchtiefe 60 mm; Spannung 25 Volt. Man beobachtet in Durchlichtprojektion an der Kathode die schnelle Abscheidung von Blei und an der Anode Chlor-Entwicklung.

Blei-Akkumulator

Die wesentlichen Vorgänge beim Laden des Akkumulators lassen sich im Auflicht mit einem Episkop zeigen.

$$PbO_2 + Pb + 2H_2SO_4 \underset{\text{Ladung}}{\overset{\text{Entladung}}{\rightleftarrows}} 2PbSO_4 + 2H_2O$$

Für die Demonstration werden benötigt: Eine Petrischale (Durchmesser 7,5 cm); zwei Bleibleche (1,5 × 8 × 0,1 cm) als Elektroden; 2,6 n (D = 1,15) H_2SO_4 als Elektrolyt; Projektions-Voltmeter, Gleichstromquelle. Die Bleielektroden werden mit Wasser und Netzmittel („Pril") entfettet und vor dem Versuch eine halbe bis eine Stunde in 2 n H_2SO_4 gelegt. Dabei bildet sich eine dünne Bleisulfatschicht. Beide Elektroden haben dann die gleiche graue Ausgangsfarbe.

färbt sich dunkelbraun (PbO_2), die Kathode hellgrau (Pb). Anschließend verwendet man den Akku als Spannungsquelle: Mit dem Projektionsvoltmeter werden rund 2 V gemessen.

Daniell-Element

Den stromliefernden Vorgang dieser klassischen Stromquelle beschreibt die Gleichung $Cu^{2+}+Zn \rightarrow Zn^{2+}+Cu$ ($E° = 1,1$ Volt).

Eine Petrischale (Durchmesser 7,5 cm) wird durch eine poröse Tonplatte (Diaphragma) in zwei Kammern geteilt (Abbildung 6). Die Tonplatte wird zweckmäßig mit „UHU-hart" in die Petrischale eingekittet. Ein Kupfer- und ein Zinkblech (z. B. 3 × 1,5 × 0,1 cm) dienen als Elektroden, 0,5 m $CuSO_4$-Lösung und 0,5 m $ZnSO_4$-Lösung als Elektrolyte.

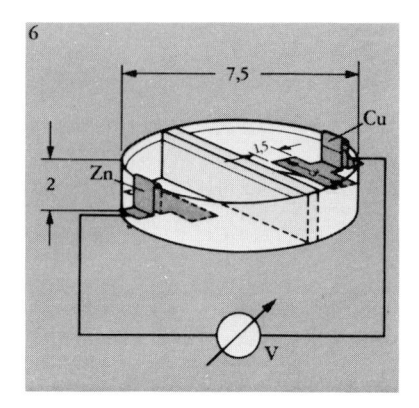

Abb. 6. Daniell-Element. Bei der Demonstration sieht man nicht wie hier von der Seite, sondern von oben auf diese Anordnung (Maße in Zentimetern).

Das Experiment wird eindrucksvoller, wenn schon während des Zusammenbaus projiziert wird. Die Petrischale wird mit 2,6 n H_2SO_4 gefüllt, die Blei-Elektroden werden einzeln eingelegt und mit der Gleichstromquelle verbunden. Dann wird der „Akku" geladen: Legt man 2,5 bis 3 Volt an, so dauert der Ladevorgang einige Minuten. Wird mit höherer Spannung (etwa 10 Volt) geladen, so läßt sich die Ladezeit verkürzen (eine Minute), der „Akku" „gast" dann aber. Die Anode

Es wird im Auflicht projiziert, beginnend mit dem Zusammenbau. Zunächst werden die Kammern gefüllt, die eine mit Kupfersulfat-, die andere mit Zinksulfat-Lösung. Dann wird die Zink-Elektrode in die Zinksulfat-Lösung und die Kupfer-Elektrode in die Kupfersulfat-Lösung eingehängt. Verbindet man die Elektroden mit einem Demonstrationsvoltmeter, so mißt man eine Spannung von annähernd 1 V.

Projizierte Experimente

Siegfried Hünig und Gerhard Witt

Chemische Demonstrationsversuche sollen ein bestimmtes Phänomen eindrucksvoll vor Augen führen. Diese Absicht ist vor einem größeren Hörerkreis selbst dann nur schwer zu verwirklichen, wenn eine Reaktion von deutlich wahrnehmbaren Veränderungen begleitet ist. Dauer und Gefährlichkeit des Experiments sowie die Kosten der Chemikalien setzen einer beliebigen Vergrößerung der Geräte rasch Grenzen. Viele dieser Schwierigkeiten umgeht der Projektionsversuch, zumal er oft Einzelheiten zeigt, die im Normalversuch selbst vom Experimentator kaum wahrgenommen werden können.

Im folgenden beschreiben wir eine einfache Methode, mit der sich zahlreiche Versuche sowohl kleinen Gruppen als auch einem Hörerkreis bis zu etwa 400 Personen eindrucksvoll vorführen lassen. Man benötigt dazu einen handelsüblichen Tischprojektionsschreiber sowie einen Satz zerlegbarer Küvetten, die man sich mit einfachen Mitteln selbst bauen kann. Da die Versuche auf dem Experimentiertisch ausgeführt werden, bleiben sie für den Hörer in allen Phasen überschaubar.

Da alle Versuche im Durchlicht projiziert werden, eignen sich vor allem solche Experimente, bei denen man von klar durchsichtigen Lösungen ausgeht, welche bei der Reaktion die Farbe wechseln. Auch Gasentwicklungen sind ausgezeichnet zu sehen. Außerdem eignen sich Zeitreaktionen, bei denen erst nach Sekunden oder Minuten Färbungen, Trübungen oder Niederschläge entstehen, sehr gut für diese Projektionsversuche, besonders wenn man im Parallelversuch unterschiedliche Reaktionsgeschwindigkeiten zeigen will. Weniger geeignet sind rasche Niederschlagsbildungen, da es lediglich zum Abdunkeln des Projektionslichtes kommt. In diesen Fällen kann man häufig in sehr verdünnten Lösungen durchscheinende Suspensionen erhalten, deren Farbe in der Projektion noch zu erkennen ist. Die große Leuchtfläche des Projektionsschreibers beschränkt die Versuchsdurchführung nicht auf Küvetten. So lassen sich z. B. auch Versuche mit Gasen in kolbenförmigen Gefäßen gut projizieren. Die breiten Variationsmöglichkeiten der Methode können dem speziellen Bedarf bequem angepaßt werden. Es genügt deshalb, hier die technischen Voraussetzungen sowie einige charakteristische Versuche zu beschreiben.

Die Geräte

Der Projektor

Ein Schreibprojektor (Brennweite 35 cm) liefert auf einem Tisch von etwa 1 m Höhe und in etwa 2 m Abstand zur Projektionswand ein Bild von rund 1,40 m Breite und 1,80 m Höhe. Durch leichtes Schrägstellen des Projektors bringt man die un-

Abb. 1. Projektor in Arbeitsstellung.

tere Bildkante auf etwa 2,80 m Höhe. Dabei verbreitert sich das Bild nach oben hin, was aber kaum stört. Abbildung 1 zeigt das Gerät für den Projektionsversuch vorbereitet. Für diesen Zweck werden zunächst die Walzen für die Schreibfolie vertauscht, damit die Handkurbel für den Weitertransport beim liegenden Projektor nach oben zeigt. Außerdem wird die Objektivsäule in die bereits vorhandenen Löcher auf der linken Seite des Projektors montiert[*]. Der Projektor wird nun wie in Abbildung 1 gekippt und mit einem etwa 7 cm dicken Holzklotz von hinten so unterstützt, daß das Ende der Objektivsäule fest auf dem Experimentiertisch aufliegt. Das auf diese Weise sicher gelagerte Gerät ist nach dem Aufrichten sofort wieder als Schreibprojektor einsatzbereit. Lampe und Ventilator arbeiten auch in der gekippten Stellung einwandfrei. Die Helligkeit des Projektionslichts reicht in der Sparschaltung für fast alle Versuche aus, so daß die Brenndauer der Jod-Quarzlampe häufig 100 Stunden übersteigt. Wie Abbildung 2 zeigt, steht vor der Projektorfläche, die mit einer Glasscheibe 35 × 35 cm vor Chemikalienspritzern geschützt ist, ein Holzblock von 14 cm Höhe, 15 cm Breite und 30 cm Länge. Diese Arbeitsbühne ist nach unten hin zur Projektorfläche abgedeckt. Außerdem ist ein Stück Pappkarton am Objektiv so angebracht, daß störende Reflexionen von der Linsenfläche zur Zuschauerseite hin ferngehalten werden. So vorbereitet ist der Projektor für die Küvettenprojektion einsatzbereit. Er wird zweckmäßig über einen Kabelschalter bedient.

Die Küvetten

Es werden die folgenden Materialien benötigt, die leicht über den Fachhandel zu beziehen sind:

a. Fensterglasplatten mit abgeschliffenen Kanten in den Abmessungen 260 × 110 × 3 mm, 130 × 110 × 3 mm und 220 × 130 × 3 mm.

b. Genormte Aluminium-U-Profilschienen von 2 mm Stärke mit den Profilmaßen 20 × 30 × 20 mm in Längen von 110 mm. Mit einem Eisensägeblatt sind die gewünschten Längen relativ einfach selbst zu sägen, die Sägekanten mit einer Feile zu glätten.

c. Moos-Dichtungsgummi von 20 mm Breite und 10 mm Stärke als Band. Die Längen ergeben sich aus den Küvettentypen (s. unten).

d. Tesaband 30 mm breit.

Zusammenbau der Küvetten

Die Aluminium-U-Profile werden an ihren Seitenteilen von innen her über die Einfaßkanten nach außen mit Tesaband beklebt. Auf diese Weise werden die Haftung der Glasplatten verbessert und feine Unebenheiten in der Glasplattenstärke ausgeglichen (Abbildung 3). Entsprechend

Abb. 2. Projektor in Arbeitsstellung mit vorgesetzter Küvette.

---

[*]Verwendet wurde der Leybold-Schreibprojektor (Bestell-Nr. 44190).

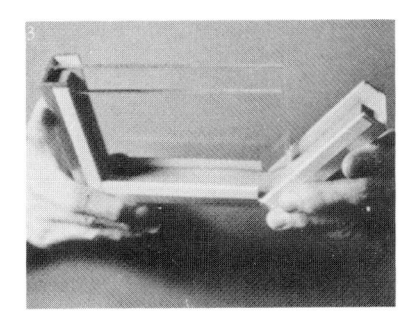

Projizierte Experimente

Abb. 3. Zusammenbau einer Küvette.

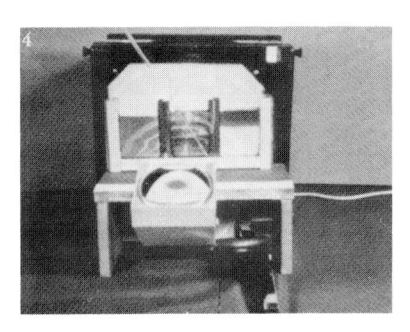

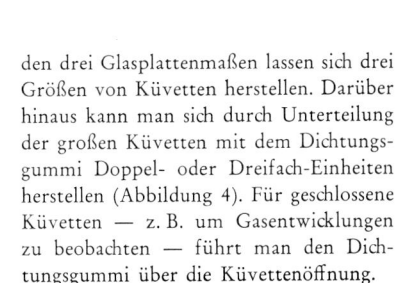

Abb. 4. Projektor mit davor stehender Dreifachküvette.

den drei Glasplattenmaßen lassen sich drei Größen von Küvetten herstellen. Darüber hinaus kann man sich durch Unterteilung der großen Küvetten mit dem Dichtungsgummi Doppel- oder Dreifach-Einheiten herstellen (Abbildung 4). Für geschlossene Küvetten — z. B. um Gasentwicklungen zu beobachten — führt man den Dichtungsgummi über die Küvettenöffnung.

Das Zusammensetzen der verschiedenen Küvetten läßt sich mit Hilfe von entsprechenden Formstücken aus Holz oder Kunststoff zur Führung des Dichtungsgummis erleichtern. Ein Formstück der Größe 200 × 60 × 16 mm ist ausreichend, um alle Formen der dargestellten Art nach einiger Übung leicht herzustellen.

Die Küvetten lassen sich in vielen Fällen durch einfaches Ausspülen unter fließendem und anschließend unter destilliertem Wasser säubern, wobei sie nicht auseinandergenommen werden müssen.

Der Dichtungsgummi ist gegen die verschiedensten Solventien sehr widerstandsfähig. Bei chlorierten Kohlenwasserstoffen quillt er unter Narbenbildung auf. Trotzdem kann er auch hier eingesetzt werden, wenn die Einwirkung nicht allzu lange dauert. In diesen Fällen ist es zweckmäßig, die Küvetten erst vor Versuchsbeginn zu beschicken und danach sofort zu entleeren.

Typische Projektionsversuche

Im folgenden sind einige charakteristische Projektionsversuche beschrieben, die sich durch die zu beobachtenden Phänomene unterscheiden. Als Geräte dienen offene oder geschlossene Küvetten sowie gasgefüllte Kolben. Ein besonderer Vorteil dieser Projektionsversuche besteht darin, daß man Formel und Namen der Reagenzien mit projizieren kann. Man beschriftet entweder die Schreibfolie des Projektor, die Schutzglasplatte oder die Küvetten mit einem Filzschreiber. Die hier getroffene Auswahl ließe sich fast beliebig erweitern. Der Phantasie des Experimentators sind kaum Grenzen gesetzt.

Farbänderungen

Nitritnachweis durch Bildung eines Azofarbstoffs (Lunges Reagens)

Aromatische Amine reagieren mit Nitrit zu Diazoniumsalzen, die mit geeigneten aromatischen Aminen zu Farbstoffen „kuppeln". In unserem Fall laufen sowohl die Diazotierung als auch die Kupplung im sauren Medium ab, so daß bei geeigneten Kombinationen das zu diazotierende Amin — das Anion der Sulfanilsäure — und die Kupplungskomponente — α-Naphthylamin — gleichzeitig vorliegen können.

$^{\ominus}O_3S$—〈 〉—NH_2 $\xrightarrow[NO_2^{\ominus}]{H_3O^{\oplus}}$ $^{\ominus}O_3S$—〈 〉—$\overset{\oplus}{N}\equiv N$

Anion der Sulfanilsäure　　　Diazoniumium

$^{\ominus}O_3S$—〈 〉—$\overset{\oplus}{N}\equiv N$ + [α-Naphthylamin mit NH_2] →

α-Naphthylamin

$^{\ominus}O_3S$—〈 〉—$N=N$—[Naphthyl]—NH_2 $\xrightarrow{H_3O^{\oplus}}$

(gelb)

$\left[^{\ominus}O_3S-\langle\rangle-\underset{H}{N}-N=\langle\text{Naphthyl}\rangle=\overset{\oplus}{N}H_2 \right.$

↕ (rot)

$\left. ^{\ominus}O_3S-\langle\rangle-\underset{H}{\overset{\oplus}{N}}=N-\langle\text{Naphthyl}\rangle-NH_2 \right]$

Eine Küvette, gefüllt mit 150 ml 50proz. Methanol, wird bei Versuchsbeginn mit je 10 ml 1proz. Lösung von Sulfanilsäure in Wasser und 1proz. α-Naphthylaminlösung in 30proz. Essigsäure versetzt. Einige Körnchen Natriumnitrit, die man in die Lösung fallen läßt, bilden schöne rote Farbschlieren. Der Methanolzusatz verhindert Ausflocken des Farbstoffes.

Reversibles, zweistufiges Redoxsystem

Es soll gezeigt werden, daß in dem Redoxsystem Hydrochinon/Chinon im basischen

[Struktur: Hydrochinon] $\xrightleftharpoons[+ 2e, +2 H^{\oplus}]{\text{Oxidation} \atop -2e, -2 H^{\oplus}}$ [Struktur: Chinon] 　Reduktion

Hydrochinon　　　　　　　　Chinon

Medium allein der reversible Elektronenaustausch stattfindet und zwar in zwei Stufen. Als alkalistabiles Chinon eignet sich das gelbe Durochinon. Sein Radikalanion („Semichinon") ist in Lösung dunkelbraun.

[Struktur: Durohydrochinon-Dianion] ⇌ [Struktur: „Semichinon"]

Durohydrochinon-Dianion
farblos

„Semichinon"
dunkelbraun

⇌ [Struktur: Durochinon]

Durochinon
gelb

Durch den Dichtungsgummi einer geschlossenen Küvette wird ein Tropftrichter geführt, der fast bis auf den Boden der Küvette reicht, sowie durch eine zweite Öffnung ein Gasableitungsrohr, das mit einem Schlauch verbunden ist, der zu einer Wasserstrahlpumpe mit Sicherheitsflasche führt (Abbildung 5). Man bereitet in einer Schliffstopfenflasche eine Lösung von 0,1 g Durohydrochinon* in 100 ml Pyridin und 100 ml Wasser. Die bei Zusatz von 10 ml

---

*J. B. Conant und L. F. Fieser, J. Am. Chem. Soc. **45**, 2194 (1923).

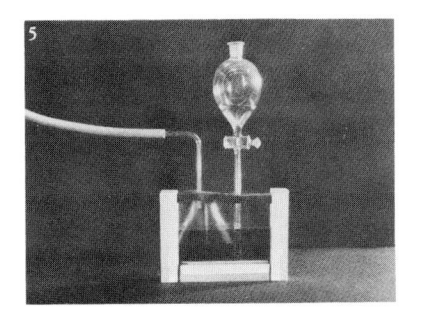

Abb. 5. Geschlossene Küvette mit Tropftrichter und Gasableitungsrohr. Zur Abdichtung müssen die Enden des waagerechten Moosgummistreifens mit einer Rasierklinge möglichst eben abgeschnitten werden; zur völligen Abdichtung gibt man einige Tropfen Glyzerin auf die porigen Enden, bevor sie gegen die glatte Gummifläche des äußeren Dichtungsgummis gedrückt werden. Die Löcher im Dichtungsgummi können leicht mit einem Korkbohrer gebohrt werden.

2 n Natronlauge durch Luftoxidation auftretende Braunfärbung beseitigt man mit etwa 5 ml 2proz. frischer Natriumdithionitlösung. Mit der Hälfte dieser Lösung beschickt man die Küvette durch den Tropftrichter und entfernt eine etwa auftretende Braunfärbung wieder mit etwas Dithionitlösung. Bei geöffnetem Hahn des Tropftrichters saugt man nun mit Hilfe der Wasserstrahlpumpe einen kräftigen Luftstrom durch die Lösung. Die farblose Lösung (Hydrochinon-Stufe) verfärbt sich dabei über Gelb nach Dunkelbraun (Semichinon-Stufe) und hellt sich dann nach ein bis zwei Minuten zu einem bleibenden Lichtgelb (Chinon-Stufe) auf. Man kann die Lösung wieder mit Dithionit entfärben und den Oxidationsvorgang wiederholen. Läßt man die Dithionitlösung vorsichtig zulaufen, so bilden sich bald drei Farbzonen aus: Die untere farblose Zone enthält das Durohydrochinon-Dianion, die folgende dunkelbraune das Radikalanion und die darüber stehende gelbe Zone das Chinon.

Gasentwicklungen

Reaktivität von Alkoholen gegen Natrium

Es soll gezeigt werden, daß die Geschwindigkeit der Reaktion

$$R-OH + Na \rightarrow RO^- Na^+ + 1/2\, H_2$$

mit der Kettenlänge des Alkohols abnimmt.

Die beiden Kammern einer Doppelküvette werden zu etwa $^3/_4$ mit Äthanol oder n-Butanol gefüllt. Die Alkohole wurden vorher mit einigen Tropfen Phenolphthaleinlösung und einigen Tropfen Wasser versetzt. An zwei Glasstäben mit spitzen Enden werden erbsengroße Stücke Natrium (Schutzbrille!) aufgespießt und in die Küvettenhälften hineingestellt. In Äthanol beobachtet man starke, in n-Butanol schwache Wasserstoffentwicklung unter Rotfärbung der Lösungen.

Versuche in verschiedenen Phasen

Protonierung von Diäthyläther

Der schwach basische Charakter von Äther soll durch seine Löslichkeit in starker wäßriger Salzsäure gezeigt werden.

$$H_5C_2-\overline{\underline{O}}-C_2H_5 + H-\overset{H}{\underset{|}{\overset{\oplus}{\underline{O}}}}-H$$

$$\rightleftharpoons H_5C_2-\overset{H}{\underset{|}{\overset{\oplus}{\underline{O}}}}-C_2H_5 + H-\overline{\underline{O}}-H$$

Zu einer Küvette mit 40 ml Wasser werden

zunächst 0,5 ml mit wenig Sudanrot angefärbter Diäthyläther gegeben. Beim Umrühren mit dem Glasstab geht der Äther in Lösung. Nach Zugabe von weiteren 20 ml Äther bleibt dieser als obere gefärbte Schicht bestehen. Nun werden vorsichtig 60 ml eisgekühlte konzentrierte Salzsäure hinzugefügt (Achtung, Erwärmung). Man rührt vorsichtig mit einem Glasstab. Unter starker Schlierenbildung verschwindet der Äther, bis schließlich eine homogene Lösung entsteht.

Trübungen und Niederschläge

Reaktivität von Alkylhalogeniden

Mit dieser Versuchsserie läßt sich zeigen, daß der Begriff „Reaktivität" einer Verbindung nur Sinn hat, wenn man ihn auf bestimmte Reaktionspartner bezieht, zu denen häufig auch das Lösungsmittel gehört. Außerdem erkennt man, daß man in einer Versuchsreihe stets nur einen Faktor verändern darf, um einwandfreie Aussagen zu erhalten.

a. Reaktivitätsreihe der Halogene als Abgangsgruppe bei der Reaktion*

R-Hal + H$_2$O + Ag$^{\oplus}$ →

R-OH + AgHal↓ + H$^{\ominus}$

Die Abteile einer Dreikammerküvette werden mit je 60 ml 0,4proz. äthanolischer Silbernitratlösung und 15 ml Wasser beschickt. Zu je einer Einheit werden 1 ml folgender Alkylhalogenide langsam zugetropft:

n-Butylchlorid ⟶ keine Reaktion, Lösung unverändert.

---

*Äthanol als Reaktionspartner wurde hier außer acht gelassen.

n-Butylbromid ⟶ langsame Reaktion, nach einigen Minuten einsetzende Trübung.

n-Butyljodid ⟶ schnelle Reaktion, nach einigen Sekunden Trübung, dann Ausfällung.

Die Trübungen zeigen sich in der Projektion als bräunliche Färbungen. Die Reaktivitätsreihe für obige Reaktion ist also

RCl ≪ RBr < RJ

b. Reaktivität primärer und tertiärer Alkylhalogenide gegen verschiedene Reagenzien.

Im ersten Vergleich handelt es sich um die unter a) beschriebene Reaktion. Man verwendet eine Doppel- oder zwei Einzelküvetten, die mit Silbernitratlösung nach a) beschickt sind, und gibt dazu:

1 ml n-Butylbromid ⟶ langsam einsetzende Trübung.

1 Tropfen tert.-Butylbromid ⟶ an der Eintropfstelle entsteht sofort ein Niederschlag.

Der zweite Vergleich macht von der Tatsache Gebrauch, daß NaJ im aprotischen Solvens Aceton löslich ist, NaBr dagegen praktisch nicht.

Die Reaktion verläuft nach

R-Br + J$^{\ominus}$ + Na$^{\oplus}$

$\xrightarrow{\text{Aceton}}$ R-J + Na$^{\oplus}$Br$^{\ominus}$↓

Die beiden Kammern der Küvette werden mit 8proz. acetonischer NaJ-Lösung gefüllt und versetzt mit je 5 ml:

n-Butylbromid ⟶ unter Gelbfärbung trübt sich die Lösung sofort, und es fällt ein Niederschlag aus.

tert.-Butylbromid ⟶ es entwickelt sich nur eine sehr schwache Gelbfärbung.

Projizierte Experimente

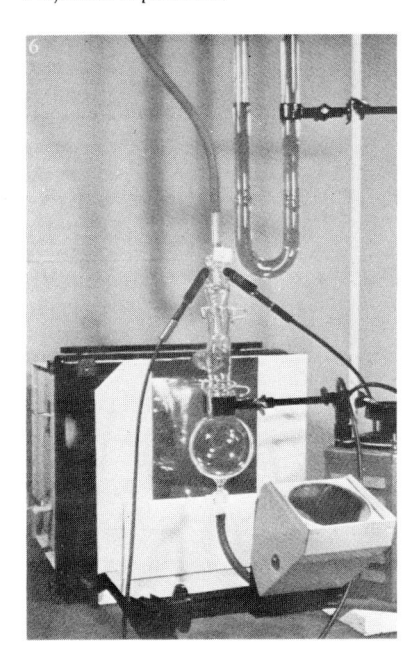

Abb. 6. Versuchsaufbau für das Cracken von Methan.

Die Umkehrung der Reaktivität der gleichen Alkylhalogenide gegen die beiden Reagenzien zeigt, daß unterschiedliche Reaktionsmechanismen vorliegen müssen, die sich als S_N1- und S_N2-Typus beschreiben lassen.

Projektionsversuche ohne Küvetten

Cracken von Methan

Das eingefrorene Gleichgewicht

$$CH_4 \rightleftarrows C + 2\,H_2$$

wird bei hoher Temperatur ($\sim 1000°$ C) mobil und gleichzeitig nach rechts verschoben (Gewinnung von Ruß und Wasserstoff). Die folgende Versuchsanordnung läßt sowohl die Rußbildung als auch die Volumenzunahme erkennen.

Abbildung 6 zeigt die dazu erforderlichen Geräte. Der Glaskolben wird mit einer Klammer an einem Stativ vor der Projektorfläche montiert. Das U-Rohr ist neben oder über dem Projektor gut sichtbar aufgebaut. Zunächst ist das U-Rohr nicht mit Sperrflüssigkeit gefüllt, und alle Hähne des Kolbens sind geöffnet. Durch Hahn 1 wird Methan (Leuchtgas) eingeleitet und Hahn 2 geschlossen. Unter weiterem vorsichtigem Gaszustrom wird das U-Rohr mit Sperrflüssigkeit (Wasser mit Methylenblau angefärbt) halb gefüllt, der Gasstrom abgestellt und Hahn 1 geschlossen. Die Gaszuführung von Hahn 1 wird gelöst und durch kurzes Öffnen von Hahn 1 wird das Niveau der Sperrflüssigkeit im U-Rohr auf Druckausgleich gestellt. Die Apparatur ist so für das Experiment vorbereitet. Man sollte nicht ohne Schutzbrille weiterarbeiten. Zum Publikum hin ist der Kolben bei eventuellem Zerspringen durch den Projektor abgeschirmt. Im Projektionsbild weist man auf den klaren Glaskolben sowie auf die Heizwendel hin (etwa 5 cm Stück einer normalen Heizwendel für Heizplatten). Mit Hilfe des Trafos wird die Wendel unter Spannung gesetzt (~ 40 V) und bis zur Hellrotglut gebracht, ohne daß sie jedoch verglüht. Zunächst wird im U-Rohr die Wärmeausdehnung des Gases im Kolben sichtbar; allmählich belegt sich der Kolben mit einer dünnen Rußschicht. Wird das Projektionslicht ausgeschaltet und ist der Vorführraum völlig dunkel, so kann die glühende Heizwendel auf der Projektionswand abgebildet werden. Die Heizung wird nach 20 bis 30 Sekunden abgestellt, und nach 10 bis 15 Minuten ist die Apparatur auf Zimmertemperatur abgekühlt. Am U-Rohr ist eine Volumenvermehrung von ca. 15 cm Schenkellänge abzulesen.

Einfache Versuche in flüssigem Ammoniak als Reaktionsmedium

O. Schmitz-DuMont

Flüssiges Ammoniak ist zwar keine ganz harmlose Substanz; mit einiger Umsicht läßt es sich jedoch auch in weniger gut ausgestatteten Laboratorien handhaben, sofern nur ein gut ziehender Abzug zur Verfügung steht.

Wenn auch bei den folgenden Versuchen kaum darauf eingegangen wird, sei doch darauf hingewiesen, daß flüssiges Ammoniak ein vielgebrauchtes Reaktionsmedium in der präparativen Chemie ist; beispielsweise ist die Lösung von Natrium in flüssigem Ammoniak ein beliebtes Reduktionsmittel für organische Substanzen.

Was die Versuche zeigen sollen

1. Flüssiges Ammoniak kann ebenso wie Wasser Elektrolyte auflösen, wobei elektrisch leitende Lösungen gebildet werden.

2. Flüssiges Ammoniak löst metallisches Kalium unverändert auf.

3. Die Lösung von Kalium in flüssigem Ammoniak reagiert nach Zusatz von Fe_2O_3 als Katalysator so, daß sich unter Wasserstoff-Entwicklung Kaliumamid, KNH_2, bildet.

4. KNH_2 in flüssigem Ammoniak besitzt Basen- und NH_4Cl Säurefunktion. Das Amid-Ion, NH_2^-, entspricht genau dem OH^--Ion in wäßriger Lösung, während das Ammonium-Ion, NH_4^+, das Analogon zum Hydronium-Ion, H_3O^+, darstellt. Die basische bzw. saure Reaktion der Lösung in flüssigem Ammoniak kann wie die einer wäßrigen Lösung mit einem Farbstoffindikator nachgewiesen werden.

5. In flüssigem Ammoniak lassen sich neutralisationsanaloge Reaktionen durchführen, wobei sich der Äquivalenzpunkt wie im wäßrigen Medium mit einem Farbstoffindikator ermitteln läßt.

6. Fällungsreaktionen verlaufen in flüssigem Ammoniak wie in wäßriger Lösung. Für die Richtung sind die Löslichkeitsprodukte $[K^+] \cdot [A^-]$ der Kation-Anion-Kombination maßgebend.

7. Im Ammonosystem existieren leicht lösliche und unlösliche Metallamide analog den löslichen und unlöslichen Hydroxiden im Aquosystem.

Benötigte Arbeitsutensilien

Eine Stahlflasche mit NH_3-Füllung
zwei Dewar-Gefäße (nicht versilbert)
metallisches Kalium
Eisen(III)oxid
Ammoniumnitrat ⎫
Ammoniumchlorid⎭ bei 110° C getrocknet
Neutralrot
Hexamminchromnitrat
festes CO_2 (Trockeneis)
Methanol

Apparatives

Für die Versuche wird der in Abbildung 1 wiedergegebene Apparat verwendet, dessen Konstruktion anhand der Legende ohne weiteres zu verstehen ist.

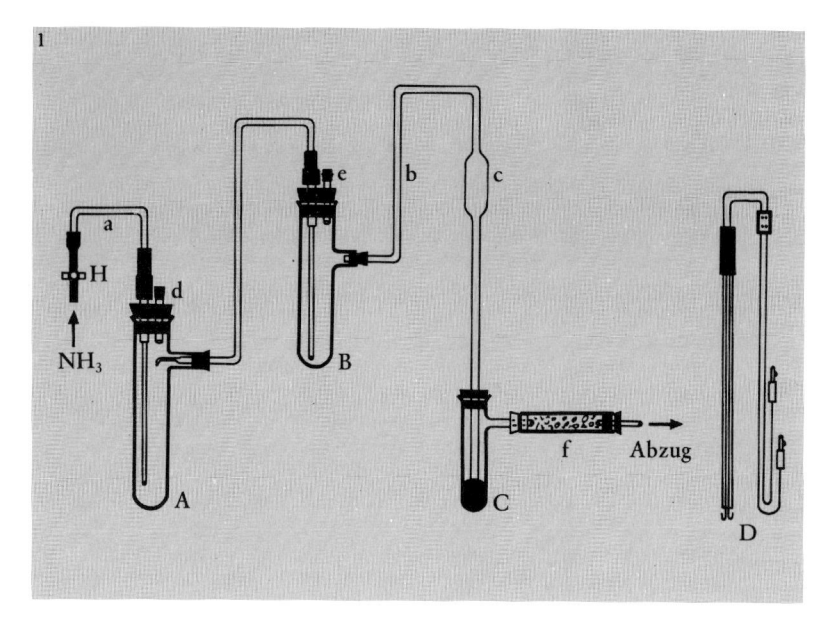

Abb. 1. Die für die beschriebenen Versuche verwendete Glasapparatur. Alle Stopfen und Schlauchverbindungen können aus Gummi, letztere besser aus PVC, bestehen. Es bedeuten: A Reaktionsgefäß, B Gefäß zur Herstellung von KNH_2. Das Verbindungsrohr b (Kapillarrohr, Innendurchmesser 1 mm) wird zur Wärmeisolation mit Asbestschnur umwickelt. Die Erweiterung des Rohres c dient zum Auffangen evtl. hochsteigenden Quecksilbers. C Quecksilber-Sicherheitsventil. Die Mündung des Rohres c taucht etwa 2 mm tief in das Quecksilber in C ein. f ist ein Trockenrohr (Länge 20 cm), mit KOH in Plätzchenform gefüllt. D Leitfähigkeitsprüfer, bestehend aus zwei Glasröhren (Durchmesser 3 mm), am unteren Ende mit je einer eingeschmolzenen Platinöse versehen, an die jeweils ein Kupferdraht angelötet ist. Die beiden Röhren werden durch Umwickeln mit Isolierband zusammengehalten. Der Leitfähigkeitsprüfer muß sich durch die Öffnung d und e in die Gefäße A und B einführen lassen. Die beiden Bananenstecker werden über eine Glühbirne und einen Schalter an das 220-V-Netz angeschlossen.

Die Versuche

Kondensieren von Ammoniak

Man leitet zunächst Ammoniak ohne Kühlung durch die Apparatur, bis die Luft aus den Reaktionsgefäßen A und B verdrängt ist. Ohne den NH_3-Strom abzustellen, kühlt man dann A bzw. B durch Eintauchen in ein Kältegemisch (Methanol + Trockeneis), das sich in einem Dewar-Gefäß befindet:

Ammoniak wird kondensiert.

Achtung! Beim Kühlen darf keine Luft über das Quecksilbersicherheitsventil C eingesaugt werden.

1. Auflösen von Ammoniumchlorid

Man bringt eine Spatelspitze NH_4Cl durch die Öffnung d in das Gefäß A ein und kondensiert unter Kühlung von A etwa 3 cm hoch Ammoniak auf. Das Salz geht in Lösung. Mit dem Leitfähigkeitsprüfer D wird der Elektrolytcharakter des gelösten Salzes nachgewiesen.

2. Auflösen von Kalium

Die Kühlung A wird entfernt und nun B unter weiterem Durchleiten von Ammoniak gekühlt. Ist genügend Ammoniak in B kondensiert (etwa 5 cm hoch), wird eine kleine Menge Kalium (0,1 bis 0,2 g), das durch Schmelzen unter Xylol von der Oxidkruste befreit wurde, durch die Öffnung e eingeführt. Die resultierende tiefblaue Lösung ist ein guter elektrischer Leiter (Nachweis mittels des Leitfähigkeitsprüfers!), da nun K^+-Ionen und solvatisierte, d. h. mit Ammoniak-Molekülen umgebene Elektronen vorliegen. Nun läßt man durch Entfernen der Kühlung von B das Ammoniak über C verdampfen. Kalium kristallisiert unverändert aus und wird anschließend unter Kühlung von B durch Aufkondensieren von Ammoniak wieder gelöst.

3. Umwandlung des gelösten Kaliums in Kaliumamid

Durch die Öffnung e werden in das Reaktionsgefäß B einige mg Fe_2O_3 eingeführt und die Kühlung von B entfernt. Bald entwickelt sich Wasserstoff, und die blaue Farbe der Lösung hellt sich allmählich auf. Schließlich verbleibt eine fast farblose Lösung. Prüfung der elektrischen Leitfähigkeit!

4. Säurefunktion von NH_4Cl und Basenfunktion von KNH_2 in flüssigem Ammoniak

In die in A und B befindlichen Lösungen gibt man einige Körnchen Neutralrot. Die Lösung in A nimmt eine gelbe, die in B eine blaue Farbe an (Bildung der sauren bzw. basischen Form des Indikators).

5. Neutralisation der Ammonosäure NH_4Cl durch die Ammonobase Kaliumamid:

$$NH_4^+ + NH_2^- \rightarrow 2\,NH_3$$

Das Rohr a wird so weit hochgezogen, daß die Rohrmündung im Gefäß A etwa 10 cm über der Flüssigkeit steht. Dann wird der NH_3-Strom abgestellt und der Quetschhahn H zugeschraubt. Nun entfernt man die Kühlung von B und kühlt A vorsichtig durch Anheben des Dewar-Gefäßes mit der Kältemischung. Man reguliert die Kühlung so, daß die durch den Indikator blau gefärbte KNH_2-Lösung in B langsam im Kapillarrohr hochsteigt und aus der Kapillarspitze langsam in das Gefäß A eintropft. Man kann die Tropfgeschwindigkeit — wenn erforderlich — durch Anwärmen von B mit der Hand beschleunigen. Man beobachtet, daß die einfallenden blauen Tropfen in der NH_4Cl-Lösung entfärbt werden. Ist dies nach längerem Eintropfen nicht mehr der Fall, wurde der Äquivalenzpunkt überschritten.

6. Ausfällung von Kaliumchlorid

Während der Neutralisationsreaktion beobachtet man gleichzeitig eine Trübung der Lösung, und Kaliumchlorid, das in flüssigem Ammoniak schwer löslich ist, scheidet sich kristallin ab. Die Gesamtreaktion lautet:

$K^+ + NH_2^- + NH_4^+ + Cl^-$

$\longrightarrow 2\ NH_3 + KCl\downarrow$

7. Ausfällung von unlöslichem Chrom(III)amid

$[Cr(NH_3)_6]^{3+} + 3\ NO_3^- + 3\ K^+ + 3\ NH_2^-$

$\longrightarrow Cr(NH_2)_3\downarrow + 6\ NH_3 + 3\ K^+ + 3\ NO_3^-$

Etwa 0,2 g Hexammin-chrom(III)-nitrat, $[Cr(NH_3)_6](NO_3)_3$, werden in das Reaktionsgefäß A gebracht und durch das Aufkondensieren von Ammoniak aufgelöst. In diese gelbe Hexamminsalz-Lösung läßt man die KNH_2-Lösung aus Gefäß B eintropfen (vgl. Versuch 5). Es fällt fleischfarbenes Chrom(III)amid, $Cr(NH_2)_3$, aus, das sich nach Zusatz von überschüssigem, trockenem Ammoniumnitrat teilweise wieder auflöst, wobei das Ausgangsmaterial $[Cr(NH_3)_6](NO_3)_3$ rückgebildet wird. Bevor Chrom(III)amid ausfällt, bilden sich als Zwischenstufen mehrkernige Komplexe:

$[Cr(NH_3)_6]^{3+} + NH_2^- \longrightarrow$

$[Cr(NH_3)_5NH_2]^{2+} + NH_3$

$2\ [Cr(NH_3)_5NH_2]^{2+} \xrightarrow{-2\ NH_3}$

$$\left[(H_3N)_4Cr \underset{H_2}{\overset{H_2}{\underset{N}{\overset{N}{\diagup\diagdown}}}} Cr(NH_3)_4 \right]^{4+}$$

Die Kondensationsreaktion unter Abspaltung von NH_3 entspricht der „Verolung" im Aquosystem:

$2\ [Cr(OH_2)_5OH]^{2+} \xrightarrow{-2\ H_2O}$

$$\left[(H_2O)_4Cr \underset{H}{\overset{H}{\underset{O}{\overset{O}{\diagup\diagdown}}}} Cr(OH_2)_4 \right]^{4+}$$

Nachweis von Blei
in keramischen Gefäßen

Wie gefährlich das Blei in den Antiklopfmitteln des Autobenzins ist, darüber streiten sich die Experten. Vielfach verweisen die Mineralölkonzerne in einschlägigen Diskussionen auf die viel größeren Gefahren, die durch den Bleigehalt vieler keramischer Glasuren auf uns zukommen. Sicher kann man nicht mit dem Hinweis auf die eine Gefahr die andere — potentielle — wegdiskutieren, aber man darf natürlich über der „großen" Umweltdiskussion auch nicht vergessen, daß viele harmlos erscheinende Gebrauchsgegenstände für Einzelne von uns Gefahren bergen können. So zitiert die amerikanische Zeitschrift "Chemistry" einen Fall, bei dem ein Arzt, seine Frau und drei Kinder an einer schweren Bleivergiftung erkrankten. Die Familie pflegte Orangensaft in einem handgearbeiteten, mexikanischen Keramikkrug aufzubewahren. Aufgrund seines Säuregehaltes löste der Saft Blei aus der Glasur, das sich im Körper akkumulierte, bis die toxische Konzentration erreicht war.

Ebenfalls der Zeitschrift "Chemistry" entnehmen wir — mit freundlicher Genehmigung — das folgende Experiment*:

Die Food and Drug Administration, die in den Vereinigten Staaten für die Überwachung von Lebensmitteln und Medikamenten zuständige Behörde, hat einen Schnelltest zum Nachweis von Blei in keramischen Gefäßen entwickelt. Für diesen Test, der weniger als 0,7 ppm (=Teile pro Million) extrahierbares Blei erfaßt, wurden in den USA spezielle Testkombinationen von Chemikalien entwickelt. Eine für den Schulversuch geeignete Ausführungsform wird in folgendem Experiment beschrieben.

Vorbereitungen

Grundsätzlich braucht man eine schwache Säure (deren Acidität ungefähr der vieler Lebensmittel entspricht), um das Blei aus der Keramik oder der Glasur herauszulösen, eine Pufferlösung, um den pH-Wert der Lösung einzustellen, und ein Farbreagens, das auf Blei anspricht. Man bereite sich folgende Lösungen zu:

1. Pufferlösung: Man löst 1 g Hydroxylamin-hydrochlorid und 10 g Ammoniumcitrat in 150 ml destilliertem Wasser. Dann gibt man Ammoniak-Lösung (reinst) zu, bis die Lösung gegen Phenolrot alkalisch reagiert. Anschließend werden 5 g KCN** zugegeben sowie nochmals 975 ml Ammoniak-Lösung (Dichte 0,9) und 1315 ml destilliertes Wasser.

2. Vorbehandeltes Chloroform: In einen gläsernen 2 l-Scheidetrichter mit Schliffstopfen füllt man 1 l destilliertes Chloroform. In 50 ml destilliertem Wasser werden ungefähr 10 g Hydroxylamin-hydrochlorid gelöst; durch Zugabe reinster Ammoniak-Lösung macht man die Lösung wieder gegen Phenolrot alkalisch. Diese Lösung wird zum Chloroform in den Scheidetrichter gefüllt und anschließend kräftig geschüttelt. Dann wartet man, bis

---

© American Chemical Society 1971

**Vorsicht! Cyanide entwickeln mit Säuren den hochgiftigen Cyanwasserstoff (Blausäure-Gas), und inhalierte Chloroformdämpfe können ebenfalls toxisch wirken. Arbeiten Sie im Abzug und mit allen Vorsichtsmaßnahmen!

sich die wäßrige Schicht abgetrennt hat, und filtriert das Chloroform durch ein Faltenfilter in eine braune Glasflasche mit Schliffstopfen, die 20 ml absolutes Äthanol enthält. Man schüttelt nochmals gut durch und bewahrt die Lösung im Kühlschrank auf.

3. Dithizon (Farbreagens): 75 mg Dithizon werden in einen 25 ml-Meßkolben gebracht. Man löst in dem vorbehandelten Chloroform und verdünnt bis zur Markierung. Da sich Dithizon in Lösung zersetzt, kann man sich einzelne Fläschchen vorbereiten, in denen jeweils 0,1 ml dieser Dithizonlösung zur Trockne verdampft werden. In dieser Form kann man das Reagens aufbewahren und jeweils vor Gebrauch auflösen.

Der Versuch

Die zu untersuchenden keramischen Waren werden erst mit gewöhnlichem Wasser plus Spülmittel gereinigt, anschließend gründlich mit reinem Wasser gespült. Dann füllt man 150 ml 5proz. Essigsäure (destillierter Weinessig tut den gleichen Dienst) in das Gefäß und läßt es 30 Minuten stehen. Durch Zugabe von 3,75 ml des vorbehandelten Chloroforms in eines der oben beschriebenen Dithizon-Fläschchen bereitet man die Farbreagens-Lösung.

Die Essigsäure im Keramikgefäß wird durchgerührt, und 4 ml davon werden zu 16 ml der Pufferlösung gegeben. Durch Schütteln mischt man die Lösungen. Jetzt wird die Dithizon-Lösung zur Essigsäure/Puffer-Lösung zugegeben und 30 Sekunden lang kräftig geschüttelt. Man wartet, bis sich Chloroform- und wäßrige Schicht getrennt haben. Ist die untere (= Chloroform-)Schicht grün, so ist kein Blei vorhanden. Eine rote Färbung zeigt an, daß das Keramikgefäß mehr als 7 ppm Blei enthält. Ist die Farbe schmutzig-purpur bis milchig-orange, so kann das Gefäß über 7 ppm Blei enthalten, doch sind in diesem Fall weitere Versuche zur eindeutigen Klärung des Befundes nötig.

Die Synthese von Adamantan

Addison Ault und Rachel Kopet

Im Adamantan sind vier Cyclohexanringe in der Sesselform zu einem stabilen, hochsymmetrischen Molekül verknüpft. Die wegen der kugelförmigen Molekülgestalt (Abbildung 1) ungewöhnlichen Eigenschaften dieser Verbindung — sie ist trotz ihres hohen Schmelzpunktes (270°C im geschlossenen Rohr) leicht flüchtig — führten auch zu ihrer Entdeckung: Bestimmte tschechische Erdölsorten fallen durch ihren charakteristischen campherartigen Geruch auf. 1933 gelang es S. Landa und V. Machácek, den Geruchsträger, eine farblose, kristalline Substanz, aus diesen Erdölsorten zu isolieren, die sich wegen ihrer hohen Flüchtigkeit leicht von den hochsiedenden aromatischen Begleitstoffen trennte. Die Verbindung, deren Konstitution von R. Lukes aufgrund kristallographischer Untersuchungen vorgeschlagen und von V. Prelog endgültig bewiesen wurde, erhielt den Namen Adamantan, da die Struktur des Moleküls einem Ausschnitt aus dem Diamantgitter entspricht. Seine Flüchtigkeit verdankt das Adamantan wie andere kugelförmige Moleküle — z. B. der Campher — seiner wegen dieser Gestalt geringen Moleküloberfläche, die dazu führt, daß im Kristall die Kräfte zwischen den Molekülen gering sind und die Moleküle leicht aus dem Kristall in die Gasphase übertreten können.

1957 fand P. v. R. Schleyer eine einfache Darstellungsweise für Adamantan: Bei der durch Aluminiumtrichlorid katalysierten Isomerisierung von Tricyclo[5.2.1.0^{2,6}]-decan entstehen etwa 15% Adamantan.

Tricyclo[5.2.1.0^{2,6}]-decan   Adamantan

Wir wollen in unserem Experiment das Adamantan nach dieser Methode von Schleyer synthetisieren und uns zu seiner Abtrennung aus dem Reaktionsgemisch die Tatsache zunutze machen, daß die kugelförmigen Adamantanmoleküle gerade in den Hohlräumen des Thioharnstoff-Kristallgitters Platz finden, d. h. daß der Kohlenwasserstoff mit Thioharnstoff eine kristalline Einschlußverbindung bildet. Nach dieser Methode kann man Adamantan auch leicht aus Erdöl gewinnen.

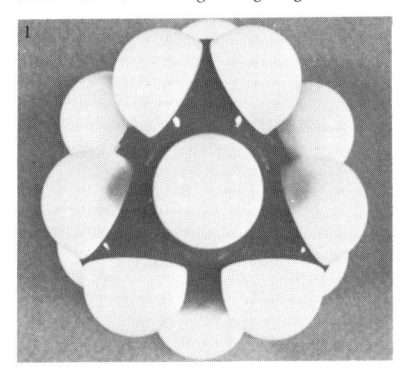

Abb. 1. Kalottenmodell des Adamantanmoleküls. Man erkennt die nahezu kugelförmige Gestalt des hochsymmetrischen Moleküls; die dadurch gegebene kleine Moleküloberfläche bedingt die hohe Flüchtigkeit des Adamantans. [Photo: Klose]

Versuchsbeschreibung

Man wiegt 4 g Aluminiumtrichlorid ab und bewahrt es bis zum Gebrauch in einem geschlossenen Gefäß auf. 10,0 g endo-Tricyclo[5.2.1.0^{2,6}]decan* füllt man in einen 50 ml-Erlenmeyerkolben, der über einen gut gefetteten Schliff mit einem weiten Glasrohr verbunden wird, das als Luftkühler dient. Der Kolben wird so an einem Stativ befestigt, daß er mit einem Bunsenbrenner erhitzt werden kann. Man erwärmt vorsichtig, bis das Tricyclo[5.2.1.0^{2,6}]decan geschmolzen ist, und gibt etwa ein Viertel des vorher abgewogenen Aluminiumtrichlorids durch den Luftkühler hinzu. Die Flamme des Bunsenbrenners wird so reguliert, daß die Mischung gerade eben siedet (180 bis 185 °C). Dabei kontrolliert man die Temperatur mit einem Thermometer, das möglichst weit in die Flüssigkeit eintaucht, ohne den Boden zu berühren. Das restliche Aluminiumchlorid wird in drei bis vier Portionen in Abständen von etwa 5 min hinzugegeben (Rühren ist nicht erforderlich) und das ganze Gemisch insgesamt eine Stunde erhitzt. Während dieser Zeit sublimiert Aluminiumtrichlorid in den Luftkühler und muß von Zeit zu Zeit mit einem Spatel in den Kolben zurückgestoßen werden.

Nach dem Löschen des Bunsenbrenners entfernt man das Thermometer und läßt die schwarze Mischung eine Stunde lang abkühlen. Während dieser Zeit bereitet man sich eine Lösung von 10 g Thioharnstoff in 150 ml Methanol. (Um die Auflösung zu beschleunigen, kann man mit einem Magnetrührer rühren oder auf einem Dampfbad erwärmen.) Nach dem Abkühlen extrahiert man das Reaktionsprodukt mit Hexan, in dem man den Kolbeninhalt mit insgesamt 70 bis 80 ml Hexan in vier bis fünf Portionen schwenkt und die Hexanlösung abdekantiert, wobei man darauf achtet, daß nichts von dem schwarzen, teerigen Rückstand in die Hexanlösung gelangt. Die vereinigten Hexanextrakte schüttelt man mit 1 g Aluminiumoxid (für die Chromatographie) und filtriert die Lösung in die methanolische Thioharnstofflösung, wobei man 10 bis 20 ml Hexan zum Spülen des Kolbens und des Filters benutzt. Man rührt die beiden Lösungsmittelschichten, um die Abscheidung der prächtigen Kristalle der Einschlußverbindung zu vervollständigen. Die Kristalle werden abfiltriert und mit etwa 20 ml Hexan gewaschen. Die Ausbeute beträgt nach dem Trocknen 6 bis 7 g. Nun schüttelt man die Kristalle in einen 125 ml-Scheidetrichter mit 80 ml Wasser und 40 ml Äther etwa 5 min lang kräftig durch (wobei man gelegentlich den Hahn öffnet, um den Überdruck auszugleichen) und wartet bis sich die Schichten getrennt haben. Wenn sich nicht alles gelöst hat, läßt man so viel wie möglich von der unteren Wasserphase ablaufen und gibt 50 ml frisches Wasser in den Scheidetrichter und schüttelt noch einmal kräftig, bis sich alle Kristalle gelöst haben. Die Ätherphase trocknet man mit Magnesiumsulfat und dampft den Äther in einem gewogenen 50 ml-Erlenmeyerkolben ab. Man isoliert 1,45 bis 1,6 g (14,5 bis 16 % der Theorie) Adamantan mit einem Schmelzpunkt von 258 bis 265 °C (in einer zugeschmolzenen Kapillare). Das Produkt läßt sich aus Isopropylalkohol umkristallisieren, wobei man 13 ml des Alkohols pro Gramm Adamantan benutzt und etwa 60 % des Adamantans mit einem Schmelzpunkt von 268 bis 270 °C (in einer zugeschmolzenen Kapillare) wiedergewinnt.

---

* Bezugsquelle: unter dem Namen Tricyclo [5.2.1.0^{2,6}]decan von der EGA-Chemie GmbH & Co. KG, D-7924 Steinheim/Albuch unter der Bestell-Nr. 16,427-5; 100 g DM 28,–.

[Mit freundlicher Genehmigung übersetzt aus "Journal of Chemical Education". Die deutsche Fassung wurde mit einer Einleitung versehen.]

Versuche mit Glucoseoxidase

Jürgen Reiß

Die in alle Lebensprozesse als Biokatalysatoren eingreifenden Enzyme haben einige wichtige Eigenschaften gemeinsam, die sie von allen Katalysatoren, die sonst in der Technik und im Laboratorium verwendet werden, unterscheiden. Zu diesen Eigenschaften gehören vor allem eine hohe Substratspezifität, ein Temperaturoptimum sowie die hohe Empfindlichkeit gegenüber Giften in geringer Konzentration. Mit den im folgenden beschriebenen Versuchen können diese Faktoren schnell und eindeutig demonstriert werden. Gerade das Enzym Glucoseoxidase („GOD") eignet sich für solche Experimente, da es als einfach zu handhabendes Trockenpulver beziehbar ist.

Grundlagen

Das Enzym Glucoseoxidase

Schimmelpilze der Gattungen Aspergillus und Penicillium besitzen ein Enzym, das die Oxidation von Glucose katalysiert. Dabei entsteht β-D-Glucono-δ-lacton als primäres Oxidationsprodukt, das mit Hilfe eines weiteren Enzyms, der Gluconolactonase, unter Wasseraufnahme zu Gluconsäure umgewandelt wird. Die reduzierte GOD wird durch Oxidation wieder in den aktiven Zustand überführt: das entstehende Wasserstoffperoxid durch das Enzym Katalase zu Wasser und Sauerstoff abgebaut. GOD ist ein Protein (P) mit Flavin-adenin-dinucleotid (FAD)* als prosthetischer Gruppe; der Aufbau kann daher mit P-FAD beschrieben werden. Die Gesamtreaktion lautet:

(1) β-D-Glucose $\xrightarrow[-\text{P-FAD}\cdot\text{H}_2]{+\text{P-FAD}}$ β-D-Glucono-δ-lacton

$\xrightarrow[+\text{H}_2\text{O}]{\text{(Gluconolactonase)}}$ D-Gluconsäure

(2) $\text{P-FAD}\cdot\text{H}_2 + \text{O}_2 \longrightarrow \text{P-FAD} + \text{H}_2\text{O}_2$

(3) $2\,\text{H}_2\text{O}_2 \xrightarrow{\text{Katalase}} 2\,\text{H}_2\text{O} + \text{O}_2$

Die Substanz, deren Auf- oder Abbau ein Enzym katalysiert, wird als dessen Substrat bezeichnet. Enzyme besitzen allgemein eine hohe Substratspezifität, d. h. sie können den Auf- oder Abbau nur einer oder höchstens weniger, eng verwandter Substanzen katalysieren. GOD besitzt eine verhältnismäßig enge Substratspezifität: Während die Oxidation von D-Glucose sehr gut katalysiert wird, können von den natürlichen Zuckern in viel schwächerem Maße lediglich 2-Desoxyglucose und Glucosamin als Substrate dienen. GOD wird daher in der analytischen Chemie zum Nachweis von Glucose neben anderen Zuckern verwendet. Das pH-Optimum des Enzyms liegt bei etwa pH 5,0 bis 5,6, abhängig vom Reinheitsgrad des Präpara-

---

*FAD ist Wirkgruppe vieler Oxidoreduktasen. Die reduzierte Form von FAD wird mit FAD·H₂ bezeichnet.

tes. Weitere Angaben über GOD finden sich im Literaturzitat [1].

Einfacher Nachweis der Wirkung von Glucoseoxidase

In Biochemie und Histochemie haben sich Tetrazoliumsalze als geeignete Indikatoren für den Nachweis von wasserstoffabspaltenden Enzymen erwiesen. Bei enzymatischer Reduktion bilden die Vertreter den. Bei den meisten biochemischen Untersuchungen benutzt man 5-Methylphenazinium-methylsulfat (PMS).

Mit Glucose läuft die Reaktionskette, mit der die enzymatische Wirkung von GOD durch Tetrazoliumsalze nachgewiesen wird, wie folgt ab:

Glucose → GOD → reduziertes PMS → Tetrazoliumsalz (farblos)

β-D-Glucono-δ-lacton ← reduzierte GOD ← PMS ← Formazan (gefärbt)

2,3,5-Triphenyltetrazolium-Kation (farblos)

$\xrightarrow{2\,[H]}$ Triphenylformazan (tiefrot)

5-Methylphenazinium-methylsulfat (PMS) $CH_3SO_4^{\ominus}$

dieser Verbindungsklasse intensiv gefärbte Formazane, die in vitro und in vivo sehr leicht erkennbar sind [2,3]. GOD ist jedoch nicht in der Lage, Tetrazoliumsalze direkt zu reduzieren; daher muß ein Wasserstoffüberträger zwischengeschaltet werden.

Experimenteller Teil

*Reagenzlösungen**

Lösung (a): 2-proz. wäßrige Lösung des Tetrazoliumsalzes 2,3,5-Triphenyltetrazoliumchlorid (TTC);

Lösung (b): 5,0 mg GOD und 1,0 mg PMS werden in 30 ml Phosphatpuffer, pH 7,8 (91,5 Teile 1/15 m $Na_2HPO_4 \cdot 2\,H_2O$ + 8,5 Teile 1/15 m KH_2PO_4), gelöst;

Lösung (c): Jeweils 4-proz. wäßrige Lösungen der Zucker D-Glucose, D-Galactose, D-Maltose, D-Lactose und Saccharose.

---

*Bezugsquellen:
GOD: Trockenpulver, Reinheitsgrad II; Boehringer, Mannheim, Bestell-Nr. 15424 EGAC.

TTC: p.a.; Serva-Entwicklungslabor, Heidelberg, Nr. 37130.

PMS: rein; Serva-Entwicklungslabor, Heidelberg, Nr. 32030.

Na-p-Chlormercuriobenzoat: rein; Serva-Entwicklungslabor, Heidelberg, Nr.16900.

Versuche mit Glucoseoxidase

Die einzelnen Lösungen sind bei 4°C im Kühlschrank längere Zeit haltbar. Alle Versuche werden, wenn nicht anders angegeben, bei 37°C ausgeführt (Wärmeschrank).

a) Nachweis der enzymatischen Wirkung von GOD

1 ml Lösung (a), 1,5 ml Lösung (b) und 0,5 ml der Glucose-Lösung werden in einem Glasschälchen gemischt und in den Wärmeschrank gebracht. Nach etwa 20 Minuten ist die vorher farblose Lösung wegen der Entstehung des Formazans rot geworden.

b) Kontrollreaktionen

Wenn die Reaktion nach dem oben formulierten Schema ablaufen soll, darf bei Fehlen einer der Komponenten kein Formazan gebildet werden. Daher werden Reaktionslösungen bereitet, bei denen jeweils einer der Reaktionspartner — Glucose, GOD, PMS oder TTC — fehlt. In keiner der Reaktionslösungen ist eine Verfärbung zu beobachten.

c) Substratspezifität von GOD

Die Spezifität von GOD für Glucose wird überprüft, indem man anstelle der Glucose-Lösung eine der Vorratslösungen des Monosaccharids Galactose sowie der Disaccharide Lactose, Maltose und Saccharose der Mischung von Lösung (a) und (b) zusetzt. Formazan wird in keinem Falle gebildet. Selbst Galactose, das sich von Glucose lediglich durch die Stellung der OH-Gruppe am vierten Kohlenstoffatom unterscheidet, wird von GOD nicht angegriffen.

d) Abhängigkeit der Enzymwirkung von der Temperatur

Biokatalysatoren sind besonders temperaturabhängig; meist beträgt die Optimaltemperatur 37°C. Zum Nachweis der Temperaturempfindlichkeit vergleicht man das Ergebnis der folgenden drei Versuche:

1) Normalgemisch, Bebrütung bei 37°C;
2) Normalgemisch, Bebrütung im Kühlschrank bei 4°C;
3) Lösung (b) wird aufgekocht, dann werden die entsprechenden Mengen von Lösung (a) und der Glucose-Lösung zugefügt, Bebrütung bei 37°C.

Formazan wird nur bei der Optimaltemperatur von 37°C gebildet. Bei 4°C ist die Aktivität des Enzyms so stark vermindert, daß keine erkennbaren Formazanmengen entstehen. Beim Aufkochen wird das Enzymprotein denaturiert; dadurch fällt ein Glied der Kette aus, und der Indikator TTC wird nicht reduziert.

e) Wirkung von Enzymgiften (Inhibitoren)

Schwermetallionen inaktivieren die meisten Enzyme, wobei der Mechanismus der Hemmung bei jedem Enzym anders ist. Als Sulfhydrylgruppen enthaltendes Enzym ist die GOD außerdem sehr empfindlich gegen organische Quecksilberverbindungen, die mit den SH-Gruppen zu Mercaptiden reagieren und die Enzyme dadurch inaktivieren. Der wichtigste quecksilberhaltige Enzyminhibitor ist Natrium-p-chlormercuriobenzoat, das mit Enzymen folgendermaßen reagiert:

$$R\text{-}SH + Cl\text{-}Hg\text{-}\!\!\!\!\bigcirc\!\!\!\!\text{-}COONa$$

Enzym   Natrium-p-chlormercuriobenzoat

$$\longrightarrow R\text{-}S\text{-}Hg\text{-}\!\!\!\!\bigcirc\!\!\!\!\text{-}COONa + HCl$$

Mercaptid

Auch die Wirkung von Enzymgiften läßt sich mit der beschriebenen Versuchsanordnung sehr gut zeigen. Man gibt zu jeweils 4,5 ml des Normalgemisches (Versuch a) 0,5 ml einer 10^{-2}m wäßrigen Lösung von Kupfersulfat oder einer 10^{-2}m wäßrigen Lösung von Natrium-p-chlormercuriobenzoat. Die einzelnen Reaktionslösungen enthalten damit 10^{-3}m des jeweiligen Hemmstoffs. In beiden Fällen ist die GOD so stark gehemmt, daß keine Formazanbildung eintritt.

Literatur

[1] J. Reiß: Untersuchungen zum cytochemischen Nachweis von Glucoseoxidase (E.C. 1.1.3.4) bei Aspergillus niger. Histochemie 7, 202 (1966).

[2] J. Reiß: Tetrazoliumsalze, Bau und Einsatz in Biologie und Chemie. Praxis d. Naturwiss., Teil Biologie, 16, 152 (1967).

[3] J. Reiß: Grundlagen und neuere Ergebnisse des histochemischen Nachweises von Dehydrogenasen mit Tetrazoliumsalzen. Z. wiss. Mikroskop. mikroskop. Techn. 68, 169 (1967).

Eine oszillierende Reaktion

Richard J. Field

Nach den Gesetzen der Thermodynamik sind alle spontanen chemischen Veränderungen in einem homogenen, abgeschlossenen System von einer Abnahme der freien Enthalpie dieses Systems begleitet. Eine Folge dieser Beziehung ist, daß pendelartige Schwankungen um eine Gleichgewichtslage in solchen chemischen Systemen nicht beobachtet werden. Wenn jedoch bei der Annäherung einer chemischen Reaktion an das Gleichgewicht kurzlebige Zwischenprodukte auftreten, kann die Situation komplizierter werden. Im allgemeinen beobachtet man, daß die Konzentrationen dieser Zwischenprodukte entweder rasch einen stationären Wert erreichen oder daß sie ein Maximum oder ein Minimum durchlaufen. Doch wenn bestimmte Bedingungen erfüllt sind, können die Konzentrationen der Zwischenprodukte um die erwarteten Werte im stationären Zustand oszillieren. Diese Schwankungen können als rhythmische, zeitliche oder räumliche Konzentrationsänderungen auftreten.

Der „Brüsselator"

I. Prigogine und Mitarbeiter [1,2] in Brüssel haben das folgende (hypothetische) Reaktionsschema — den sogenannten Brüsselator — sorgfältig auf oszillierendes Verhalten untersucht:

$$A \rightleftarrows X \quad (1a)$$
$$B + X \rightleftarrows Y + D \quad (1b)$$
$$2X + Y \rightleftarrows 3X \quad (1c)$$
$$X \rightleftarrows C \quad (1d)$$

Die Gesamtreaktion für dieses Schema ist:

$$A + B \rightleftarrows C + D \quad (2)$$

Die kinetische Analyse des Systems zeigt, daß die Konzentrationen von X und Y im stationären Zustand empfindlich auf kleine Störungen reagieren und schnell einen stabilen, oszillierenden Zustand erreichen, wenn Reaktion (2) weit genug vom Gleichgewicht entfernt ist, so daß die Rückreaktion vernachlässigt werden kann. Die Konzentrationen dieser Zwischenprodukte erreichen unabhängig von den Ausgangsbedingungen immer denselben oszillierenden Zustand um die stationären Werte [3]. Der „Brüsselator" ist also ein hypothetisches Beispiel für ein Reaktionsschema, das zu Oszillationen führt. Die Brüsseler Gruppe hat auch gezeigt, daß eine räumliche Strukturierung der Konzentrationen von X und Y auftritt, wenn man die Diffusion in einem System mit einer anfänglichen Konzentrationsinhomogenität mit in Betracht zieht.

Voraussetzungen für die Oszillationen

Bestimmte Voraussetzungen sind für das Auftreten von Oszillationen in einem chemischen System notwendig, aber nicht hinreichend [1,2]. Die erste von ihnen ist, daß das System weit vom Gleichgewicht entfernt sein muß. Bei der kinetischen Analyse des Brüsselators wird diese Bedingung dadurch erfüllt, daß die Geschwindigkeitskonstanten für die Rückreaktionen gleich Null gesetzt werden. Die zweite Voraussetzung ist, daß das System für den Stoff- und Energieaustausch mit seiner Umgebung offen sein muß, wenn die Oszillationen ungedämpft bleiben sollen. Die dritte Voraussetzung ist, daß das System mindestens einen Reaktionsschritt mit „Rückkopplung" enthalten muß. Mit Rückkopplung ist gemeint, daß eines der Produkte einer Reaktion die Geschwindigkeit dieses Reaktionsschritts in anderer Weise beeinflußt, als auf dem Wege über die Produktkonzentration bei einer reversiblen Reaktion. Bei dem Brüsselator ist Reaktion (1c) eine Autokatalyse; sie stellt den notwendigen Rückkopplungsschritt dar. Diese Rückkopplung ist notwendig, um in die Differentialgleichungen, welche die Zeitabhängigkeit des Systems beschreiben, nichtlineare Beziehungen einzuführen. Auf dieser Nichtlinearität beruht das komplexe Verhalten [3].

Die oben erwähnten räumlichen und zeitlichen Strukturen entwickeln sich, während Reaktion (2) jenseits eines kritischen Abstands vom Gleichgewicht in einem offenen System abläuft. Zur Aufrechterhaltung dieser Strukturen ist es erforderlich, daß bei Reaktion (2) Energie frei wird. Die Oszillationen werden im Grunde von der in Reaktion (2) erzeugten freien Energie angetrieben.

Das Interesse am „Brüsselator" ist gestiegen, da das Phänomen der Entstehung einer zeitlichen oder räumlichen Organisation auf Kosten von chemischer Energie einen interessanten Ansatzpunkt liefert, wenn man über die chemische Grundlage des Ordnungszustandes, den wir Leben nennen, nachdenkt [4].

Die Belousov-Zhabotinsky-Reaktion

Der Brüsselator ist zwar ein eindrucksvolles Beispiel für eine solche theoretisch denkbare Verhaltensweise eines chemischen Systems, doch liegt ihm keine reale chemische Reaktion zugrunde. Die Wahl des Reaktionssystems wurde hauptsächlich dadurch bestimmt, daß sich das Problem mathematisch so schön behandeln läßt. In Wirklichkeit sind nur sehr wenige Reaktionen bekannt, bei denen räumliche oder zeitliche Oszillationen auftreten. 1972 veröffentlichte H. Degn einen Übersichtsartikel über alle Veröffentlichungen auf diesem Gebiet [5]. Bisher ist nur eine chemische Reaktion bekannt, bei der sowohl zeitliche als auch räumliche Oszillationen auftreten.

Es ist die durch Cer-Ionen katalysierte Oxidation von Malonsäure durch Bromat in schwefelsaurer Lösung. Zeitliche Oszillationen des $Ce^{4+}:Ce^{3+}$-Verhältnisses wurden zuerst 1959 von B. P. Belousov beobachtet [6], und A. M. Zhabotinsky berichtete 1967 über räumliche Strukturen, die bei dieser Reaktion auftreten [7]. Diese räumlichen Strukturen treten als laufende Wellen in Erscheinung und müssen deutlich von lokalen Übersättigungsphänomenen wie den Liesegang-Ringen unterschieden werden. In beiden Fällen lassen sich die Oszillationen des $Ce^{4+}:Ce^{3+}$-Verhältnisses durch einen Redoxindikator wie Ferroin deutlich sichtbar machen. In Abwesenheit von Cer-Ionen kann das Ferroin/Ferriin-Paar die

$$\left(\underset{N}{\underset{N}{\bigcirc}} \right)_3 Fe^{2+} \underset{Red.}{\overset{Oxid.}{\rightleftarrows}} \left(\underset{N}{\underset{N}{\bigcirc}} \right)_3 Fe^{3+}$$

Ferroin (rot)　　　　Ferriin (blau)

Funktionen des Ce^{3+}/Ce^{4+}-Paars übernehmen*. Der Ferroin-Indikator ist unter reduzierenden Bedingungen rot und unter oxidierenden Bedingungen blau.

---

*In den später folgenden experimentellen Anweisungen werden wir von dieser Tatsache Gebrauch machen, während der Diskussion des Reaktionsmechanismus der Einfachheit halber die Reaktion in Gegenwart von Cer-Ionen zugrunde liegt.

Eine oszillierende Reaktion

Glücklicherweise ist diese sogenannte Belousov-Zhabotinsky-Reaktion auch die am besten untersuchte oszillierende Reaktion. R. J. Field, E. Körös und R. M. Noyes haben einen detaillierten chemischen Mechanismus für die zeitlichen Oszillationen vorgeschlagen [8], und R. J. Field und R. M. Noyes konnten zeigen, daß mit dem Mechanismus auch die sich ausbreitenden Oxidationswellen erklärt werden können [9].

Experimentelle Eigenschaften und Demonstration der Belousov-Zhabotinsky-Reaktion

Die Belousov-Zhabotinsky-Reaktion ist nicht nur vom theoretischen Standpunkt aus interessant, ihr einzigartiges Verhalten ist auch ein faszinierendes Schauspiel. Mit den folgenden Anweisungen lassen sich mit einem Satz von vorbereiteten Lösungen sowohl die zeitlichen als auch die räumlichen Oszillationen demonstrieren.

Zeitliche Oszillationen

Die zeitlichen Oszillationen bei der Belousov-Reaktion treten in einem weiten Konzentrationsbereich der Reaktanden auf. Doch sind die Oszillationen dann am eindrucksvollsten, wenn die in Tabelle 1 zusammengestellten Konzentrationen benutzt werden. Man führt die Reaktion am besten in einem hohen engen Zylinder oder einem ähnlichen Gefäß aus, da die Weglänge des einfallenden Lichts durch die Lösung dann nicht so lang ist, daß alles Licht durch den Ferroin-Indikator absorbiert wird. Wenn die Weglänge größer ist, zum Beispiel in einem Becherglas, sollte man weniger Indikator benutzen. Das Reaktionsgemisch muß mit einem Magnetrührer fortlaufend kräftig gemischt werden, um die Ausbildung räumlicher Strukturen zu vermeiden, wenn verschiedene Teile der Lösung gegenseitig außer Phase geraten. Ein weißer Hintergrund oder Beleuchtung von hinten machen die Farbänderungen des Ferroins aus der Ferne viel besser sichtbar. Man kann auch einen Fluoreszenzindikator benutzen, wie ihn J. N. Demas und D. Diemente beschreiben [10]. Chlorid-Ionen und Radikalfänger wie zum Beispiel Alkohole müssen strengstens ausgeschlossen werden.

Brommalonsäure ist für die Ausbildung der Oszillationen bei der Belousov-Zhabotinsky-Reaktion unerläßlich. Reaktionsmischungen, die anfänglich keine Brommalonsäure enthalten, durchlaufen eine Induktionsperiode, in der sie langsam gebildet wird.

A. T. Winfree fand bei der Untersuchung der räumlichen Oszillationen, daß die Zugabe von Bromid-Ionen die Bildung der Brommalonsäure am Anfang beschleunigt [11]. Die Gesamtreaktion ist:

$$2\,Br^- + BrO_3^- + 3\,H^+ + 3\,HOOC-CH_2-COOH$$
$$\text{Malonsäure}$$

(4)

$$\longrightarrow 3\,HOOC-CHBr-COOH + 3\,H_2O$$
$$\text{Brommalonsäure}$$

Brom selbst entsteht bei der Reaktion als Zwischenstufe. Das Ferroin wird erst zugegeben, wenn die Bromfarbe verschwunden ist, denn es wird von Brom angegriffen und zerstört. Aus dem gleichen Grund ist es oft empfehlenswert, noch ein paar Tropfen Ferroin zum Reaktionsgemisch zu geben, wenn das System schon eine Weile oszilliert.

In Tabelle 1 sind die Mengen und Konzentrationen der einzelnen Lösungen zusammengestellt, mit denen sich 40 ml Reaktionsgemisch herstellen lassen. Die Mengen können je nach gewünschtem Endvolumen beliebig vermehrt oder verringert werden. Das Ferroin wird zuletzt hinzugegeben. Sofort danach beginnen die Oszillationen, deren Perioden etwa zehn Sekunden lang sind. Die Länge der Perioden hängt ein wenig von der Rührgeschwindig-

Tabelle 1. Mengen und Konzentrationen der Reagentien zur Demonstration der Oszillationen bei der Belousov-Zhabotinsky-Reaktion.

Reaktand	Konz. der Vorratslösung [mol/l]	zeitlich		räumlich	
		eingesetzte Menge [ml]	Endkonz. [mol/l]	eingesetzte Menge [ml]	Endkonz. [mol/l]
NaBrO$_3$	0,5	8,0	0,07	15,0	0,225
CH$_2$(COOH)$_2$	1,5	10,0	0,375	3,0	0,075
H$_2$SO$_4$	5,0	10,0	1,25	2,0	0,258
H$_2$O	—	7,0	—	—	—
NaBr	0,3	4,0	—	5,0	—
BrCH(COOH)$_2$	—	entsteht	0,045	entsteht	0,075
Ferroin	0,01	1,0	$2,5 \cdot 10^{-4}$	5,0	$1,6 \cdot 10^{-3}$
		40,0		30,0	

keit ab. Die Oszillationen dauern über eine Stunde an und werden erst nach dem Anfangsstadium der Reaktion besonders ausgeprägt. Bei jedem Cyclus wird nur ein sehr geringer Bruchteil der Hauptreaktionspartner (Bromat-Ionen und Malonsäure) verbraucht, da ihre Konzentrationen viel höher sind als die des Ferroins (Tabelle 1).

Unter diesen Bedingungen verhält sich die Belousov-Zhabotinsky-Reaktion näherungsweise wie ein offenes System, und die Oszillationen sind nur schwach gedämpft.

Die Farbänderungen des Systems sind eindrucksvoll und lassen keinen Zweifel daran, daß das System tatsächlich oszilliert, doch liefern sie sehr wenig Information über den Reaktionsmechanismus. R. J. Field, E. Körös und R. M. Noyes untersuchten die Konzentration der Reaktanden potentiometrisch mit einer Wolframelektrode, deren Potential von ln[Ce^{4+}] abhängt[*], und einer für Bromid-Ionen selektiven Elektrode, deren Potential direkt mit ln[Br$^-$] korreliert ist. Abbildung 1 zeigt den zeitlichen Verlauf dieser Potentiale für ein Reaktionsgemisch, das sehr ähnlich zusammengesetzt ist, wie das in Tabelle 1 für die zeitlichen Oszillationen beschriebene. Die Kurven zeigen deutlich die [Ce^{4+}]:[Ce^{3+}]- und die [Br$^-$]-Oszillationen. Später werden wir sehen, daß solche Kurven einen Teil der experimentellen Grundlage für den vorgeschlagenen Mechanismus der Belousov-Zhabotinsky-Reaktion darstellen.

---

[*]Die eckige Klammer symbolisiert die Konzentration in Mol pro Liter.

Eine oszillierende Reaktion

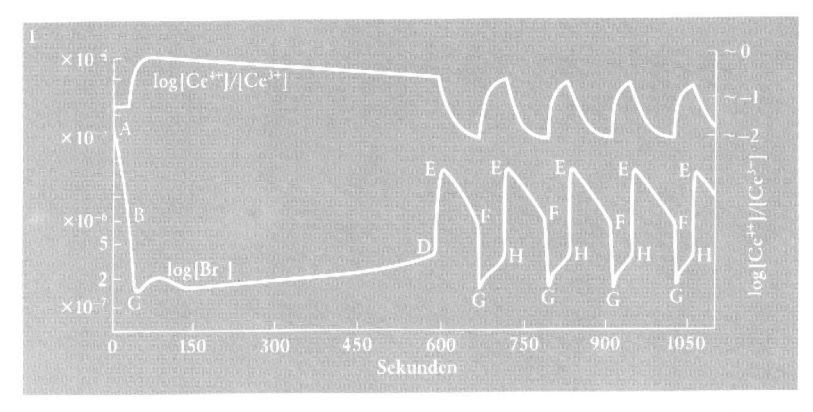

Abb. 1. Potentiometrisch gemessener Verlauf von log[Br$^-$] und log[Ce^{4+}:Ce^{3+}] während der Belousov-Zhabotinsky-Reaktion. Die Anfangskonzentrationen sind: [CH$_2$(COOH)$_2$]$_0$ = 0,032 mol/l, [KBrO$_3$]$_0$ = 0,063 mol/l, [KBr]$_0$ = 1,5 · 10^{-5} mol/l, [Ce(NH$_4$)$_2$(NO$_3$)$_5$]$_0$ = 0,001 mol/l und [H$_2$SO$_4$]$_0$ = 0,8 mol/l. [Aus J. Am. Chem. Soc. 94, 8649 (1972)]

Räumliche Oszillationen

Die räumlichen Oszillationen bei der Belousov-Zhabotinsky-Reaktion lassen sich deutlich erkennen, wenn man eine dünne Schicht des Reaktionsgemischs auf dem Boden einer Kristallisierschale beobachtet. Man bezeichnet das als zweidimensionale Reaktionsführung. In Tabelle 1 sind die Mengen der einzelnen Lösungen zur Herstellung von 30 ml eines geeigneten Reaktionsgemischs angegeben. Dieses Volumen bedeckt den Boden einer 14cm-Kristallisierschale mit einer 2 mm hohen Schicht. Diese Höhe sollte nicht überschritten werden. Die Konzentrationen der einzelnen Reaktanden in dem Reaktionsgemisch sind deutlich verschieden von denjenigen, die zur Demonstration der zeitlichen Oszillationen dienen. Die Demonstration wird besser, wenn man die Kristallisierschale so sauber und staubfrei wie möglich hält und die einzelnen Lösungen zur Entfernung von Partikeln, deren Durchmesser größer als 1 μm ist, filtriert. Die Kristallisierschale sollte vor dem Gebrauch in eine exakt waagerechte Stellung gebracht werden.

Man kann einen Overhead-Projektor benutzen, um die laufenden Wellen in einem dunklen Raum für eine größere Gruppe sichtbar zu machen. Die Hitze der Projektionslampe läßt sich dadurch abschirmen, daß man die Kristallisierschale auf drei Gummistopfen stellt. Die Gummistopfen dämpfen gleichzeitig Vibrationen, welche die laufenden Wellen stören können. Die hohen Wände der Kristallisierschale schützen das Reaktionsgemisch vor dem Luftstrom, der durch den heißen Projektor verursacht wird. Luftzug kann die Wellen erheblich stören, und während der Demonstration sollten daher unnötige Bewegungen in der Nähe des Projektors vermieden werden.

Um die Reaktion in Gang zu setzen, werden die vorbereiteten Schwefelsäure-, Natriumbromat-, Malonsäure- und Natriumbromid-Lösungen in den in Tabelle 1 angegebenen Mengen in einem Glasschliffkolben passender Größe gemischt. Sobald das letzte Reagenz zugegeben ist, erscheint die Farbe des Broms und bleibt etwa eine Minute sichtbar. Während dieser Zeit hält man den Kolben fest verschlossen. Nachdem die Bromfarbe verblaßt ist, gibt man ein paar Tropfen einer oberflächenaktiven Verbindung* hinzu und gießt die Mischung in eine Kristallisierschale. Das Tensid erleichtert die Ausbreitung der Lösung auf dem Boden der Kristallisierschale. Nun wird das Ferroin zur Reaktionsmischung gegeben und die Lösung durch Kippen der Kristallisierschale gemischt. Wenn die gesamte Lösung die rote Farbe des reduzierenden Zustands angenommen hat, stellt man die Schale hin und läßt die Lösung zur Ruhe kommen. Nach wenigen Minuten beginnen sich kreisförmige Oxidationswellen von bestimmten Zentren (Schrittmachern) auszubreiten. Diese Schrittmacher scheinen Staubpartikel oder andere heterogene Stellen zu sein. Abbildung 2 zeigt, wie das System in einem frühen Reaktionsstadium aussehen kann. Das System läßt sich durch einfaches Durchmischen der Lösung, bis sie wieder ganz rot ist, von neuem starten. Bei der Reaktion entsteht Kohlendioxid, und die Gasblasen stören schließlich die Demonstration.

A. T. Winfree [11] sowie A. M. Zhabotinsky und A. N. Zaikin [7] haben einige phänomenologische Merkmale der laufenden Wellen beschrieben. Zwei der erstaunlichsten sind, daß die Wellen an der Wand des Behälters oder bei Zusammenstößen ausgelöscht und nicht reflektiert werden. Wenn eine Serie von Wellen von einem Zentrum aus in einen roten reduzierenden Bereich eindringt, der selbst zeitlich oszilliert, dann wird nur die erste Welle (die äußerste Serie der konzentrischen Ringe) zerstört. Diese überraschenden Charakteristika werden neben anderen Befunden durch den im nächsten Abschnitt beschriebenen Mechanismus für die Belousov-Zhabotinsky-Reaktion erklärt.

Der Mechanismus der Belousov-Reaktion

R. J. Field, E. Körös und R. M. Noyes haben einen detaillierten chemischen Mechanismus vorgeschlagen, mit dem sich sowohl die zeitlichen als auch die räumlichen Oszillationen bei der Belousov-Reaktion erklären lassen [8]. Der Mechanismus läßt sich am besten verstehen, wenn man beachtet, daß in dem System zwei verschiedene Gesamtreaktionen ablaufen können. Sie beeinflussen sich gegenseitig wenig, da an der einen nur Singulett-Spezies beteiligt sind (also ausschließlich Ionen und Moleküle mit gepaarten Elektronenspins), während die andere im wesentlichen eine radi-

Abb. 2. Aufnahme einer dünnen Schicht des Belousov-Zhabotinsky-Reaktionsgemischs, in dem sich gerade die konzentrischen Oxidationswellen entwickeln. Die Reaktion wurde in den in Tabelle 1 aufgeführten Konzentrationen ausgeführt.

---

*Geeignet ist eine 2-proz. Lösung von Triton X-100 (wenige Tropfen), das von der Firma Carl Roth KG, Chemische Fabrik, Postfach 210980, Karlsruhe, bezogen werden kann (Bestell-Nr. 2-6683).

Eine oszillierende Reaktion 135

kalische Reaktion ist. Welcher der Prozesse zu einer bestimmten Zeit oder an einem bestimmten Ort dominiert, hängt von der Bromid-Konzentration ab: Oberhalb einer bestimmten kritischen Bromid-Konzentration läuft Prozeß A ab, unterhalb dieser Konzentration Prozeß B. Die Oszillationen treten auf, da Prozeß A Bromid-Ionen verbraucht und damit unausweichlich zur Auslösung von Prozeß B führt, bei dem indirekt Bromid-Ionen entstehen, womit die Kontrolle des Systems wieder zu Prozeß A zurückkehrt. Dieser für die Belousov-Reaktion vorgeschlagene Mechanismus funktioniert also ähnlich wie ein Thyratron*, wobei [Br$^-$] die Rolle des Gitterpotentials spielt.

Für die Reaktionen der Prozesse A und B lassen sich folgende Gleichungen schreiben [8]:

Prozeß A
$Br^- + BrO_3^- + 2H^+ \rightarrow HBrO_2 + HOBr$ (5a)
$Br^- + HBrO_2 + H^+ \rightarrow 2HOBr$ (5b)
$[Br^- + HOBr + H^+ \rightarrow Br_2 + H_2O] \cdot 3$ (5c)
$[Br_2 + CH_2(COOH)_2 \rightarrow$
$BrCH(COOH)_2 + Br^- + H^+] \cdot 3$ (5d)

$2 Br^- + BrO_3^- + 3H^+ + 3CH_2(COOH)_2 \rightarrow$
$3BrCH(COOH)_2 + H_2O$ (A)

Prozeß B
$BrO_3^- + HBrO_2 + H^+ \rightarrow 2BrO_2 + H_2O$ (6a)
$2Ce^{3+} + 2BrO_2 + 2H^+ \rightarrow 2Ce^{4+} + 2HBrO_2$ (6b)

$2Ce^{3+} + BrO_3^- + HBrO_2 + 3H^+ \rightarrow$
$2Ce^{4+} + H_2O + 2HBrO_2$ (G)
$2HBrO_2 \rightarrow HOBr + BrO_3^- + H^+$ (6c)

Wenn auf die Schritte 2(G) + (6c) die Summe der Schritte (5c) + (5d) aus Prozeß

---

*Das Thyratron ist eine spezielle Form der Dreielektrodenröhre u. a. mit Relaisfunktion.

A folgt, ist die Gesamtreaktion des Prozesses B:

$BrO_3^- + 4 Ce^{3+} + CH_2(COOH)_2 + 5H^+ \rightarrow$
$4 Ce^{4+} + BrCH(COOH)_2 + 3H_2O$ (B)

Die Funktion dieses Mechanismus hängt von zwei kritischen Faktoren ab. Der erste ist die Konkurrenz des Bromid- und des Bromat-Ions um die Bromige Säure. Der zweite ist der autokatalytische Reaktions-

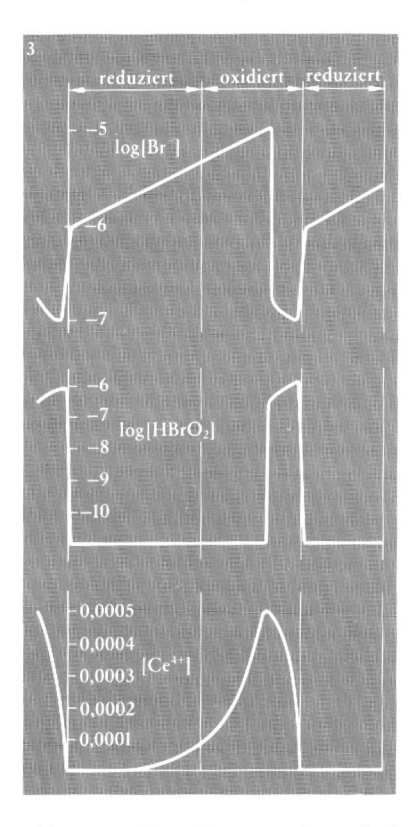

Abb. 3. Ungefährer Konzentrationsverlauf für Br$^-$ und HBrO$_2$ (logarithmischer Maßstab) und für Ce^{4+} (linearer Maßstab) in einem typischen Wellenzug, der von links nach rechts wandert. [Aus Nature 237, 390 (1972)]

schritt (G) in Prozeß B. Das nichtlineare Verhalten der Reaktion (G) liefert die Rückkopplung, die zur Ausbildung der Oszillationen notwendig ist.

Abbildung 1 ist eine gute Grundlage zur Beschreibung des zeitlichen Verlaufs des Ce^{3+}/Ce^{4+}-Paars nach dem vorgeschlagenen Mechanismus. Abbildung 3 hat die gleiche Funktion für die räumlichen Oszillationen. Die Literaturstellen [8] und [9] enthalten quantitative Befunde, welche die folgende mechanistische Diskussion stützen.

Zeitliche Oszillationen

Am Punkt A in Abbildung 1 ist [Br^-] hoch genug, so daß das System durch Prozeß A kontrolliert wird. Im Prozeß A werden Bromid-Ionen durch Sauerstoffübertragung (Zweielektronenoxidation) von den Bromsauerstoff-Verbindungen — Bromat-Ion (BrO_3^-), Bromige Säure ($HBrO_2$) und Hypobromige Säure (HOBr) — oxidiert. Reaktion (5a) bestimmt die Geschwindigkeit, d. h. sie ist der langsamste Schritt. Es konnte gezeigt werden, daß keine der Singulett-Bromsauerstoffverbindungen in Prozeß A thermodynamisch vernünftige Einelektronenoxidationsmittel sind, wie sie für die Oxidation von Ce^{3+} zu Ce^{4+} gebraucht werden. So trägt der Prozeß A wenig zur Oxidation von Ce^{3+} zu Ce^{4+} bei. Seine Hauptfunktion ist einfach die Entfernung der Bromid-Ionen. Von der Bromid-Ionen-Konzentration hängt es ab, ob in dem System Prozeß A oder Prozeß B ablaufen, da die Reaktionen (5b) und (6a) um die Bromige Säure konkurrieren. Oberhalb einer bestimmten kritischen Bromid-Konzentration reagiert praktisch die gesamte Bromige Säure, die in dem System entsteht, mit Bromid-Ionen (5b), und Prozeß A bleibt dominierend. Wenn [Br^-] jedoch im Laufe des Prozesses A absinkt, setzt die Reaktion (6a) der Bromat-Ionen mit der Bromigen Säure ein. Reaktion (6a) führt zur Gesamtreaktion (G) und der Bildung von **zwei Molekülen** Bromiger Säure für jedes verbrauchte Molekül. Prozeß (G) entspricht also einer autokatalytischen Bildung von Bromiger Säure. Wenn die Bromid-Ionen verbraucht sind, wird also unausweichlich ein Punkt erreicht, bei dem Bromige Säure genauso schnell durch die Reaktionsschritte (6a) + 2 · (6b) (Prozeß G) erzeugt, wie sie durch Reaktion (5b) zerstört wird. Dieser Punkt entspricht der kritischen Bromid-Konzentration, bei der der Übergang von Prozeß A zu Prozeß B stattfindet. Diese Situation liegt am Punkt B in Abbildung 1 vor. Das autokatalytische Verhalten von Prozeß (G) führt zu einem ziemlich abrupten Übergang. Prozeß A dominiert also im Bereich AB in Abbildung 1; bei Punkt B geht die Kontrolle des Systems auf Prozeß B über. Wenn Prozeß B die Kontrolle über das System übernimmt, steigt die Konzentration der Bromigen Säure exponentiell an und gleichzeitig wird Ce^{3+} zu Ce^{4+} oxidiert. Die noch vorhandenen Bromid-Ionen werden durch Reaktion mit der in hoher Konzentration vorliegenden Bromigen Säure verbraucht (Reaktion 5b). Diese Änderungen entsprechen dem Bereich BC in Abbildung 1. Die Disproportionierung (6c) der Bromigen Säure setzt der Konzentration dieser Verbindung eine obere Grenze, die im Verlauf von Prozeß B schließlich erreicht wird. Es konnte jedoch gezeigt werden, daß diese Grenze immer noch eine stationäre Konzentration der Bromigen Säure zuläßt, die 10^5 mal höher ist als diejenige im Prozeß A. Das im Verlauf von Prozeß B erzeugte Ce^{4+} reagiert mit Malonsäure nach (7).

$6Ce^{4+} + CH_2(COOH)_2 + 2H_2O \rightarrow$
$6Ce^{3+} + HCOOH + 2CO_2 + 6H^+$ (7)

Man sollte erwarten, daß bald ein Zustand erreicht wird, in dem Ce^{4+} durch Reaktion (7) genauso schnell in Ce^{3+} übergeht wie Ce^{3+} durch Prozeß B in Ce^{4+} und daß der damit erreichte stationäre Zustand unbegrenzt stabil ist. Dann wäre der Gesamteffekt eine langsame, durch Cer-Ionen katalysierte Oxidation von Malonsäure durch Bromat. Im Abschnitt CD in Abbildung 1 scheint das System also stabil zu sein, doch in Wirklichkeit handelt es sich hier nur um eine Induktionsperiode vor dem Einsetzen der Oszillationen. Die Induktionsperiode tritt auf, weil für die Oszillationen Brommalonsäure nötig ist. Das Brom-Atom des rereduzierten Bromats erscheint wieder in der Brommalonsäure (5c+5d). Auf diese Weise sammelt sich in der Induktionsperiode eine große Menge Brommalonsäure an. Das führt schließlich dazu, daß das System zum Prozeß A zurückkehrt, da durch Reaktion (8) wieder Bromid-Ionen entstehen (Abschnitt DE in Abbildung 1).

$$4\ Ce^{4+} + BrCH(COOH)_2 + 2H_2O \rightarrow$$
$$4\ Ce^{3+} + HCOOH + 2CO_2 + 5H^+ + Br^- \quad (8)$$

Wegen der hohen Bromid-Konzentration wird Prozeß A in Abschnitt EF wieder dominierend. Dieser Abschnitt ist qualitativ vergleichbar mit Abschnitt AB, obwohl sich die Geschwindigkeit des Bromid-Ionen-Verbrauchs quantitativ wegen des höheren $Ce^{4+}:Ce^{3+}$-Verhältnisses von derjenigen in Abschnitt AB unterscheidet. Nun beginnen regelmäßige Oszillationen, bei denen die Kontrolle des Systems — wie oben beschrieben — abwechselnd bei Prozeß A und Prozeß B liegt. Wie zu erwarten, tritt keine Induktionsperiode auf, wenn Brommalonsäure von Anfang an im Reaktionsgemisch vorliegt.

Räumliche Oszillationen

Abbildung 2 zeigt ein Beispiel für konzentrische Oxidationswellen, die von einem zentralen „Schrittmacher" ausgehen. Diese Erscheinung und die oben beschriebenen phänomenologischen Merkmale dieser Wellen lassen sich ebenfalls mit dem oben diskutierten Mechanismus erklären. R. J. Field und R. M. Noyes haben darüber hinaus ein auf diesem Mechanismus basierendes quantitatives Modell für die laufenden Wellen entwickelt. Dieses Modell führt zu der beobachteten Beziehung zwischen den Konzentrationen der Reaktanden und der Geschwindigkeit, mit der die Wellen sich ausbreiten.

Wie Tabelle 1 zeigt, sind die zur Ausbildung der räumlichen Struktur notwendigen Konzentrationen der Reaktanden sehr verschieden von denjenigen in einem System mit zeitlichen Oszillationen. Wichtig ist, daß Prozeß A unter diesen Konzentrationsverhältnissen ziemlich stabil gegen zeitliche Oszillationen ist, d. h. spontane Verschiebungen zu Prozeß B sind sehr selten.

Die Schrittmacher sind wichtig, da sie die Ursache dafür sein können, daß ein kleiner Bereich des Reaktionsgemisches von Prozeß B kontrolliert wird. Das beruht wahrscheinlich auf der Bildung von Bromiger Säure durch einen unbekannten heterogenen Prozeß (oder mehrere Prozesse). Wenn jedoch ein kleiner Bereich einmal von Prozeß B kontrolliert wird, wächst er wegen der autokatalytischen Eigenschaft von Prozeß (G) rasch an. Diffundiert dann ein Molekül Bromige Säure aus einem Gebiet, in dem Prozeß B abläuft, heraus, kann es entweder ein Bromid-Ion zerstören (5b) oder zwei neue Moleküle Bromige Säure erzeugen (6a). Beide Vorgänge tragen dazu bei, daß sich in diesem Bereich die Kontrolle des Systems durch Prozeß A auf diejenige durch Prozeß B verschiebt. Auf diese Weise wächst das Gebiet, das vom metalloxidierenden Prozeß B beherrscht wird, vom Schrittmacher aus rasch an. Die Kettenverzweigung im Prozeß (G) erhöht die Geschwindigkeit, mit der Bromige Säure diffundieren und benachbarte Gebiete unter die Kontrolle durch Prozeß B bringen kann, sehr stark. Wenn Prozeß B über einen Bereich die Herrschaft gewinnt, wird Ce^{3+} sehr rasch zu Ce^{4+} oxidiert. Der Abschnitt BC in Abbildung 1 deutet das für den Fall zeitlicher Oszillationen an; das gleiche Phänomen spiegelt sich in der Schärfe der Front der sich ausbreitenden Wellen in den Abbildungen 2 und 3 wider.

Das Gebiet, das von Prozeß B beherrscht wird, wächst, weil die hohe Konzentration an Bromiger Säure in einem von Prozeß B beherrschten Bereich zur Zerstörung der Bromid-Ionen in den von Prozeß A beherrschten Nachbarbereichen führt. Prozeß B führt auch zur Bildung von Ce^{4+}. Dieses Ce^{4+} reagiert im Schritt (8) mit Brommalonsäure zu Bromid-Ionen, kurz nachdem ein bestimmter Punkt im Reaktionsgemisch unter die Herrschaft von Prozeß B geraten ist. Auf diese Weise kehrt dieser Punkt wieder zu Prozeß A zurück. Bei dem hier betrachteten zweidimensionalen Fall breitet sich das Gebiet, in dem Prozeß B dominiert, vom Schrittmacher als Zentrum aus, so daß eine scheibenförmige Oxidationszone entsteht. Nach einem bestimmten Zeitraum führt jedoch das entstehende Ce^{4+} dazu, daß Prozeß A am Schrittmacher wieder die Oberhand gewinnt. So entsteht ein Oxidationsring um den Schrittmacher. Die Welle breitet sich aus und verbraucht Bromid-Ionen. Doch wegen Reaktion (8) ist die Bromidkonzentration auf ihrer Rückseite viel höher als vor ihr. Abbildung 3 zeigt den Konzentrationsverlauf von Ce^{4+}, $HBrO_2$ und Br^- quer durch eine Welle, die von links nach rechts wandert. Die höchste Bromidkonzentration liegt direkt hinter der Welle. Dieser Punkt im Raum entspricht Punkt E in Abbildung 1.

Die hohe Bromidkonzentration, die nach dem Durchlaufen einer Welle zurückbleibt, setzt dem allzu dichten Aufeinanderfolgen einer zweiten Welle eine definierte Grenze. Einige der Beobachtungen von A. T. Winfree [11] sowie A. M. Zhabotinsky und A. N. Zaikin [7] können mit dieser hinterher laufenden Bromidwelle erklärt werden. Wenn zwei Wellen kollidieren, wird das von Prozeß B beherrschte Gebiet zwischen zwei dieser nachlaufenden Bromidwellen eingeklemmt und zerstört. Auch wenn eine Welle die Wand des Behälters erreicht, wird sie durch ihre nachfolgende Bromidwelle ausgelöscht. Die gleiche Undurchdringlichkeit dieses Gebiets mit hoher Bromid-Ionen-Konzentration für Prozeß B schützt alle inneren Ringe, wenn im Reaktionsgemisch außerhalb der konzentrischen Ringe Oszillationen auftreten.

Literatur

[1] P. Glansdorff und I. Prigogine: Thermodynamic Theory of Structure Stability and Fluctuations. John Wiley & Sons, Inc., New York 1971.
[2] G. Nicolis, Adv. Chem. Phys. **19**, 209 (1972).
[3] N. Minorsky: Nonlinear Oscillations. Van Nostrand. Princeton 1962.
[4] I. Prigogine, G. Nicolis und A. Babloyantz, Physics Today **25**, Teil 1: Seite 23 (November 1972), Teil 2: Seite 38 (Dezember 1972).
[5] H. Degn, J. Chem. Educ. **49**, 302 (1972).
[6] B. P. Belousov, Ref. Radiats. Med. 1958, Seite 145, Medgiz, Moskau 1959.
[7] A. M. Zhabotinsky: Oscillatory Processes in Biological and Chemical Systems. Science Publ., Moskau 1967; A. N. Zaikin und A. M. Zhabotinsky, Nature **225**, 535 (1970).
[8] R. J. Field, E. Körös und R. M. Noyes, J. Am. Chem. Soc. **94**, 8649 (1972).
[9] R. J. Field und R. M. Noyes, Nature **237**, 390 (1972). — Ein quantitatives Modell wird gerade entwickelt.
[10] J. N. Demas und D. Diemente, J. Chem. Educ. **50**, 357 (1973).
[11] A. T. Winfree, Science **175**, 634 (1972).

Mechanochemische Modellsysteme

Avraham Oplatka

Geschichtliches

Die Frage nach der Ursache der Muskelbewegung wurde von den Menschen wahrscheinlich schon in einem sehr frühen Stadium ihrer intellektuellen Entwicklung gestellt. Vermutlich hat man schon damals an irgendeine Beziehung zwischen Muskelkraft und Nahrungsmitteln gedacht, aber erst in unserem Jahrhundert wurden alle Glieder der Kette von der Nahrung zur Muskelkraft aufgeklärt. Während der letzten dreihundert Jahre gab es zahlreiche Ansätze, die Muskelkontraktion mit dem jeweiligen begrifflichen Handwerkszeug der Epoche zu erklären. Daß die Physiologen des 18. Jahrhunderts glaubten, die Ursache für die Muskelaktivität sei die Umwandlung „tierischer Elektrizität" in mechanische Arbeit, stand im Einklang mit den Beobachtungen Galvanis und Voltas. Auf der anderen Seite waren einige führende Biologen des 19. und selbst auch noch des 20. Jahrhunderts überzeugt, daß der lebende Organismus eine Wärmekraftmaschine sei. Während des ersten Viertels des 20. Jahrhunderts deuteten biochemische Untersuchungen darauf hin, daß die biologische Bewegung auf der direkten und isothermen Umwandlung chemischer Energie in mechanische Arbeit („mechanochemische Transformation") beruhen könnte.

Moderne Anschauungen der Muskelfunktion

Inzwischen hat eine Fülle von physiologischen und biochemischen Untersuchungen eine Anzahl der im Muskel ablaufenden Reaktionen ans Licht gebracht und — bis zu einem gewissen Grade — die Natur des kontraktilen Apparates erhellt. Während der letzten paar Jahre fand man, daß die Proteinbausteine, die für diesen Apparat charakteristisch sind, oder ihre Analogen praktisch in jeder lebenden Zelle vorkommen. Die Anordnung dieser Proteinmoleküle scheint in verschiedenen Bewegungssystemen (glatte und gestreifte Muskulatur, Spermatozoenschwänze, Bakteriengeißeln usw.) zu variieren, aber die Energiequelle ist immer die gleiche: die Spaltung von Adenosintriphosphat(ATP)-Molekülen. Auf irgendeine rätselhafte Weise führt diese ATP-Spaltung durch die sogenannten kontraktilen Proteine (Myosin, Actin usw.) zur Entstehung von mechanischer Arbeit und Bewegung.

Natürlich fragt man sich, wieso die lebenden Organismen sich die mechanochemische Energieumwandlung zu eigen machten und alle anderen Formen der Energieumwandlung zur Erzeugung von Bewegung „ignorierten". Gleichzeitig ist es ziemlich überraschend, daß unter allen Formen der Energieumwandlung, die von Menschen zur Erzeugung von Bewegung benutzt werden, die mechanochemischen Prozesse am stärksten vernachlässigt sind. Wir kennen Dampfmaschinen, bei denen chemische Energie — freigesetzt bei der Oxidation von Kohle — erst in Wärme umgewandelt und dann teilweise in mechanische Energie umgesetzt wird. Wir verbrennen Öl zur Produktion von Elektrizität, die dann einen Elektromotor antreiben kann. Bei all diesen Vorgängen, deren Energiequelle chemischer Natur ist, findet die Energiekonversion in mindestens zwei Stufen statt, und es ist keine Frage, daß die Energieausbeute mit der

Zahl der Stufen abnimmt. In Verbrennungsmaschinen ist die Druckerhöhung aufgrund der Verbrennung, welche die Bewegung eines Kolbens hervorruft, zum Teil auf einen Temperaturanstieg zurückzuführen, während bei der Aktivierung eines Muskels nur verschwindende Temperaturänderungen zu beobachten sind, die nichts zur Produktion mechanischer Energie beitragen.

Gegen Ende der dreißiger Jahre zeigte Engelhardt in Rußland, daß das Enzym, welches für die ATP-Spaltung im Muskel verantwortlich ist, nicht frei verteilt in den Muskelzellen ist, wie man vorher geglaubt hatte. Vielmehr ist es innig verbunden mit den kontraktilen Elementen des Muskels. Aus dieser Entdeckung Engelhardts mußte man schließen, daß die chemische Energie dort freigesetzt wird, wo die mechanische Arbeit geleistet wird, und daß die kontrahierenden Proteinkomponenten selbst direkt an der biochemischen Reaktion — der ATP-Spaltung — teilnehmen. Da Proteine Biopolymere sind und weil die Muskelkontraktion oberflächlich dem Zusammenziehen eines gedehnten Gummibandes — ebenfalls polymeres Material — ähnelt, spielten einige Wissenschaftler mit der Idee, synthetische makromolekulare Fasern könnten zur Kontraktion und damit z. B. zum Heben von Lasten (d. h. zum Leisten mechanischer Arbeit) gebracht werden, wenn eine geeignete chemische Reaktion mit den Makromolekülen selbst als Reaktionspartnern abläuft.

Die ersten Muskelmodelle

In den vierziger Jahren beschäftigten sich Werner Kern in Freiburg, Werner Kuhn in Basel und Aharon Katchalsky in Jerusalem mit der Ionisierung von Polysäuren, die aus langen Kohlenwasserstoffketten mit vielen daranhängenden Carboxylgruppen bestehen. Neutralisiert man die Carboxylgruppen mit Lauge, so wird die Substanz in einen polymeren Elektrolyten umgewandelt. Die Viskosität solcher „Polyelektrolyt"-Lösungen steigt mit dem Grad der Ionisierung, denn die elektrostatische Abstoßung der negativ geladenen Carboxylat-Gruppen verursacht eine Konformationsänderung: Aus dem kompakten, statistisch ungeordneten Knäuel eines neutralen Moleküls wird eine gestreckte Kette. Diese Beobachtung brachte die Wissenschaftler in Basel und Jerusalem auf den Gedanken, diese molekulare Transformation zu verstärken und „sichtbar" zu machen, etwa indem man die Molekülketten durch Brücken zwischen den einzelnen Molekülen zu einem dreidimensionalen Netzwerk verknüpft. Ein solcher Netzverband ist nicht mehr in Wasser löslich, wird aber als Folge der Ionisation quellbar, weil die positiven Gegenionen den osmotischen Druck gewaltig steigern.

In der Tat fand man, daß eine Probe des vernetzten Materials bei der Ionisierung stark quoll und bei der Deionisierung (Zugabe von Säure) deutlich kontrahierte. Wenn man ein Ende eines gequollenen (d. h. verlängerten) Streifens dieses Materials einspannte und am anderen Ende ein Gewicht anbrachte, dann wurde bei der Kontraktion das Gewicht gehoben, d. h. mechanische Arbeit geleistet. Auf diese Weise wurde der chemische Energieübergang bei der Deionisierung tatsächlich in mechanische Arbeit umgesetzt.

Versuche mit Kollagenfasern

Sehnen bestehen hauptsächlich aus Kollagen, dessen helicale (schraubenförmige) Moleküle parallel zur Längsachse der Sehnen liegen. Wenn man eine Sehne in heißes Wasser (ca. 80°C) hält, zieht sie sich zusammen, und in diesem makroskopischen Vorgang manifestiert sich eine molekulare Helix-Knäuel-Umwandlung: Die relativ gestreckte Schraubenstruktur der Helix ist länger als das ungeordnet zusammengeballte Knäuel. Beim Zusammenziehen der Sehne verschwindet das Röntgenstrahlen-Beugungsmuster des kristallinen Kollagens — ein Zeichen dafür, daß das Material vom kristallinen in den amorphen Zustand übergeht; der Prozeß entspricht also einem Schmelzvorgang.

Nun kann man bekanntlich die Schmelztemperatur von Eis durch die Zugabe von Salz erniedrigen. Ganz ähnlich kann man erreichen, daß sich die Sehne schon bei niedriger Temperatur zusammenzieht, wenn man sie statt in reines Wasser in eine Salzlösung taucht; je höher die Salzkonzentration ist, umso niedriger ist die Temperatur, bei der sich die Sehne kontrahiert. Verschiedene Salze sind dabei unterschiedlich wirksam; LiBr oder KCNS sind am effektivsten. Wenn man die Konzentration von LiBr in Wasser erhöht, erreicht man schließlich eine Konzentration, bei der sich die Sehne schon bei Raumtemperatur zusammenzieht. Ähnlich verhält sich ein „synthetisches", dünnes Kollagenband, das man aus einer Kollagenlösung spinnen kann; das Kollagen wird aus Sehnen isoliert, von denen alle anderen Bestandteile entfernt werden. Der Streifen wird gestreckt, damit alle Kollagen-Schraubenmoleküle parallel zueinander liegen. Solche Bänder werden hauptsächlich zu „Nähfäden" für Operationen verarbeitet. Behandelt man einen derartigen Streifen mit einem vernetzenden Reagens, so wird er unlöslich in Wasser. Gibt man dem Wasser LiBr in steigender Konzentration zu, so wird ein Punkt erreicht, bei dem sich die Faser zusammenzieht. Das Ausmaß der Kontraktion hängt natürlich von der Last ab, die man angehängt hat. Hängt gar kein Gewicht daran, so kann sich der Streifen auf die Hälfte seiner ursprünglichen Länge zusammenziehen. Zwingt man der Faser durch Einspannen eine konstante Länge auf, so können Kräfte von ungefähr 180 kg pro cm² Querschnitt der trockenen Faser auftreten. Das ist eine bemerkenswert hohe Spannung, wenn man bedenkt, daß die maximale Kraft, die bei der Muskelkontraktion auftritt, ungefähr 20 kg pro cm² Querschnitt des trockenen Muskels beträgt. Um einen anschaulichen Eindruck von der Größe dieser Kraft zu geben: Ein Bündel solcher Fasern, 10 m lang und 1 cm dick — so ein Faserbündel würde etwa 1 kg wiegen —, kann, wenn man es in LiBr-Lösung taucht, zwei ausgewachsene Männer zwei Meter hoch heben.

Wenn man eine mit Salzlösung behandelte Kollagenfaser mit reinem Wasser wäscht, nimmt sie wieder ihre ursprüngliche Länge an. Man kann die Vorgänge der Kontraktion und Entspannung im Cyclus beliebig oft wiederholen, indem man die Faser abwechselnd in Kontakt mit Wasser und mit einer konzentrierten Salzlösung bringt.

Die mechanische Arbeit, die man bei einer solchen cyclischen Arbeitsweise gewinnt, resultiert letztlich aus der freien Mischungsenthalpie der beiden Flüssigkeiten.

Ein einfaches Experiment

Abbildung 1 zeigt schematisch, wie ein solcher Cyclus realisiert werden kann. Man nimmt zwei Trichter, die am unteren Ende einen Hahn tragen. Die Röhren, in welche die Hähne auslaufen, vereinen sich zu einem Rohr, durch das abwechselnd Wasser oder konzentrierte LiBr-Lösung fließen.

Diese Flüssigkeiten umspülen die Kollagenfaser, die am unteren Rohrende angebracht ist. Je nachdem ob Wasser oder Salzlösung

Abb. 1. Einfache Versuchsanordnung zur Gewinnung von Bewegungsenergie aus chemischer Energie durch Ausnutzung von Konformationsänderungen des Kollagens.

über das Kollagen fließen, hebt oder senkt der Kollagenfaden ein kleines Gewicht von etwa 5 g*.

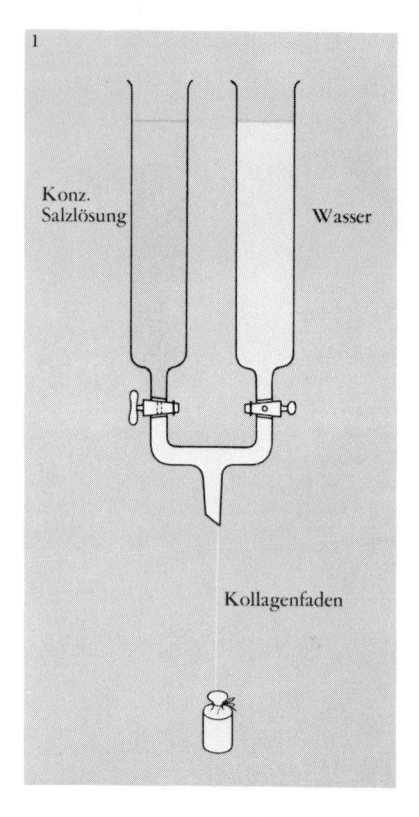

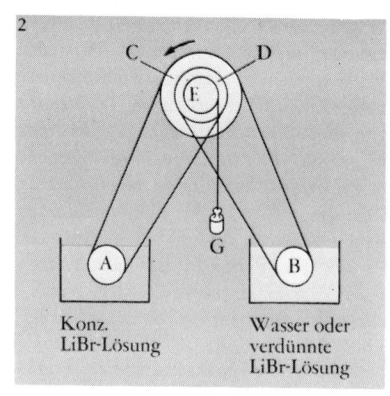

Abb. 2. Konstruktion einer Kollagenmaschine mit Hilfe eines Differentialflaschenzugs. Ein Transportband aus Kollagen wird um die Rollen gelegt. Das Kollagen in der Lithiumbromidlösung zieht sich zusammen, wodurch sich alle Rollen entgegen dem Uhrzeigersinn drehen und das Gewicht heben. Bei der Bewegung gelangen frische Bandabschnitte in die Salzlösung und der Vorgang setzt sich fort. Das geht so lange, bis die Salzkonzentrationen in den beiden Bädern gleich geworden sind.

Eine kontinuierlich arbeitende Maschine

In einer Dampf- oder Verbrennungsmaschine ist die Arbeit, die man durch Expansion des Dampfes oder Gases gewinnen kann, durch die Länge des Zylinders begrenzt. Will man dem Kolben erneut Arbeit abverlangen, so muß man ihn zurück in die Ausgangsposition bringen, und dazu muß eine bestimmte mechanische Arbeit investiert werden. Der Wirkungsgrad der Maschine wird einen positiven Wert annehmen, wenn diese Arbeit kleiner ist als die, welche der Kolben bei der Vorwärtsbewegung produziert. Die Maschine arbeitet kontinuierlich, wenn sich der Cyclus

---

*Ein für diesen Versuch ohne Vorbehandlung geeignetes Kollagenmaterial kann von der Firma Carl Freudenberg, Weinheim/Bergstr., bezogen werden.

von Expansion und Kompression ständig wiederholt. Entsprechend kann die Kollagenfaser mehrere Lasten hintereinander heben — d. h. kontinuierlich arbeiten —, wenn sie sich wiederholt kontrahiert und entspannt. Doch solange der Experimentator die Hähne (Abbildung 1) zu öffnen oder zu schließen hat, ist die Arbeitsleistung nicht automatisch und selbstgesteuert wie in einer Verbrennungsmaschine. Um eine wirkliche **Maschine** auf der Basis des Kontraktions-Entspannungs-Cyclus von Kollagenfasern zu konstruieren, muß man die Faser dazu bringen, von einer Salzlösung in reines Wasser zu wechseln und umgekehrt. Da eine Faser Lasten heben kann, die ein Vielfaches ihres Eigengewichtes ausmachen, sollte sie sich auch selbst von einem Bad ins andere tragen können.

Dieses Problem wurde von I. Z. Steinberg am Weizmann-Institut gelöst, der auf den Gedanken kam, einen Differential-Flaschenzug zu benutzen. Abbildung 2 zeigt das Prinzip: Ein geschlossenes Transportband aus Kollagen wird um die Rollen des Flaschenzugs gelegt. Der Abschnitt der Kollagenfaser, der in die LiBr-Lösung taucht, kontrahiert und übt auf die Rollen C und D, die eine gemeinsame Achse haben, gleiche Kräfte aus. Das Drehmoment, das auf Rolle C wirkt, ist jedoch größer, da diese Rolle einen größeren Radius hat als Rolle D. Das resultierende Drehmoment bewirkt eine Drehung entgegen dem Uhrzeigersinn, und dadurch gerät ein neuer Kollagenabschnitt in die Salzlösung. Soll die Maschine kontinuierlich arbeiten, muß die Gesamtlänge der Faser, die durch den Flaschenzug in die Salzlösung gezogen wird, gleich der Verkürzung des Bandes sein.
Den entgegengesetzten Vorgang beobachtet man an Rolle B, die in reines Wasser taucht, welches das Salz auswäscht und das Kollagen entspannt. Als Ergebnis der Drehung der miteinander verbundenen Rollen C und D wird ein Gewicht G, das an einem um Rolle E gewickelten Faden hängt, in die Höhe gehoben; Rolle E ist starr mit C und D verbunden. Natürlich nimmt mit der Zeit die Salzkonzentration im rechten Bad zu, im linken ab, bis in beiden Bädern die gleiche Konzentration erreicht ist: Dabei verlangsamt sich die Bewegung, bis sie schließlich ganz aufhört.

Eine Abwandlung des Modells ist schematisch in Abbildung 3 dargestellt. Ein Transportband aus Kollagen läuft durch eine Salzlösung im unteren Bad S und durch reines Wasser im oberen Bad W. Die Übertragungsrollen A und B — starr gekoppelt mit den Rädern C bzw. D — sind durch ein Band aus Baumwollgarn verbunden. Das Rädersystem dreht sich in die Richtung, die der algebraischen Summe der an C und D angreifenden Drehmomente entspricht. Wenn beispielsweise A und B glei-

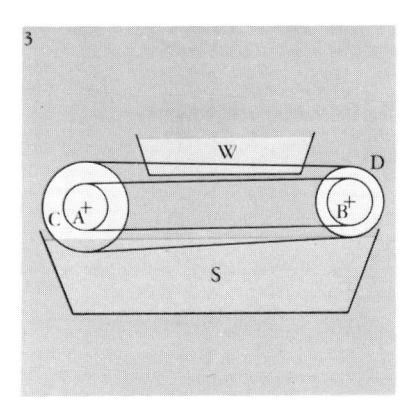

Abb. 3. Abwandlung der Kollagenmaschine. Ein Kollagenband läuft durch die Salzlösung S im unteren Bad und durch das Wasser W im oberen Bad. Die Antriebsrollen A und B — starr gekoppelt mit den Rädern C bzw. D — sind durch ein Band aus Baumwollgarn verbunden.

Abb. 4. Kollagenmaschine in betriebsbereitem Zustand. Die dem Rad D in Abbildung 2 entsprechende Antriebsrolle wurde oben rechts montiert. Die oberen Räder dienen dazu, das Kollagenband durch das Wasserbad zu leiten.

chen Radius haben, aber der Radius von C größer ist als der von D, rotieren beide entgegen dem Uhrzeigersinn. Bei dem in Abbildung 4 gezeigten Apparat* wurde die dem Rad D aus Abbildung 2 entsprechende Antriebsrolle oben rechts montiert. Die oberen Räder dienen dazu, das Kollagenband durch das obere Wasserbad zu leiten.

---

*Siehe auch I. Z. Steinberg, A. Oplatka und A. Katchalsky, Nature 210, 568 (1966).

Bau und Betrieb der Maschine

Der Bau der in Abbildung 4 gezeigten Maschine ist nicht ganz einfach, da alle beweglichen Teile möglichst reibungsfrei arbeiten müssen. Mit Ausnahme der Stahlkugellager wurden alle Teile aus Plexiglas® gefertigt. Die Räder sind auf eine Plexiglasplatte (ca. 40 x 40 cm) montiert. Man kann mehrere Kollagen-Bänder über dieselben Räder führen, wenn man entsprechend viele Rillen in die Laufflächen fräst.

Mechanochemische Modellsysteme

Für die hier beschriebene Maschine ist das oben erwähnte Kollagen der Firma Carl Freudenberg wenig geeignet. Man braucht ein ungegerbtes, rekonstituiertes Material*, das durch zwölfstündiges Behandeln mit 0,5-proz. Formaldehydlösung (pH 8,5, Phosphatpuffer) vernetzt werden muß. Nach dieser Behandlung wird es mit Wasser gewaschen, 15 Minuten lang in 6 molare LiBr-Lösung getaucht und wieder mit Wasser gewaschen. Diese Behandlung wird mehrmals wiederholt. Das Rad links unten (Radius 9 cm) dreht sich etwa 100mal pro Minute, wenn sechs Kollagenbänder aufgelegt werden und die LiBr-Konzentration etwa 10-molar ist.

Anwendungsmöglichkeiten der Maschine

Es sollte erwähnt werden, daß eine solche Maschine auch arbeitet, wenn die LiBr-Lösung durch Wasser aus dem Toten Meer ersetzt wird, das reich an Magnesiumchlorid ist. Das Wasser im oberen Bad könnte durch Mittelmeerwasser ersetzt werden, dessen Gehalt an dem kontraktionsfördernden Magnesiumchlorid sehr niedrig ist. In der hier beschriebenen Maschine wandert Salz von einer konzentrierten Lösung in eine verdünnte, und auf diese Weise wird mechanische Arbeit geleistet. Im Prinzip könnte man nun auch mechanische Arbeit einspeisen — etwa indem eines der Räder mit einem Elektromotor in der richtigen Richtung gedreht wird — und dann Salz von einer niedrig konzentrierten in eine hochkonzentrierte Lösung transportieren; mit anderen Worten: Auf diese Weise läßt sich ein sonst spontan ablaufender Vorgang umkehren.

Die Kollagen-Maschine kann auch als neue Art von Wärmekraftmaschine betrieben

---

*Bezugsquelle: Ethicon Company, Sommerville, N. J./USA.

werden. Wie oben erwähnt, kontrahieren Kollagenfasern in heißem Wasser und dehnen sich beim Abkühlen wieder aus. Man kann also daran denken, die Räder statt durch konzentrierte Salzlösung durch heißes Wasser in Bewegung zu setzen.

Die chemische Energiequelle für die beschriebenen mechanochemischen Maschinen ist die in Arbeit umwandelbare Freie Energie der Verdünnung einer Salzlösung. Man kann auch die Kollagenfaser durch eine Faser aus Polyelektrolyten ersetzen und entsprechend die Bäder mit Wasser und Salzlösung durch solche mit einer alkalischen bzw. sauren Lösung austauschen. Dann kontrahiert die Faser im sauren Bad und dehnt sich im alkalischen wieder aus. Die energieliefernde Reaktion ist in diesem Falle die Neutralisierung einer Säure durch eine Base — also eine irreversible chemische Reaktion und nicht nur die Verdünnung einer Salzlösung durch Wasser. Wir wollen nun die Kollagenmaschine mit einem Elektromotor und mit einer Dampfmaschine vergleichen. Die Funktion eines Elektromotors erfordert einen elektrischen Potentialgradienten, und die Dampfmaschine benötigt einen Temperaturgradienten. Eine mechanochemische Maschine kann bei konstanter Temperatur nur Bewegung erzeugen, wenn ein Gradient der Salzkonzentration vorhanden ist, d. h. wenn ein Unterschied im chemischen Potential existiert.

Im ersten Fall führt der Gradient zum Fluß von Elektronen, im zweiten zum Wärmefluß und im dritten zum Fluß von Salz- und Wassermolekülen. In dieser Weise kann die Kollagenmaschine dazu dienen, den Begriff des „chemischen Potentials" zu erklären und einfach zu veranschaulichen. Eine solche Veranschaulichung ist in der Thermodynamik bisher nur auf ziemlich umständlichem Weg erreicht worden.

Bestimmung der Avogadroschen Zahl mit Oberflächenfilmen

Peter Tillmann

In dem folgenden Experiment wird beschrieben, wie man die Avogadrosche Zahl N_A (die Anzahl der Moleküle pro Mol) aus einfachen Messungen an monomolekularen Filmen bestimmen kann.

Allgemeines

Diese nur eine Molekülschicht dicken Filme entstehen, wenn man z. B. eine benzolische Stearinsäurelösung auf eine Wasseroberfläche tropft und das Lösungsmittel verdunsten läßt („Spreiten", Abbildung 1). Die auf der Wasseroberfläche zurückbleibenden Stearinsäuremoleküle sind in zwei Dimensionen (parallel zur Oberfläche) frei beweglich, in der dritten Dimension (senkrecht zur Wasseroberfläche) können sie ihre Lage nicht verändern: Die polaren Carboxylgruppen werden ins Wasser hineingezogen, die unpolaren Paraffinketten werden dagegen aus dem Wasser herausgedrängt, und die Moleküle tauchen soweit ins Wasser ein, daß sich anziehende und abstoßende Kräfte gerade die Waage halten. Die Moleküle haben im Mittel große Abstände voneinander und sind in thermischer Bewegung. Verkleinert man die Oberfläche, dann nehmen die mittleren Abstände der Moleküle ab. Die Kraft, die man hierbei aufwenden muß, dividiert durch die Strecke, längs der sie angreift, nennt man den Schub S, mit dem der Film komprimiert wird. Trägt man die Fläche F eines solchen Films in Abhängigkeit

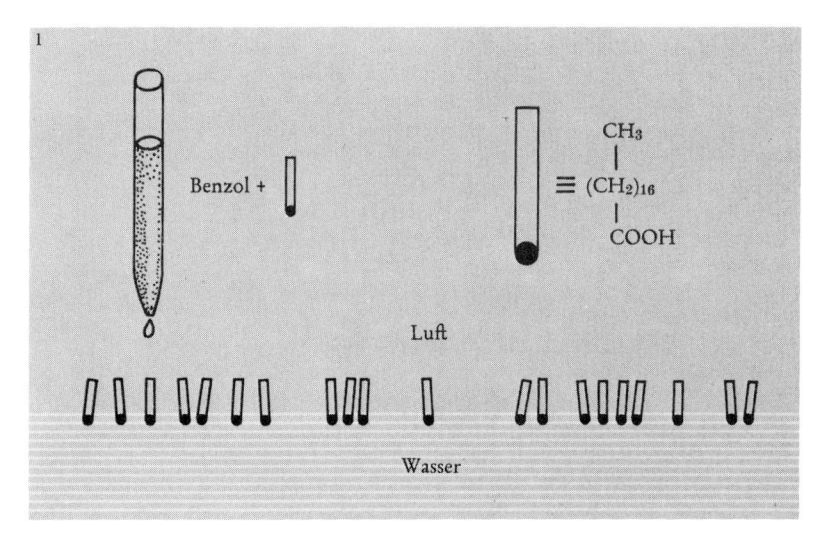

Abb. 1. Spreiten eines monomolekularen Films (schematisch). Moleküle ungeordnet, große mittlere Abstände.

vom jeweiligen Schub S auf, dann erhält man eine Kurve, wie sie in Abbildung 2 dargestellt ist. Das Diagramm zeigt, daß die Stearinsäuremoleküle, die bei geringem Schub noch relativ große mittlere Abstände voneinander haben, mit steigendem Schub näher zusammenrücken, bis sie schließlich dicht gepackt sind ($S \approx 25$ dyn · cm^{-1}). Durch weitere Schuberhöhung können die Moleküle nicht mehr näher zusammengeschoben werden, die Fläche bleibt praktisch konstant. Bei sehr hohen Schüben schließlich ($S > 50$ dyn · cm^{-1}) bricht der monomolekulare Film zusammen und mehrere Schichten schieben sich übereinander: Der Film kollabiert.

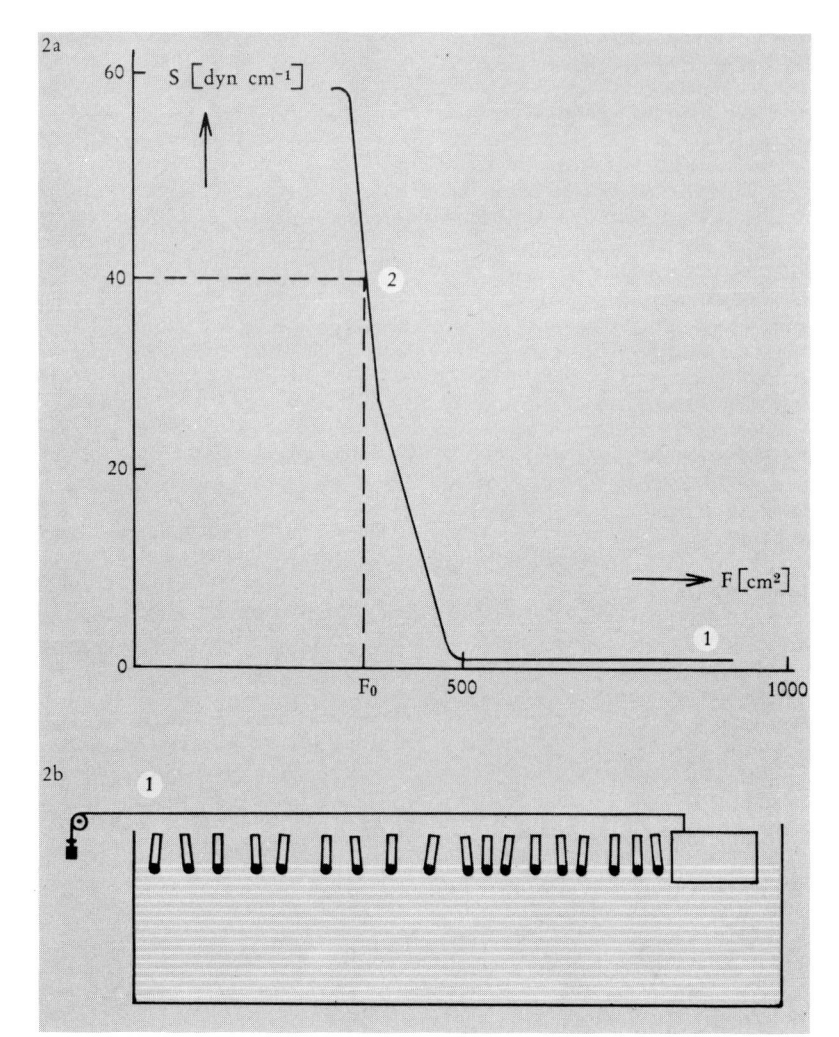

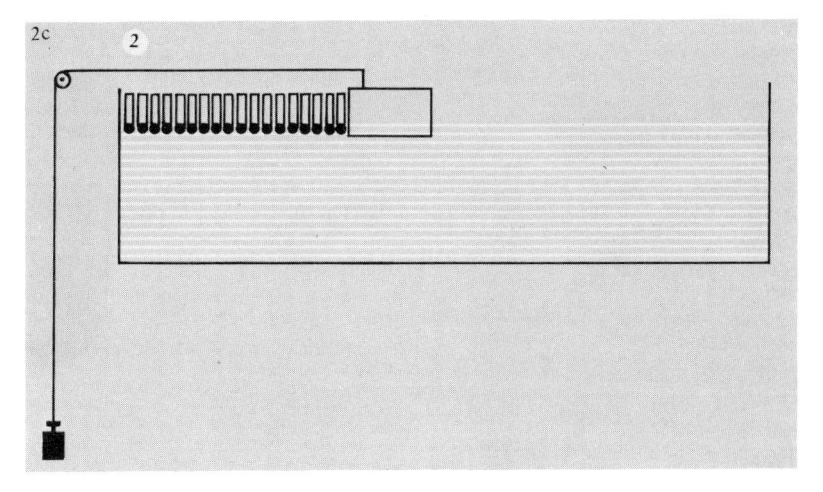

Abb. 2. Kompression eines gespreiteten Films (Stearinsäure auf Wasser). a) Abhängigkeit der Fläche F_0 des Films vom Schub S. b) und c) Längsschnitt durch Trog mit gespreitetem Film bei verschiedenen Schüben. b) Expandierter Film: Moleküle ungeordnet mit großen mittleren Abständen. c) Komprimierter Film: Moleküle dichtgepackt.

Spreitet man Stearinsäure und komprimiert den Film ($S \approx 40$ dyn · cm^{-1}), dann nimmt der kompakte Film die Fläche F_0 ein. Nimmt man an, die Dichte ϱ_0 dieses Films sei gleich der von flüssiger Stearinsäure nahe dem Schmelzpunkt (69°C), dann ist das Volumen des Films gegeben durch (m = Masse der gespreiteten Stearinsäure)

$$V_0 = \frac{m}{\varrho_0} \quad (1)$$

Mit $V_0 = d \cdot F_0$ kann man nun die Dicke d des Films berechnen:

$$d \cdot F_0 = \frac{m}{\varrho_0}$$
$$d = \frac{m}{F_0 \cdot \varrho_0} \quad (2)$$

Aus der Strukturformel der Stearinsäure [CH$_3$—(CH$_2$)$_{16}$—COOH] kann man abschätzen, daß das Molekül etwa sechsmal so lang ist wie breit (Abbildung 3). Der Querschnitt eines Moleküls ist dann:

$$\varphi = \left(\frac{d}{6}\right)^2 \quad (3)$$

Die Zahl z der gespreiteten Moleküle ist gleich dem Quotienten aus F_0 und φ

$$z = \frac{F_0}{\varphi} \quad (4)$$

und die Zahl n der gespreiteten Mole ist durch

$$n = \frac{m}{M} \quad (5)$$

gegeben (M = molare Masse).

Aus diesen Größen läßt sich die Zahl der Moleküle pro Mol (N_A) berechnen

$$N_A = \frac{z}{n} \quad (6)$$

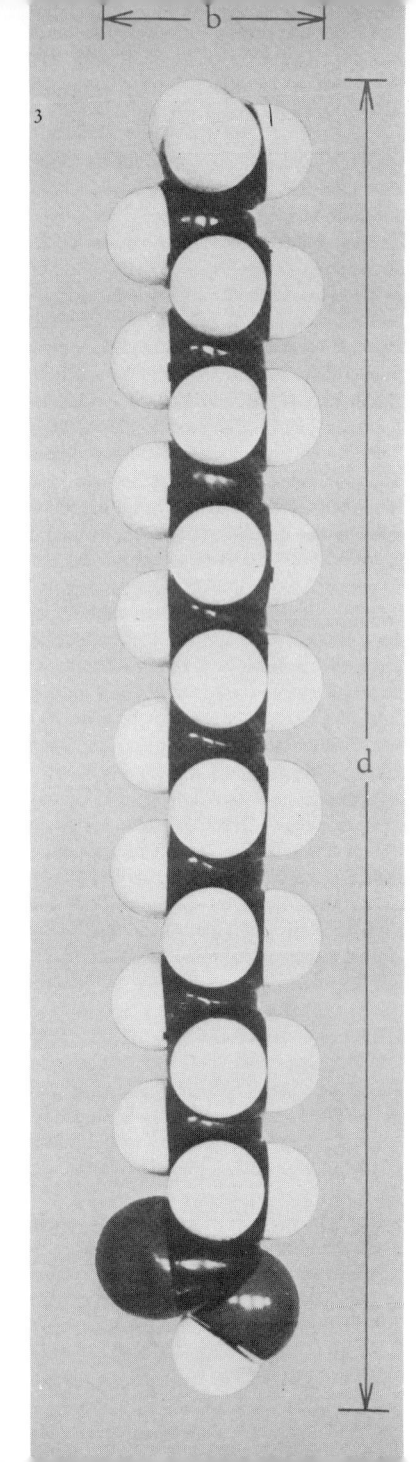

Die Avogadrosche Zahl läßt sich somit bestimmen, wenn man eine bestimmte Menge m an Stearinsäure spreitet und die Fläche F_0 bestimmt, die der kompakte Film einnimmt.

Ein Beispiel

Spreitet man 1 ml einer benzolischen Lösung, die 0,1 g Stearinsäure pro Liter enthält, und komprimiert den Film mit einem Schub von $S = 40$ dyn $\cdot$ cm^{-1}, dann nimmt der kompakte Film die Fläche $F_0 = 420$ cm^2 ein. Die aufgetropfte Menge an Stearinsäure ist

$$m = 1 \text{ ml} \cdot \frac{0{,}1 \text{ g}}{1000 \text{ ml}} = 10^{-4} \text{ g}$$

Die molare Masse der Stearinsäure ist $M = 285$ g $\cdot$ mol^{-1}, die Dichte von geschmolzener Stearinsäure (70°C) ist $\varrho_0 = 0{,}85$ g $\cdot$ cm^{-3}.

Nach (2) ist somit

$$d = \frac{10^{-4}}{0{,}85 \cdot 420} \text{ cm} = 2{,}8 \cdot 10^{-7} \text{ cm} = 28 \text{ Å}$$

und nach (3) folgt für den Querschnitt

$$\varphi = \left(\frac{28}{6}\right)^2 \text{ Å}^2 = 21{,}7 \text{ Å}^2$$

Damit ist nach (4)

$$z = \frac{420}{21{,}7 \cdot 10^{-16}} = 1{,}93 \cdot 10^{17}$$

Für die Zahl der gespreiteten Mole ergibt sich nach (5):

Abb. 3. (links) Kalottenmodell der Stearinsäure. Verhältnis der Länge d zur Breite b ≈ 6:1.

$$n = \frac{10^{-4}}{285} \text{ Mol} = 3{,}5 \cdot 10^{-7} \text{mol},$$

und nach (6) folgt

$$N_A = \frac{1{,}93 \cdot 10^{17}}{3{,}5 \cdot 10^{-7}} \text{ Mol}^{-1} = 5{,}5 \cdot 10^{23} \text{ mol}^{-1}$$

Der so gefundene Wert stimmt mit dem aus anderen Messungen gefundenen Wert $N_A = 6{,}02 \cdot 10^{23}$ mol^{-1} gut überein.

Nachdem N_A bekannt ist, läßt sich aus der Spreitfläche F_0 von n Mol einer Substanz der Querschnitt φ berechnen.

Es ist $\quad \varphi = \dfrac{F}{nN_A} \qquad (7)$

Aus Messungen an Palmitinsäure [CH$_3$—(CH$_2$)$_{14}$—COOH] und Arachinsäure [CH$_3$—(CH$_2$)$_{18}$—COOH] findet man so für die jeweiligen Querschnitte Werte, die mit dem für Stearinsäure gefundenen Wert praktisch übereinstimmen. Spreitet man dagegen einen Film aus Tristearin,

$$\begin{array}{l} H_2C - OOC - (CH_2)_{16} - CH_3 \\ HC - OOC - (CH_2)_{16} - CH_3 \\ H_2C - OOC - (CH_2)_{16} - CH_3 \end{array}$$

dann findet man einen Molekülquerschnitt, der dem Dreifachen des Stearinsäurequerschnitts entspricht. Hieraus folgt, daß die Fläche, die ein Molekül in einem dichtgepackten Film einnimmt, nur bestimmt wird von der Anzahl der Paraffinketten pro Molekül und unabhängig ist von der Länge der Moleküle. Dieses Ergebnis bestätigt die Annahme über den geometrischen Aufbau der Filme.

Ausführung

Eine rechteckige Wanne (Entwicklerschale o.ä.) von etwa 1000 cm^2 Fläche (z. B. 25 mal 40 cm^2) dient zur Aufnahme der Badflüssigkeit, auf deren Oberfläche die Filme gespreitet werden (Abbildung 4). Zur Reinigung der Badoberfläche benötigt man Barrieren, Vierkantstäbe von etwa 1 cm Kantenlänge aus Plexiglas o.ä., die so lang sind, daß sie auf beiden Seiten des Troges aufliegen können. Die Filme werden mit Hilfe eines Schwimmers komprimiert, der die Breite des Troges ausfüllt und von einem Gewicht nach vorn gezogen wird. Gewicht und Schwimmer werden durch einen Perlonfaden verbunden, der über eine Umlenkrolle geführt wird. Die Umlenkrolle sollte den Faden möglichst reibungsfrei führen. Gut bewährt hat sich dafür ein Stück Kapillarrohr (Innendurchmesser etwa 1 mm) von etwa 1 cm Länge, das auf einem gespannten Draht (Durchmesser etwa 0,5 mm) läuft und dem zur Führung des Fadens eine Kerbe eingeschnitten ist.

Der Schwimmer besteht aus einer rechteckigen etwa 1 cm starken Styroporplatte und sollte auf beiden Seiten etwa 1 mm Zwischenraum zum Trogrand lassen. Die Größe des Gewichts wird vom gewünschten Schub und von der Breite des Schwimmers bestimmt. Im erwähnten Beispiel (Trogbreite 25 cm) muß man ein Gewicht der Masse

$$G = 40 \text{ dyn} \cdot \text{cm}^{-1} \cdot 24{,}8 \text{ cm} \cdot \frac{1}{981}$$
$$g \cdot \text{dyn}^{-1} = 1{,}0 \text{ g}$$

an den Faden hängen, um einen Schub von $S = 40$ dyn $\cdot$ cm^{-1} zu erzielen. Der Trog wird mit Methanol gereinigt und bis zum oberen Rand mit Leitungswasser gefüllt. Zur Reinigung der Wasseroberfläche schiebt man eine Barriere, die auf beiden Seitenwänden aufliegt und mit der Wasseroberfläche abschließt, von vorne nach hinten bis etwa 5 mm vor die hintere Trogwand. Die Verunreinigungen (Staub, Fett oder auch der Film vom vorhergehenden Versuch) können von dort mit

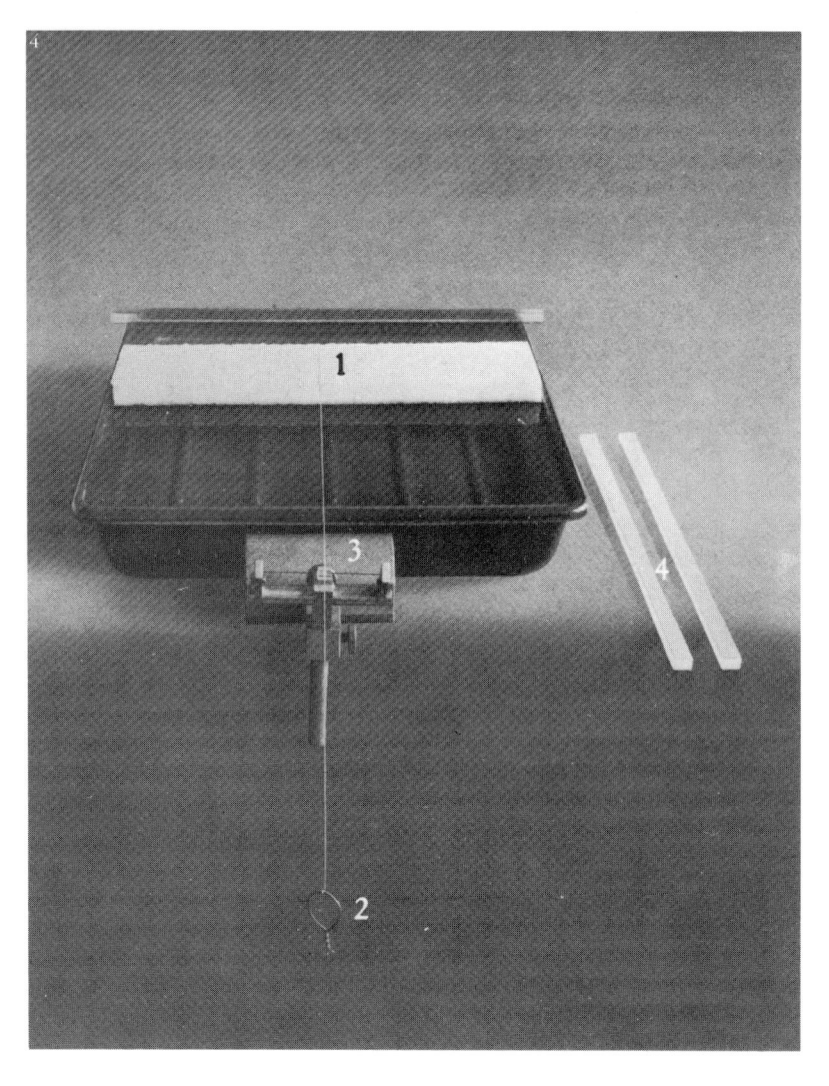

Abb. 4. Versuchsanordnung zum Spreiten und Komprimieren von monomolekularen Oberflächenfilmen. 1 Schwimmer aus Styropor, 2 Gewicht, 3 Umlenkrolle, 4 Barriere.

einem Streifen Filterpapier leicht entfernt werden. Man wiederholt die Reinigungsoperation mit einer zweiten Barriere und nimmt erst dann die erste Barriere von der Oberfläche. Der Schwimmer wird hinten auf die gereinigte Oberfläche gelegt und vorne durch eine weitere Barriere gegen die übrige Oberfläche abgegrenzt, da Styropor von dem beim Spreiten verwandten Benzol stark angegriffen wird.

Nun wird mit einer Pipette langsam so viel einer benzolischen Stearinlösung auf die Wasseroberfläche getropft, daß diese nach dem Verdunsten des Benzols mit einem monomolekularen Stearinsäurefilm bedeckt ist. Die dazu notwendige Menge ermittelt man in einem Vorversuch nach folgenden Kriterien: Solange noch freie Oberfläche vorhanden ist, verteilen sich die aufgegebenen Tropfen schnell zu einer dünnen Schicht, und man beobachtet, wie das Benzol verdunstet. Ist dagegen die zur Verfügung stehende Oberfläche vollständig mit einem Stearinsäurefilm bedeckt, dann bleiben die aufgegebenen Tropfen auf der Oberfläche liegen und spreiten nicht mehr. Zur Kompression des gespreiteten Films entfernt man die vor dem Schwimmer liegende Barriere und hängt das Gewicht vorsichtig an. Der Schwimmer gleitet nach vorne und verkleinert so die Fläche des gespreiteten Films, bis der Gleichgewichtszustand erreicht ist, der durch den vorgegebenen Schub S und die aufgegebene Menge an Stearinsäure festgelegt ist. Man mißt die zugehörige Gleichgewichtsfläche F_0 aus und hat damit alle zur Bestimmung der Avogadroschen Zahl notwendigen Daten gemessen.

Fehlerquellen

Es ist wichtig, daß der Schwimmer der Breite des Troges gut angepaßt wird. Ein zu großer Spalt zwischen Schwimmer und Trogwand läßt beim Komprimieren einen Teil des Films hinter den Schwimmer gelangen, und man findet zu kleine Werte für F_0. Man kann diesen Vorgang sichtbar machen, wenn man einige Talkumkörnchen auf den Film in die Nähe der Spalte streut. Die Körnchen werden von der Strömung mitgerissen. Wenn der Spalt dagegen zu klein ist, dann treten Reibungskräfte zwischen Schwimmer und Wand auf und bewirken, daß nur ein Teil der vom Gewicht herrührenden Kraft zur Kompression des Filmes beiträgt und damit für F_0 zu große Werte gefunden werden. Ein einfacher Test dafür, ob das System praktisch reibungsfrei arbeitet, besteht darin, das Gewicht um etwa 1 cm anzuheben. Infolge der Schubverringerung dehnt sich der Film aus, und der Schwimmer bewegt sich rückwärts. Im Idealfall folgt der Schwimmer der Zugentlastung praktisch verzögerungsfrei.

Es ist weiterhin darauf zu achten, daß man bei der Kompression des Films den Schwimmer nur sehr vorsichtig nach vorne gleiten läßt, damit der gewünschte Schub von $S = 40$ dyn $\cdot$ cm^{-1} auch nicht kurzzeitig überschritten wird und der Film dabei teilweise kollabiert.

Literatur

Lord Rayleigh, Philos. Mag. **48**, 337 (1899).

K. H. Drexhage, M. M. Zwick und H. Kuhn, Ber. Bunsenges. physik. Chem. **67**, 62 (1963).

H. Bücher, K. H. Drexhage, M. Fleck, H. Kuhn, D. Möbius, F. P. Schäfer, J. Sondermann, W. Sperling, P. Tillmann und J. Wiegand, Molec. Cryst. **2**, 199 (1967).

D. Möbius: Manipulieren in molekularen Dimensionen, Chem. unserer Zeit **9**, 173 (1975).

Zum Fließverhalten nicht-Newtonscher Stoffe

Günter Mennig

Einleitung und Grundlagen

Obwohl der Ursprung des Wortes „Rheologie" auf einen der klassischen griechischen Philosophen zurückgeht, war es erst Newton, der den frühesten wesentlichen Beitrag auf diesem Teilgebiet der Physik leistete. Er fand das nach ihm benannte Fließgesetz. Folgerichtig werden alle Flüssigkeiten, die diesem Fließgesetz gehorchen, als Newtonsche Flüssigkeiten bezeichnet. Man stelle sich zwei parallele Platten beliebiger Größe im Abstand h vor (Abbildung 1). Der Raum zwischen den beiden Platten sei mit einer Newtonschen Flüssigkeit angefüllt. Bewegt man eine der beiden Platten mit der Geschwindigkeit v_0, so stellt sich aufgrund der Wandhaftung der Flüssigkeit ein keilförmiges Geschwindigkeitsprofil ein. (Die Randeinflüsse an den nicht durch Platten begrenzten Flüssigkeitsrändern sollen vernachlässigt werden.) Die Änderung der Fließgeschwindigkeit beim Durchschreiten der Distanz h ist dv/dy oder speziell im vorliegenden Falle v_0/h und wird Schergeschwindigkeit $\dot{\gamma}$ genannt [1]:

$dv/dy \; (= v_0/h) = \dot{\gamma}\,[s^{-1}]$ = Schergeschwindigkeit.

Zum Bewegen der einen Platte war die Kraft P notwendig. Bezieht man P auf die von der Flüssigkeit benetzte Fläche F der Platte, so führt das zur Schubspannung τ:

$P/F = \tau\,[p \cdot cm^{-2}]$ = Schubspannung

Im Falle einer Newtonschen Flüssigkeit wird beim Anlegen der doppelten Kraft 2P die zweifache Geschwindigkeit $2v_0$ erreicht; Schubspannung und Schergeschwindigkeit sind einander also proportional. Der Proportionalitätsfaktor ist die Viskosität η der betrachteten Flüssigkeit. Das Newtonsche Fließgesetz lautet demnach:

$\tau = \eta \cdot \dot{\gamma}$ Newtonsches Fließgesetz

(Für die Dimension der Viskosität folgt aus dem vorher Gesagten $[p \cdot s \cdot cm^{-2}] = 10\,[N \cdot s \cdot m^2] = 10\,[Pa \cdot s]$ (Pa · s = Pascalsekunde).

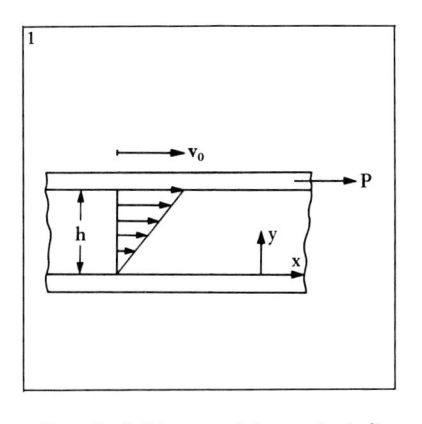

Abb. 1. Definition von Schergeschwindigkeit γ und Schubspannung τ mit dem Zweiplatten-Modell. Bewegt man eine der Platten in Richtung x mit der Geschwindigkeit v_0, so stellt sich ein keilförmiges Geschwindigkeitsprofil ein. Die Änderung der Fließgeschwindigkeit beim Durchschreiten des Plattenabstandes h ist hier v_0/h und wird Schergeschwindigkeit γ genannt. Bezieht man die Kraft P, die zum Bewegen der Platte notwendig ist, auf die von der Flüssigkeit benetzte Fläche F der Platte, so erhält man die Schubspannung $\tau = P/F$.

Die meisten der Flüssigkeiten, die zur Zeit

Newtons und auch lange später noch technisch interessant waren, insbesondere natürlich Wasser, gehorchen diesem einfachen Fließgesetz. Es entwickelte sich sehr rasch die klassische Hydrodynamik, die wesentlich auf der Tatsache aufbaut, daß die Viskosität eine physikalische Konstante ist, und daß die beim Fließvorgang entwickelte Reibungswärme vernachlässigt werden kann. Mit dem Aufkommen der chemischen Industrie wurde jedoch deutlich, daß es offenbar auch Stoffe gibt, die nicht zu den Newtonschen Medien gerechnet werden dürfen. Konnte man diese anfangs noch als Sonderfälle abtun, so war jedoch um die letzte Jahrhundertwende die Tatsache nicht mehr von der Hand zu weisen, daß die Anzahl der Sonderfälle die der „regulären" weit übersteigt, ja daß das Newtonsche Fließverhalten selbst als Sonderfall unter der Vielzahl der möglichen Fließverhalten zu werten ist.

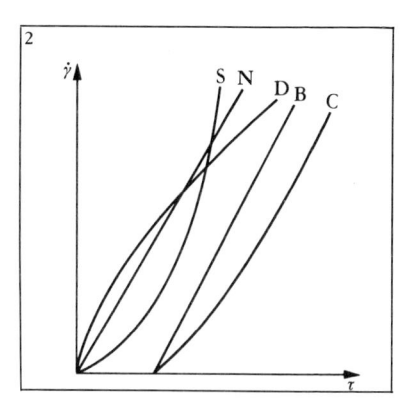

Abb. 2. Schergeschwindigkeit-Schubspannungsdiagramm verschiedener Substanzklassen. S = strukturviskoser Stoff, N = Newtonscher Stoff, D = dilatanter Stoff, B = Binghamscher Stoff, C = Casson Stoff.

Obwohl daher streng genommen die Hydrodynamik ein Untergebiet der Rheologie sein müßte, hat sich doch aufgrund der Tatsache, daß das nicht-Newtonsche Fließverhalten überwiegend mit den hochviskosen Stoffen verknüpft ist, eine Art von gleichberechtigtem Nebeneinander eingespielt. Die Hydrodynamik befaßt sich vornehmlich mit den kinetischen Kräften beim Fließvorgang, während die Rheologie vorzugsweise das mit Reibung behaftete zähe Fließen betrachtet.

In Abbildung 2 sind einige typische nicht-Newtonsche Fließverhalten (Substanzklassen) zusammen mit dem Newtonschen dargestellt [2]. Für alle nicht-Newtonschen Flüssigkeiten (ausgenommen in gewissem

---

*Streng genommen sollte der Quotient $(\tau/\dot{\gamma})$ nicht mehr „Viskosität" genannt werden, da es sich dabei nicht mehr um einen Stoffwert im physikalischen Sinne handelt.

Sinne die Bingham-Körper) ist charakteristisch, daß die Viskosität von der Schubspannung bzw. der Schergeschwindigkeit abhängt, es ist also $\eta(\tau)$ bzw. $\eta(\dot{\gamma})$.* Aus Abbildung 2 erkennt man, daß bei der strukturviskosen Flüssigkeit die Viskosität mit zunehmender Schubspannung bzw. Schergeschwindigkeit — d. h. mit zunehmendem Geschwindigkeitsgefälle — abnimmt. Die Ursache dafür liegt in der Molekülgestalt. In der ruhenden Lösung eines makromolekularen Stoffes oberhalb einer kritischen Konzentration liegen die Moleküle als Knäuel in einer Art dichtester Packung vor. Dabei kann es in den äußeren Bereichen der Knäuel zu einer Verschlingung und Verfilzung der Ketten kommen. Durch ein starkes Strömungsgefälle — z. B. beim Ausfließen durch eine Kapillare — entstehen Scherkräfte, welche die Verschlingungen und Verfilzungen der Knäuel auseinanderreißen können, so daß die Viskosität der Lösung abnimmt. Außerdem entstehen — vor allem in verdünnten

Lösungen — in einem starken Strömungsgefälle längliche Knäuelellipsoide, die sich in der Srömungsrichtung ausrichten. Auch das führt zu einer Verminderung der Viskosität, denn die Verzahnung der strömenden Schichten durch die gelösten Molekülknäuel wird geringer.

Im Gegensatz zur strukturviskosen nimmt bei der dilatanten Flüssigkeit mit zunehmendem Strömungsgefälle die Viskosität zu. Diese Erscheinung wird seltener beobachtet. Sie beruht häufig darauf, daß Knäuel im Strömungsgefälle nicht nur ausgerichtet, sondern auch in die Länge gezogen werden. Dabei werden Kettensegmente verschiedener Knäuel in engen Kontakt gebracht. Können sich nun Nebenvalenzbindungen zwischen solchen Kettensegmenten ausbilden, dann widersetzen sich diese dem Aneinandervorbeigleiten der Ketten, und die Viskosität nimmt zu. Diese Erscheinung wird durch die Möglichkeit zur Ausbildung von Wasserstoffbrückenbindungen, durch regelmäßige Kettenstruktur, geringe Knäueldichte und hohes Molekulargewicht begünstigt.

Daneben gibt es Stoffe mit zeitabhängigem Fließverhalten; für sie ist also $\eta(\tau,t)$ bzw. $\eta(\dot{\gamma},t)$, und häufig ist das nicht-Newtonsche Fließverhalten mit elastischen Stoffeigenschaften verbunden.

Das Fließverhalten oder besser das rheologische Verhalten der realen Stoffe läßt sich in der Regel nur durch eine Kombination zweier oder mehrerer der genannten Substanzklassen beschreiben, die sich beim Fließvorgang in Meßanordnungen nicht trennen lassen und daher die Klassifizie-

---

*Selbst bei diesem einfachen Strömungsfall treten nicht einzelne Wertpaare $\dot{\gamma}$-τ auf, sondern jeweils Funktionen $\dot{\gamma}(r)$ und $\tau(r)$.

rung der zu untersuchenden Stoffe erschweren.

Gleichermaßen schwierig ist es, Stoffe und Meßanordnungen zu finden, mit denen sich ein einzelnes rheologisches Verhalten darstellen läßt. Mit dem nachfolgend beschriebenen Experiment soll als einfacher Versuch der bekannte „Wettlauf der Flüssigkeiten" vorgestellt werden, mit dem sich der Unterschied zwischen Newtonschen, strukturviskosen und dilatanten Flüssigkeiten nicht nur messen, sondern vor allem auch sichtbar machen läßt.

Meßprinzip und Versuchsdurchführung

Für den Versuch wird das Meßprinzip des Kapillarrheometers benutzt. Diese Meßapparatur besteht aus einem Sammelraum, aus dem die zu untersuchende Flüssigkeit durch eine Düse ins Freie gepreßt wird. Die Vorgänge im Sammelraum werden für gewöhnlich vernachlässigt. In der Düse bildet sich das parabolische Geschwindigkeitsprofil einer Druckströmung mit den Geschwindigkeiten $v_{wand} = 0$ (benetzende Flüssigkeit) und v_{max} in der Düsenachse aus. Der treibende Druck p kann (ähnlich wie die Kraft P beim Zweiplatten-Modell) über den Impulssatz direkt in die (maximale) Schubspannung an der Wand* umgerechnet werden:

$$\tau = \frac{p \cdot R}{2\,L}$$

(R = Radius der Düse, L = Höhe der Düse, siehe Abbildung 3).

Entsprechend kann die pro Zeiteinheit ausströmende Flüssigkeitsmenge G in die maximale Schergeschwindigkeit umgerechnet werden (Ableitungen der Gleichungen siehe Kasten auf S. 158):

$$\dot{\gamma} = \frac{4\,G}{\pi \cdot R^3}$$

Der antreibenden Kraft $\pi R^2 \cdot p$ wirkt der Reibungswiderstand $2\pi R \cdot L$ an der Zylindermantelfläche entgegen. Im Gleichgewicht ist:

$$\pi R^2 \cdot p = 2\pi R \cdot L \cdot \tau$$

und

$$\tau = \frac{p \cdot R}{2L}$$

Für die Lineargeschwindigkeit v der strömenden Flüssigkeit mit parabolischem Strömungsprofil gilt:

$$v = \frac{p \cdot r^2}{4 L \cdot \eta} + C$$

dann ist:

$$\dot{\gamma} = \frac{dv}{dr} = \frac{p \cdot r}{2L \cdot \eta}$$

bzw. maximales $\dot{\gamma}$ für maximales $r = R$:

$$\dot{\gamma} = \frac{p \cdot R}{2L \cdot \eta}$$

Die pro Zeiteinheit durch die Kapillare fließende Flüssigkeit ist nach dem Hagen-Poiseuilleschen Gesetz:

$$G = \frac{\pi \cdot p \cdot R^4}{8\eta \cdot L}$$

Durch Division folgt:

$$\frac{\dot{\gamma}}{G} = \frac{4}{\pi \cdot R^3} \text{ und } \dot{\gamma} = \frac{4G}{\pi R^3}$$

Im vorliegenden Versuch wird der Ausstoß indirekt über die im Sammelbehälter abnehmende Flüssigkeitsmenge gemessen. Der treibende Druck ist der durch die momentane Füllhöhe im Sammelbehälter erzeugte hydrostatische Druck am Düseneinlauf. Da dieser Druck bzw. die Schubspannnung und damit die dazugehörige Schergeschwindigkeit durch Entleeren des Sammelraumes ständig abnehmen, wird die ganze Fließkurve $\dot{\gamma}(\tau)$ durchfahren. Im Falle der strukturviskosen Flüssigkeit wird damit der Viskositätsbereich von dünnflüssig zu zäh (und umgekehrt für die dilatante Flüssigkeit) bestrichen.

Der Versuchsaufbau besteht im wesentlichen aus drei Glasröhren mit Düsen gemäß Abbildung 3 (siehe auch Abbildung 4). Diese Glasröhren werden nun jeweils mit einer Newtonschen, einer strukturviskosen und einer dilatanten Flüssigkeit bis zur gleichen Höhe H = 1400 mm gefüllt. Als Newtonsche Flüssigkeit dient ein Gemisch aus Glycerin (80 ml) und Wasser (100 ml). Die strukturviskose Flüssigkeit wird durch Mischen von 0,5 Gewichtsteilen Culminal (Henkelwerke) und 100 Gewichtsteilen Wasser hergestellt. Die dilatante kann sehr

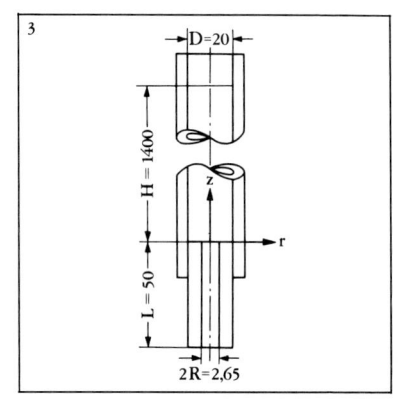

Abb. 3. Abmessungen der für den Versuch verwendeten Düsen. R = Radius der Düse, L = Länge der Düse, H = Füllhöhe, D = Durchmesser des Glasrohres (Längenmaße in mm).

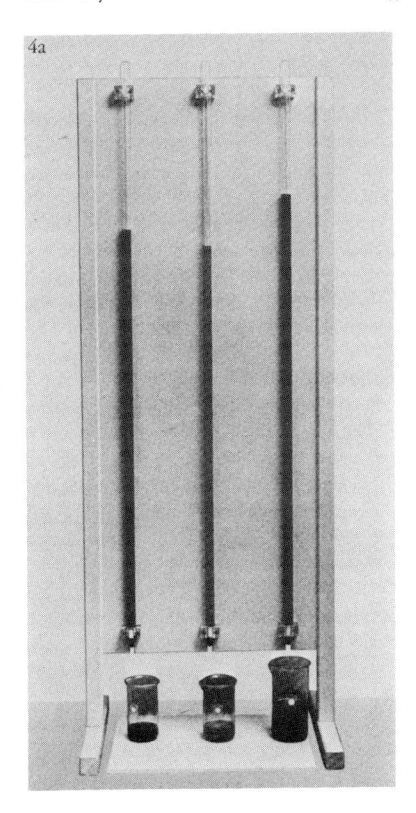

Zum Fließverhalten nicht-Newtonscher Stoffe 159

Abb. 4. Flüssigkeitsspiegelhöhen zu den Zeitpunkten t_1 (a) und t_2 (b) (von links nach rechts: Newtonsche, strukturviskose und dilatante Flüssigkeit).

einfach aus 80 g „Mondamin" und 100 g Wasser gemischt werden. Aus optischen Gründen können die Flüssigkeiten der Reihe nach mit Cadmiumrot, Azobenzol und Bromphenolblau gefärbt werden.*

---

*Bei unterschiedlichem Lieferzustand der genannten Stoffe sind unter Umständen andere Mischungsverhältnisse zu wählen. Weitere geeignete Flüssigkeiten sind für den Newtonschen Stoff alle leichten Öle, für die strukturviskose Flüssigkeit Mischungen von Polyisobutylen und Dekalin bzw. Carboxyl-methylcellulose und Wasser.

Versuchsergebnisse

Alle drei Düsen werden gleichzeitig geöffnet. Der noch hohe Druck erzeugt hohe Schubspannungen in den Düsen, was den strukturviskosen Stoff vergleichsweise dünnflüssig macht und daher gegenüber den beiden anderen vorauseilen läßt. Mit dem Absinken der Flüssigkeitssäulenhöhe verringern sich die Schubspannungen, und der strukturviskose Stoff wird immer dickflüssiger, verglichen mit dem Newtonschen (der ja seine Viskosität nicht ändert) und erst recht mit dem dilatanten, der im Verlauf des Versuchs immer dünnflüssiger wird.

Der anfänglich vorauseilende strukturviskose Stoff wird demnach vom Newtonschen eingeholt, und beide werden sie noch vom dilatanten „überrundet". Abbildung 4 zeigt die Flüssigkeitssäulenhöhen für zwei verschiedene Zeitpunkte t_1 und t_2. Die Versuchsergebnisse sind in Abbildung 5 dargestellt.

Einfache mathematische Betrachtungen zeigen [3], daß im Prinzip für den Versuch keine identischen Röhren oder Düsen nötig sind, denn die Fließkennwerte lassen sich mit den geometrischen Größen zu Versuchskonstanten zusammenfassen. Eine Änderung des zeitlichen Verlaufs der Flüssigkeitsspiegelhöhe kann also gleichermaßen durch eine Änderung der Viskosität oder des Viskositätsbereiches wie auch durch an-

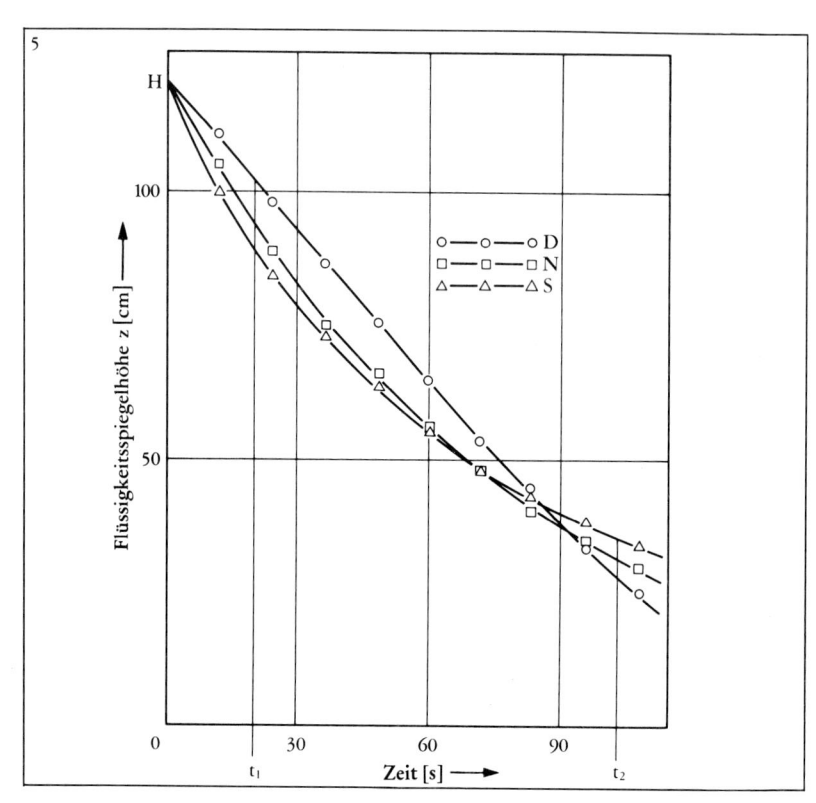

Abb. 5. Flüssigkeitsspiegelhöhen als Funktion der Zeit. N = Newtonsche, S = strukturviskose und D = dilatante Flüssigkeit.

dere Abmessungen der Versuchsapparatur erreicht werden. Allerdings kann über die Geometrie nur die Neigung der gesamten Kurve z(t) verändert, d. h. die Kurve um den Punkt (H,0) „geschwenkt" werden.

Die Krümmung der Kurven — und damit auch die Deutlichkeit, mit der die Fließunterschiede sichtbar gemacht werden können — hängt von den jeweiligen rheologischen Stoffwerten ab. Die Auswahl der Flüssigkeiten bestimmt also wesentlich den optischen Eindruck des Versuches.**

Der vorliegende Versuch zeigt sehr deutlich den Unterschied zwischen einer rheologischen und einer hydrodynamischen Betrachtung. Die erwähnte rheologische Betrachtung trägt zwar dem unterschiedlichen Fließverhalten Rechnung, ergibt aber eine unendliche Entleerungszeit. Die hydrodynamische Gleichung hingegen unterscheidet zwar die einzelnen Fließverhalten nicht, gestattet jedoch die Berechnung einer endlichen Entleerungszeit.

Literatur

[1] R. B. Bird, W. E. Steward und E. N. Lightfoot: „Transport Phenomena". John Wiley & Sons, New York, London, Sydney 1966.

[2] G. W. Scott Blair: „A Survey of General and Applied Rheology". London 1949.

[3] G. Mennig: „Zum Fließverhalten Newtonscher, strukturviskoser und dilatanter Flüssigkeiten". Kunststoffe 58, 723 (1968).

**Bei Lösungen ist das nicht-Newtonsche Fließverhalten in der Regel umso ausgeprägter, je geringer der Lösungsmittelanteil ist. Es ist also besser, einen großen Düsendurchmesser und eine hochviskose Lösung zu wählen, als umgekehrt.

Chemische Zaubertricks

Die hier beschriebenen Experimente erschienen unter dem Titel "Producing a Chemistry Magic Show" im August-Heft 1975 von "Journal of Chemical Education". Die Autoren sind Philip S. Bailey, Christina A. Bailey, John Andersen, Paul G. Koski und Carl Rechsteiner. Wir danken dem Herausgeber für die Erlaubnis, den Artikel zu übersetzen und nachzudrucken. Es versteht sich von selbst, daß einige der Experimente nicht unter dem Weihnachtsbaum, sondern nur mit den entsprechenden Vorsichtsmaßnahmen in einem Labor oder Hörsaal ausgeführt werden sollten.

Jedes Frühjahr veranstaltet die California Polytechnic State University in San Luis Obispo, Calif./USA, zwei „Tage der offenen Tür". Bei dieser Gelegenheit präsentieren Studenten und Professoren der Öffentlichkeit ihre jeweiligen Studien- und Arbeitsgebiete durch Demonstrationsveranstaltungen und Ausstellungen. Ein wesentlicher Teil der Präsentation des Chemiedepartments ist eine "Magic Show", sie besitzt hohe Anziehungskraft: In den letzten sechs Jahren haben über 20 000 Menschen an diesen Veranstaltungen teilgenommen, was ihre Beliebtheit beweist.

Die Autoren haben viel Zeit und Energie darauf verwendet, eine Vielzahl von Tricks auszuarbeiten und die Arbeitsvorschriften so zu wählen, daß sie besonders auch bei großen Ansätzen zuverlässig funktionieren. Die hier angegebenen Vorschriften sind jeweils für eine einmalige Vorführung gedacht, und die Ansätze lassen sich proportional vergrößern. Eine Mammutveranstaltung wie an dem kalifornischen College (alle 30 Minuten eine Show, 10 bis 15 Veranstaltungen pro Tag) ist möglich, wenn man die Reagentien in dem Demonstrationsraum lagert und ein benachbarter Arbeitsraum zur Vorbereitung der Wasserstoffballons und des flüssigen Stickstoffs zur Verfügung steht.

Wasserstoff-Ballons

$$2 H_2 + O_2 \xrightarrow{\text{Flamme}} 2 H_2O + \text{Energie}$$

Mittlere bis große Ballons werden kurz vor der Veranstaltung mit Wasserstoff gefüllt, zugebunden und so aufgehängt, daß sie etwa zwei bis drei Meter über dem Demonstrationstisch schweben. Eine Kerze, die am Ende eines 3 m langen Stocks befestigt ist, dient dazu, sie im Verlauf der Veranstaltung zur Explosion zu bringen, am besten in einem abgedunkelten Raum.

Willkommens-Plakate

$$NH_4SCN + FeCl_3 \longrightarrow Fe(SCN)_6^{3-}$$
$$\text{farblos} \qquad\qquad\qquad \text{rot}$$

$K_4Fe(CN)_6 + FeCl_3 \longrightarrow Fe_4[Fe(CN)_6]_3$
farblos   blau

Unseren Willkommensgruß malen wir auf einen großen Bogen Papier mit 0,1 M Ammoniumthiocyanat und 0,1 M Kaliumcyanoferrat(II), beide farblos. Der Gruß erscheint, wenn die Bogen mit 0,1 M Eisen(III)-chlorid besprüht werden. Die Konzentration der Reagentien kann je nach Farbwunsch variiert werden. Die Plakate lassen sich ein paar Tage im voraus präparieren und sollten vor dem Aufeinanderlegen gründlich getrocknet werden.

Flüssiger Stickstoff

Ein weithalsiges 1- oder 2 l-Dewar-Gefäß wird zu zwei Drittel mit flüssigem Stickstoff gefüllt. Man benutzt ihn für eine Reihe von Tieftemperaturdemonstrationen. Mindestens ein Dutzend luftgefüllte Ballons können vor der Veranstaltung in das Gefäß einkondensiert werden. Während der Vorführung gibt man noch ein paar dazu; dann werden alle mit einer Zange herausgenommen, und man läßt sie sich ausdehnen. Besonders wirkungsvoll sind große Ballonfiguren.

Eine Banane wird mindestens eine Minute lang in den flüssigen Stickstoff getaucht. Sie wird dann dazu benutzt, um einen Nagel in ein Stück Balsaholz einzuschlagen. Zum Anfassen der gefrorenen Gegenstände sollte man Asbesthandschuhe benutzen.

Eine Blume – Rose, Chrysantheme oder Nelke – läßt sich einfrieren und dann zerschlagen.

Ein hohler Gummiball wird 30 bis 60 Sekunden in den flüssigen Stickstoff eingetaucht. Man achte darauf, daß er durch Drehen gleichmäßig abkühlt. Der Ball kann dann an einer Wand zerschlagen werden.

Hartes Wasser – Feuerwasser

$Ca(CH_3COO)_2 + CH_3-CH_2OH \longrightarrow$ Gel
(gesättigte
Lösung)

40 ml einer gesättigten Calciumacetat-Lösung (150 g $Ca(CH_3COO)_2$ in 500 ml Wasser; dazu gibt man so viel NaOH, daß die Lösung gegenüber Phenolphthalein schwach basisch reagiert) gibt man in ein 400 ml-Becherglas. Ein zweites 400 ml-Becherglas enthält 300 ml Äthanol und 2 ml Phenolphthalein. Man gießt das farblose Äthanol in die farblose Calciumacetat-Lösung. Die Mischung wird so lange hin und her gegossen, bis ein rosa Gel entsteht. Man löscht das Licht und zündet das Gel an.

Limonade

Tannin + $FeCl_3 \longrightarrow$ blauer Komplex
gelb

$\xrightarrow{H_2SO_4}$ Komplex wird zerstört

Die Tanninlösung erhält man durch Auflösen von 50 g Tannin in 400 ml Wasser. Man stellt einen 2 l-Kolben (oder einen großen Standkolben) und sechs 400 ml-Bechergläser auf. Es ist wichtig, die Reihenfolge der Bechergläser einzuhalten; am besten numeriert man sie.

Man gießt 15 ml der Tanninlösung in den 2 l-Kolben und füllt ihn zu drei Viertel mit

Chemische Zaubertricks

Wasser (die Menge der Tanninlösung soll so bemessen sein, daß nach dem Verdünnen eine blaßgelbe Farbe erkennbar ist).

Die Bechergläser 1, 3 und 5 bleiben leer. In Becherglas 2 gibt man **einen Tropfen** gesättigte FeCl$_3$-Lösung. In den Bechergläsern 4 und 6 bedeckt man jeweils den Boden mit konz. Schwefelsäure.

Der Trick hat zwei Teile, wobei die Bechergläser 1 bis 3 bzw. die Bechergläser 4 bis 6 benutzt werden.

Im ersten Teil bleibt „Limonade", die man in die Bechergläser 1 und 3 gießt, „Limonade", während im Becherglas 2 aus „Limonade" „Traubensaft" wird. Den Inhalt dieser drei Bechergläser gießt man dann zurück in den 2 l-Kolben, der dann mit „Traubensaft" gefüllt ist. Im zweiten Teil des Tricks wird aus dem „Traubensaft" „Limonade", wenn man ihn in die Bechergläser 4 und 6 gießt, dagegen bleibt er „Traubensaft" im Becherglas 5. Alle drei Bechergläser werden wieder in den 2 l-Kolben entleert, dessen Inhalt natürlich wieder zu „Limonade" wird.

Brennendes Taschentuch

$$C_2H_5OH \xrightarrow[\text{Flamme}]{O_2} CO_2 + H_2O$$

Man gibt 75 ml eines 1:1-Gemischs aus Äthanol und Wasser in ein 250 ml-Becherglas. Dann wird ein Taschentuch gründlich mit dieser Flüssigkeit getränkt. Man faßt das Taschentuch mit einer langen Zange, zündet es an und läßt es im abgedunkelten Raum etwa 30 Sekunden lang brennen. Man löscht die Flammen mit einem Feuerlöscher. Das Taschentuch bleibt unversehrt.

Synthetische Golduhr

$$2\,AsO_2^- + S_2O_3^{2-} + H_2O \longrightarrow$$
klar

$$2\,AsO_4^{3-} + 2\,S + 2\,H^+$$
golden

Man stellt die folgenden beiden Lösungen her: Lösung A – man löst 3 g Natriumarsenit (NaAsO$_2$) in 150 ml Wasser und gibt 16,5 ml Eisessig dazu; Lösung B – man löst 30 g Natriumthiosulfat (Na$_2$S$_2$O$_3$) in 150 ml Wasser.

Man gießt je 150 ml der Lösungen A und B in verschiedene Erlenmeyer-Kolben. Dann vereint man die Lösungen. Nach ungefähr 30 Sekunden erscheint eine goldene Farbe. Der Zeitraum läßt sich durch Verringerung oder Erhöhung der Konzentration der Reaktionspartner verlängern bzw. verkürzen.

Jod-Uhr

$$JO_3^- + 3\,SO_3^{2-} \longrightarrow J^- + 3\,SO_4^{2-}$$

$5\,J^- + JO_3^- + 6\,H^+ \longrightarrow 3\,H_2O + 3\,J_2$
$J_2 + \text{Stärke} \longrightarrow \text{blauschwarzer Komplex}$

Man stellt die folgenden beiden Lösungen her: Lösung A – man löst 0,25 g Kaliumjodat in 150 ml Wasser; Lösung B – man löst 0,1 g Natriumsulfit, 0,5 ml 6 n H_2SO_4 und 8 ml 1-proz. Stärkelösung (1 g Kartoffelstärke in 99 ml heißem Wasser) in 142 ml Wasser. Je 150 ml der Lösungen A und B gießt man in zwei 500 ml-Erlenmeyer-Kolben. Dann vereint man die Lösungen. Nach etwa 15 Sekunden sollte sich die Lösung schwarz färben. Durch Erhöhung oder Verringerung der Konzentrationen der Reaktionspartner läßt sich der Zeitraum variieren.

Kaltes Licht des Luminols

Luminol (Struktur: NH$_2$, NH, NH, O, O)

$\xrightarrow[\text{und } K_3Fe(CN)_6]{\text{Oxidation mit } H_2O_2}$ blaue Chemilumineszenz

Man stellt die beiden folgenden Lösungen her: Lösung A – man löst 1 g Luminol (5-Amino-2,3-diaza-1,4-naphthochinon) und 50 ml 10-proz. NaOH in 450 ml Wasser; Lösung B – man stellt 500 ml einer 3-proz. $K_3Fe(CN)_6$-Lösung her (3 g $K_3Fe(CN)_6$ pro 97 g Wasser). 50 ml der Lösung A gießt man zusammen mit 350 ml Wasser in ein 500 ml-Becherglas. In ein zweites Becherglas bringt man 50 ml der Lösung B, gibt dazu 350 ml Wasser und 3 ml 30-proz. H_2O_2.

Nach dem Verdunkeln des Raums gießt man die beiden Lösungen gleichzeitig durch einen großen Trichter in einen 2 l-Kolben, in dem sich ein paar Kristalle Kaliumhexacyanoferrat(III) befinden. Das blaugrüne Licht, das erscheint, kann durch kleine Mengen verdünnter Lauge immer wieder aufgefrischt werden, wenn es anfängt zu verblassen. Der Effekt hängt empfindlich von der Konzentration des Peroxids ab. Es kann sich als notwendig erweisen, die optimale Menge und Konzentration des Peroxids experimentell herauszufinden.

Nylonseil

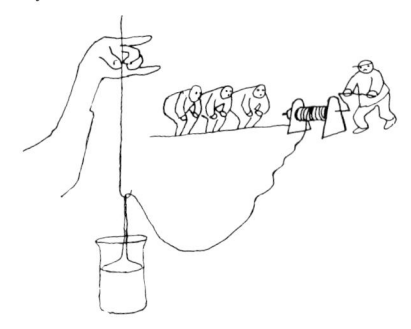

$$H_2N-(CH_2)_6-NH_2 + Cl-\overset{O}{\underset{\|}{C}}-(CH_2)_4-\overset{O}{\underset{\|}{C}}-Cl$$

Hexamethylendiamin Adipoylchlorid

$$\longrightarrow \sim\left[-HN-(CH_2)_6-NH-\overset{O}{\underset{\|}{C}}-(CH_2)_4-\overset{O}{\underset{\|}{C}}-\right]_n \sim$$

Nylon

Man gießt 25 ml einer wäßrigen Lösung, die 0,5 mol·l^{-1} Hexamethylendiamin und 0,5 mol·l^{-1} NaOH enthält, in ein 100 ml-Becherglas. Dann läßt man entlang einer Wand des Becherglases vorsichtig 25 ml einer 0,25-molaren Lösung von Adipoylchlorid in Cyclohexan so in das Becherglas laufen, daß sich die organische und wäßrige Schicht nicht mischen. Mit einem Kupferdraht, dessen Spitze zu einem kleinen Haken gebogen ist, zieht man den Nylonfilm, der sich an der Grenzfläche der beiden Schichten bildet, vorsichtig aus der Lösung. Es läßt sich ein zusammenhängender, etwa 13 m langer Faden herausziehen.

Die folgenden Tricks sollten am Ende der Vorführung gezeigt werden, da bei ihnen schädliche Dämpfe und Gase entstehen.

Chemische Zaubertricks

Vulkan

$(NH_4)_2Cr_2O_7 \xrightarrow{\text{Flamme}}$
orange

$N_2 + 4 H_2O + Cr_2O_3$
grün

Man füllt ein 100 ml- oder 150 ml-Becherglas mit granuliertem Ammoniumdichromat und gießt es in Form eines Haufens auf ein großes Stück Asbestpappe. Die Spitze des Haufens feuchtet man mit einigen Millilitern Aceton an und entzündet sie. Das grüne Reaktionsprodukt nimmt ein wesentlich größeres Volumen ein als das Ausgangsmaterial.

Rauchpilz

Dibenzoylperoxid + Anilin

$\longrightarrow$ Oxidationsprodukte

Man bringt Dibenzoylperoxid in ein 25 ml-Reagenzglas, so daß es bis zu einer Höhe von 0,5 bis 1 cm gefüllt ist. Man stellt das Reagenzglas in ein Gestell und gibt einen Tropfen Anilin hinein. Nach etwa 15 Sekunden steigt ein Rauchpilz bis an die Decke.

Register

Abbruchreaktion 21, 30
Acetessigester 1
Adamantan 123
aktivierter Komplex 6
Aktivierungsenthalpie 5
Alkohole 15
Alkylhalogenide 15
Amalgam-Verfahren 105
Ammonosystem 117
Anionen-Austauscher 47
Anthocyane 52, 68
Ausschlußgrenze 40
Avogadrosche Zahl 147
Azobisisobutyronitril 26

Batteriesysteme 89
Belousov-Zhabotinsky-Reaktion 130
Betalaine 68
Bindungsenergien der Wasserstoffbrückenbindungen 36
Blei-Akkumulator 95, 107
Bleidioxid-Formaldehyd-Element 97
Bleidioxidkathode 99
Blei in Keramik 121
Bleinachweis 121
Blockpolymerisation 31
Blütenfarbstoffe 51, 68
Blutserum 77
brennendes Taschentuch 165
Brennstoffzelle 81, 93, 96
Bromtitrationsmethode 2
Brüsselator 129

Cracken 29
Cracken von Methan 115
Chromatographie 39, 51, 61
Cyanidin 55
Cyanin 55
Cyclohexanon 8
Daniell-Element 108
Delphinidin 55
Dibenzoylperoxid 30
dilatante Flüssigkeiten 157
Drehwinkel-Zeit-Funktion 11
Dünnschichtchromatographie 51

Elektrochemie 81, 89, 95, 103

Elektrolyse 103
elektrolytische Kupferraffination 107
elektrolytische Zerlegung des Wassers 104
Elektrophorese 67, 77
Elektrophoreseapparatur 77
Elektrophoresekammer 69
Emulsionspolymerisation 31
Energiedirektumwandlung 81
Enolgehalt des Acetessigsäureäthylesters 3
Enolstruktur 1
Experimente in Projektion 103, 109
Experiment der „schiefen Linie" 74

$FeCl_3$-Farbreaktion 1
flüssiges Ammoniak 117
Formaldehyd-Brennstoffanode 96
Fractosil 40
Fraktionierung von Polystyrol 43

Galvanische Elemente 81, 89, 95
Gelchromatographie 39
Gele 39
Gelfiltration 39
Geschwindigkeitskonstante 16
α-D-Glucose 9
β-D-Glucose 9
Glucoseoxidase 124

Hydrodynamik 156

Initiator 21
Ionenaustausch 45
Ionenaustauscher 45
Ionenwanderung im elektrischen Feld 103

Kaliumperoxodisulfat 30
Kaltes Licht 166
Kapillarviskosimeter 42
Kationen-Austauscher 47
Keto-Enol-Tautomerie 1
Kinetik 5, 9, 15, 21
kinetisch gesteuerte Reaktion 6
Kieselgele 40
Klemmspannung 96

Kollagenfasern 140
Kollagenmaschine 143
Kupplungsreaktion 112
Kurzzeit-Elektrophorese 77

Luftsauerstoff-Elektrode 89
Luminol 166
Lunges Reagens 111

Makromoleküle 39
Massenwirkungsgesetz 9
Maxwell-Boltzmann-Verteilung 5
Mechanismus der
  Belousov-Reaktion 134
mechanochemische Modellsysteme 139
mechanochemische Transformation 139
Membranelektrophorese 77
Methanol-Elektrode 82
Methanol/KOH/H_2O_2-Element 84
Metall-Luft-Batterien 89
Molekulargewichtsbestimmung 41
Molekularsiebchromatographie 39
Monomere 39
monomolekularer Film 147
Muskelfunktion 139
Muskelmodelle 139
Mutarotation 9

Newtonsches Fließgesetz 155
Newtonsche Flüssigkeiten 155
nicht-Newtonsche Stoffe 155
Nitritnachweis 111
Nylonseil 166

Oberflächenfilme 147
oszillierende Reaktionen 129

Papierchromatographie 61
Papierelektrophorese 67
Partridge-Reagens 73
Pelargonidin 55
Peroxide 30
Polymere 21, 39
Polymerisation 21, 29
Polymerisationswärme 31
Polymerradikale 21
Polystyrol 21, 29, 39
Polystyrol-Gele 40
Polyvinylalkohol 35
Primärelement 91
projizierte Experimente 103, 109
pulsierende Spannungen 95

Quercetin 55

Radikale 21
radikalische Polymerisation 21, 30
räumliche Oszillationen 137
Reaktion 2. Ordnung 16
Reaktionsgeschwindigkeit 16
Reaktionskoordinate 6
Reaktivität von Alkylhalogeniden 114
Rheologie 155

Schergeschwindigkeit 155
Schmelzflußelektrolyse 106
Schubspannung 155
Sekundärelement 92
Semicarbazon 7
S_N1-Reaktion 17
S_N2-Reaktion 17
spezifische Drehung 9
spezifische Viskosität 41
Starter 26
Startreaktion 21, 30
Stearinsäure 150
strukturviskose Flüssigkeiten 156
Styrol 21, 29
Suspensionspolymerisation 31
symmetrische Wasserstoffbrücke 36
synthetische Golduhr 165

Tautomerie 1
thermodynamisch gesteuerte
  Reaktion 6
Tintenfarbstoffe 61
Traubenzucker 9
Trennkammer 77
Trennung von Blutserum 77
Triebkraft einer Reaktion 5

Überspannung 105
Umwandlung chemischer Energie
  in elektrische Energie 81
Umwandlung chemischer Energie
  in mechanische Arbeit 139

Viskosimeter 41
Viskosität 41

Wachstumsreaktion 21, 30
Wasserstoff-Ballons 163
Wasserstoffbrückenbindungen 35

Wasserstoffperoxid-Elektrode 82
Wasserstoff-Sauerstoff-Element 81
Wasserstoff-Überspannung 105
Wettlauf der Flüssigkeiten 157
wiederaufladbare Zinkelektrode 93

Wirkungsweise eines
 Ionenaustauschers 45

zeitliche Oszillationen 136
Zink-Luft-Batterie 89

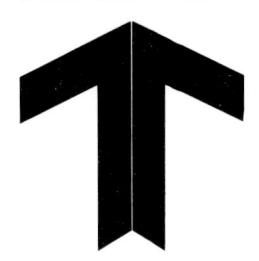

taschentext

Wissen, das heute noch nicht in den großen Lehrbüchern steht; oder dort keine ausreichende Berücksichtigung finden kann: lesbar, didaktisch wie wissenschaftlich gleichermaßen anspruchsvoll.

Chemie

↑ 27 Aylward/Findlay
Datensammlung Chemie
in SI-Einheiten

↑ 19 Bell
Säuren und Basen
und ihr quantitatives Verhalten

↑ 28 Bellamy
Lehrprogramm Orbitalsymmetrie

↑ 32 Borsdorf/Dietz/Leonhardt/Reinhold
Einführung in die Molekülsymmetrie
Ein Lehrprogramm für Hochschulen

↑ 47 Braig
Lehrprogramm Atombau und Periodensystem

↑ 5 Budzikiewicz
Massenspektrometrie
Eine Einführung

↑ 23 Christensen/Palmer
Lehrprogramm Enzymkinetik

↑ 6 Cooper
Das Periodensystem der Elemente

↑ 69 Cordes*
Allgemeine Chemie, Bd. 1
Stoff, Energie, Symmetrie

↑ 70 Cordes
Allgemeine Chemie, Bd. 2
Struktur und Bindung

↑ 53 Coulson
Geometrie und elektronische Struktur von Molekülen

↑ 13 und 14 Eberson
Organische Chemie I und II

↑ 74 **Experimente aus der Chemie**

↑ 61 Fahr/Mitschke
Spektren und Struktur organischer Verbindungen

↑ 43/44 Günzler/Böck
Infrarotspektroskopie
Eine Einführung

↑ 39 Gunstone
Lehrprogramm Stereochemie

↑ 31 Hallpap/Schütz
Anwendung der ^{1}H-NMR-Spektroskopie

* In Vorbereitung

T 41 Hamann/Vielstich
Elektrochemie I
Leitfähigkeit, Potentiale,
Phasengrenzen

T 64 Haussühl
Kristallgeometrie

T 65 Haussühl*
Kristallstrukturbestimmung

T 38 Hawes/Davies
Aufgabensammlung Physikalische Chemie
in SI-Einheiten

T 9 Heslop
Praktisches Rechnen in der Allgemeinen Chemie

T 3 Kettle
Koordinationsverbindungen

T 15 NMR-Spektroskopie
Eine Einführung mit Übungen

T 10 Price
Die räumliche Struktur organischer Moleküle

T 62 Reich
Thermodynamik

T 48 Schomburg
Gaschromatographie

T 37 Swinbourne
Auswertung kinetischer Messungen

T 8 Sykes
Reaktionsaufklärung
Methoden und Kriterien der organischen Reaktionsmechanistik

T 20 Sykes
Reaktionsmechanismen der Organischen Chemie
Eine Einführung

T 35 Tobe
Reaktionsmechanismen der Anorganischen Chemie

T 55 Wiegand
Werkstoffkunde Band 1
Eisenwerkstoffe

T 56 Wiegand*
Werkstoffkunde Band 2
Nichteisenwerkstoffe

* In Vorbereitung

Außerdem erhalten Sie im Verlag Chemie „taschentexte" zum Studienfach
Biologie und Medizin
Mathematik
Physik und Astronomie
Fordern Sie Informationsmaterial an!